电力标准化实务

Practice of Electric Power Standardization

国网科技部 组编

中国电力出版社
CHINA ELECTRIC POWER PRESS

内 容 提 要

电力是经济社会高质量发展的重要基础，标准化是保障电力系统安全稳定高效运行的关键要素，加强标准化教育和人才培养至关重要。为贯彻落实《国家标准化发展纲要》有关部署，夯实电力标准化教育基础，国家电网有限公司科技创新部（简称国网科技部）组织编撰《电力标准化导论》《电力标准化实务》两本教材。本书为《电力标准化实务》，内容涵盖了标准化概述、电力标准化工作、电力技术标准体系构建、电力标准制定、电力标准实施监督评价、电力标准试验验证、标准化与科技创新、标准与专利、电力国际标准化九章，对电力标准化基本原理以及电力标准化相关工作实操方法进行了全面阐释。

本书是电力标准化实操层面的基础教材，可供电力技能人才、标准化专业人才、国际标准化人才培养使用，也可供高职高专、本科、研究生等层次电力标准化人才教育参考使用。

图书在版编目（CIP）数据

电力标准化实务/国网科技部组编．--北京：中国电力出版社，2024.7（2024.9重印）
ISBN 978-7-5198-9014-8

Ⅰ．F426.61

中国国家版本馆 CIP 数据核字第 20245WT880 号

出版发行：中国电力出版社
地　　址：北京市东城区北京站西街 19 号（邮政编码 100005）
网　　址：http://www.cepp.sgcc.com.cn
责任编辑：唐　玲　郑晓萌
责任校对：黄　蓓　王海南
装帧设计：赵丽媛　王英磊
责任印制：钱兴根

印　　刷：北京雁林吉兆印刷有限公司
版　　次：2024 年 7 月第一版
印　　次：2024 年 9 月北京第四次印刷
开　　本：787 毫米×1092 毫米　16 开本
印　　张：19.5
字　　数：377 千字
定　　价：78.00 元

编　委　会

前　言

　　标准是人类文明进步的成果，从中国古代的"车同轨、书同文"，到现代工业规模化生产，都是标准化的生动实践，标准化在推进国家治理体系和治理能力现代化中发挥着基础性、引领性作用。人才是第一资源，要深入落实"高标准助力高技术创新、促进高水平开放、引领高质量发展"战略部署，就必须培养造就大批德才兼备的高素质标准化人才。目前，标准化人才的系统培养和高质量供给仍然是国家标准化战略实施各要素中的短板，也是制约我国深度参与国际标准化活动的关键要素。

　　2021年10月，中共中央、国务院印发《国家标准化发展纲要》，提出"要加强标准化人才队伍建设。将标准化纳入普通高等教育、职业教育和继续教育，开展专业与标准化教育融合试点。构建多层次从业人员培养培训体系，开展标准化专业人才培养培训和国家质量基础设施综合教育。"为加快构建标准化人才培养体系，源源不断输出高素质标准化人才提供了根本遵循和方向指引。

　　电力标准化是保障电力系统安全稳定高效运行的关键要素。为贯彻落实《国家标准化发展纲要》，夯实电力标准化教育基础，为我国能源电力高质量发展提供坚强的人才保障，国家电网有限公司科技创新部组织编写了《电力标准化导论》《电力标准化实务》两本教材，供普通高校电力专业学生、电力企业基层员工和电力标准化专业人才教育培训使用。《电力标准化导论》侧重于标准化理论，系统阐述了标准化基础知识和电力标准化基本原理方法；《电力标准化实务》侧重于标准化应用，结合电力企业标准化管理和标准全生命周期质量管控要求等实际应用需求，对电力标准化基本原理方法进行阐释。两本教材分册凝聚了全体编者的汗水和心血，同时也是国家电网有限公司近年来标准化工作的重要成果。

　　本书为《电力标准化实务》，由陈梅负责全书的框架、思路和总体把握，许海清、赵海翔负责总体协调以及各环节的组织和系统整合工作，国家电网有限公司科技创新部、中国电力企业联合会、中国标准化协会、英大传媒投资集团有限公司、中国电力科学研究院、国网上海市电力公司、国网冀北电力有限公司、国网能源研究院等单位参与编写。第一章对标准化基本概念、原理、标准分类等进行介绍，为读者构建完整的标准化基本概念架构，便于全书理解，主要由于明、许海清、焦艳斌执笔；第二章对电力标准化工作概况进行介绍，包括电力标准化机构、相关政策、企业标准化等内容，主要由常云岭、王金波执笔；第三章重点介绍了电力标准体系的构建方法，选择部分重要领域技术标准体系进行系统解读，主要由丛鹏伟、盛灿辉执笔；第四章重点介绍了电力标准的制定程序和编制要求，为读者提供参与电力标准制修订工作的基本知识，主要由胡顺增、李刚、郑艳蓉执笔；第五章重点介绍了电力标准实施监督评价模式方法，并进行案例分析，主要由张子健、马莉、王思宁执笔；第六章重点介绍了电力标准试验验证体系构建及当前发展现状，主要由赵海翔、李庆、高群策执笔；第七章重点论述标准化与科技创新的关系，解读科技成果转化为技术标准的创新方法与工作模式，主要由黄兴德、赵海翔执笔；第八章重点论述标准与专利的关系，为正确认识和处理标准涉及专利问题提供基本指引，主要由邓桃、丁芃执笔；第九章重点介绍了国际标准化基本知识，以及电力国际标准化工作情况，主要由徐新忠、马文媛、缪思薇执笔。

本书在编写过程中，得到了华北电力大学、国网信息通信产业集团、国网河北省电力有限公司、国家电网有限公司技术学院分公司、国网河南省电力公司等单位的大力支持，同时参考了一些标准化著作和文章，引用了其中部分理论和案例，在此一并表示感谢。

由于时间仓促及编者水平有限，书中难免有不妥之处，敬请广大读者批评指正。

编　者

2024 年 7 月

目　录

第一章

标 准 化 概 述

认识标准化是做好标准工作的前提和基础，本章将分三节对标准化基本概念、标准化基本原理、常见标准分类进行简要介绍，为读者理解本书后续的电力标准化知识打好基础。

第一节 标准化基本概念

标准是人类文明进步的成果，是经济活动和社会发展的技术支撑，是国家基础性制度的重要方面。标准化源于人类生产生活实践，贯穿于人类社会发展的全过程。纵观标准化的发展历程，可将其划分为古代标准化、近代标准化和现代标准化三个阶段，中国古代的"车同轨、书同文"就是标准化工作的早期实践。标准化经过各阶段的发展和完善，形成了特有的理论体系和系统方法，随着科学技术的更新迭代，标准化活动不仅在工业生产中起到指导和促进作用，更是已经广泛应用于农业、服务业、信息产业乃至社会生活的方方面面，对提高生产效率、保证产品质量、调整产业结构、增强核心竞争力、促进经济社会发展都发挥着重要作用。本节将重点从标准和标准化的定义、标准化的特征及作用三个方面对标准化基本概念进行简述。

一、标准化相关的定义

随着科学技术的不断进步，社会的逐步发展，以及多方位的应用需求，标准和标准化的概念也随之不断发展。标准的定义从最初的具体而全面的描述，逐步演变成抽象化的更科学的定义。

为了避免信息交流过程中产生歧义和误解，更好地帮助人们理解标准化活动，国际标准化组织（International Organization for Standardization，ISO）、国际电工委员会（International Electrotechnical Commission，IEC）经过研究和实践，界定了标准和标准化的定义，我国在此基础上也提出了符合国情的定义。

（一）标准

1. ISO 和 IEC 的定义

1934 年，美国学者约翰·盖拉德在其《工业标准化　原理与应用》一书中首次给

1

出了他对标准的定义："标准是对计量单位和基准、物体、动作、过程、方式、方法、容量、功能、性能、配置、状态、义务、权限、责任、行为、态度、概念或想法的某些特征，给出定义、做出规定和详细说明。它以语言、文件、图样等方式或利用模型、标样及其他具体表现方法体现，并在一定时期内适用。" 约翰·盖拉德的这一定义，将标准出现的各种情况尽可能地罗列出来，并对其特征和表现形式进行了描述。

1972 年，英国学者 T.R.B.桑德斯在其《标准化的目的与原理》一书中给了一个新的定义："标准是经一个公认的权威当局批准的一个标准化成果。它可以采用下述形式：文件形式，内容记述一整套必须达到的条件；规定基本单位或物理常数，如安培、米、绝对零度等。"这是一个将标准概念抽象化的过程，人类对客观世界的认识总是从感性直觉阶段向理性阶段发展，最终走向科学阶段，标准定义的演变即是一个实例。

1982 年，国际标准化组织（ISO）联合国际电工委员会（IEC），发布了《ISO/IEC指南 第 2 部分：标准化和相关活动的通用术语》（简称 ISO/ IEC 指南 2），给出了包括标准在内的一系列有关概念的定义或说明。其中对标准的定义是："适用于公众的、由各方合作起草并一致或基本上一致同意，以科学、技术和经验的综合成果为基础的技术规范或其他文件，其目的在于促进共同取得最佳效益，它由国家、区域或国际公认的机构批准通过。"在 ISO/IEC 指南 2 发布之后的几十年内，对于标准这一概念，ISO/IEC 组织各国专家共同参与对之进行过多次的修订，使之更为确切和被广泛地认可。

2004 年，ISO 和 IEC 在 ISO/ IEC 指南 2：2004 中对标准的定义是："为了在一定范围内获得最佳秩序，经协商一致确立并由公认机构批准，为活动或结果提供规则、指南或特性，供共同使用和重复使用的文件"。ISO/IEC 指南 2：2004 针对该定义还给出了注释，即标准宜以科学、技术和经验的综合成果为基础，以促进最佳的共同效益为目的。该定义明确了制定标准的目的、基础、对象、本质和作用，由于它具有国际性、权威性和科学性，因此被世界各国广泛接受。

2. 我国的定义

我国是 ISO 和 IEC 的正式成员，在 GB/T 20000.1—2014《标准化工作指南 第 1 部分：标准化和相关活动的通用术语》中对标准的定义与 ISO/IEC 指南 2：2004 基本上是一致的："通过标准化活动，按照规定的程序经协商一致制定，为各种活动或其结果提供规则、指南或特性，供共同使用和重复使用的文件。"

GB/T 20000.1—2014《标准化工作指南 第 1 部分：标准化和相关活动的通用术语》除对标准做出上述定义外，还从三个方面以注的形式做附加说明：①标准宜以科学、技术和经验的综合成果为基础。②规定的程序是指制定标准的机构颁布的标准制定程序。③诸如国际标准、区域标准、国家标准等，由于它们可以公开获得以及必要时通过修正或修订保持与最新技术水平同步，因此它们被视为构成了公认的技术规则。其他层次上通过的标准，诸如专业协（学）会标准、企业标准等，在地域上可影响几个国家。

（二）标准化

1. ISO 和 IEC 的定义

ISO 和 IEC 在 ISO/IEC 指南 2：2004 中界定了标准化的定义，具体内容是"为了在一定范围内获得最佳秩序，对现实问题或潜在问题确立共同使用和重复使用的条款的活动"。同时，ISO/IEC 指南 2：2004 还分别对定义中提及的活动和标准化的效益给出了注释，即上述活动主要包括编制、发布和实施标准的过程；标准化的主要效益在于为了产品、过程和服务的预期目的改进它们的适用性，防止贸易壁垒，并促进技术合作。ISO 和 IEC 关于标准化的定义在 ISO/IEC 指南 2：2004 发布之后，已被全球多个组织和国家广泛接受。有些组织或国家直接采用了 ISO 和 IEC 对标准化的定义；有些组织或国家在 ISO 和 IEC 的基础上，结合各自的实践和需要，给出了适用于本组织或本国的定义。

2. 我国的定义

我国在 GB/T 20000.1—2014《标准化工作指南　第 1 部分：标准化和相关活动的通用术语》中，充分结合我国实践和需要，以及对标准化原理与方法的研究，对 ISO/IEC 指南 2：2004 界定的标准化定义进行了一些修正，将标准化界定为"为了在既定范围内获得最佳秩序，促进共同效益，对现实问题或潜在问题确立共同使用和重复使用的条款以及编制、发布和应用文件的活动"，并给出了两个注释：①标准化活动确立的条款，可形成标准化文件，包括标准和其他标准化文件；②标准化的主要效益在于为了产品、过程和服务的预期目的改进它们的适用性，促进贸易、交流以及技术合作。

由此可知，GB/T 20000.1—2014 在与 ISO/IEC 指南 2：2004 保持协调一致的基础上，从内涵角度对标准化作出了界定，逻辑更为清晰，概念更加完整，更加符合我国需要。

（三）标准体系

在现实世界中，对一个标准化对象往往需要从多角度多方面多层次给出的约定（标准）才能满足现实的需要，例如，为了对电力行业使用最为广泛的设备之一——变压器更好更安全地应用，需要对之进行验收（出厂、交付、现场等）、运行维护、检修等，以保持其正常的使用，从而保证供电的安全、可靠，而这需要多个标准化文件共同的作用和支撑才可以实现，这就需要构建标准体系。

标准体系即是人们根据不同需要和不同目的，按照一定方法构建的一套用于指导现实标准化活动的标准化指导文件。其具体定义为：一定范围内的标准按其内在联系形成的科学有机整体。标准体系的组成要素是标准（含其他标准化文件），这些标准化

3

文件按照一定的结构关系组成。

标准体系的表现形式通常为标准体系表，是以"表达标准体系总体框架中标准化文件的功能定位，以及与其他标准化文件的相互关系的图"和"标准按一定形式排列起来的表"为主构成的一个标准化文件，通常还应包含标准体系表的编制说明。

二、标准化的特征

虽然国内外在标准和标准化定义的表述上存在着一定的差异，但是，这些定义对标准化本质特征的诠释是相同的，即权威性、协商性、适用性和科学性。

1. 权威性

标准的形成需要通过标准化活动，按照规定的程序制定。也就是说，标准有其特定的形成程序，并由公认机构批准发布。因此，标准从发布主体、制定程序到技术内容都具有权威性，为社会所公认。例如，ISO 是联合国经济及社会理事会的甲级咨询组织，也是贸易与发展理事会综合级（即最高级）咨询组织，其成员资格向世界各国相关国家机构开放；其制定的标准作为国际标准在全世界范围内广泛使用，具有高度的权威性。

2. 协商性

标准的形成是以"协商一致"为基础，以"促进最佳的共同效益"为目的。为了实现标准化活动的效益，使标准获得广泛的应用，在标准制定过程中，由制定者在众多技术解决方案中选出一种，或重组一种技术解决方法，并形成技术规则。这些技术规则需获得大多数有代表性专家的承认，这就需要与相关方进行充分协商，将多方意见的处理结果反映在标准技术内容中。诸如国际、区域或国家层面的标准制定程序大多遵守协商一致原则，确保标准的形成获得技术专家、利益相关方和标准化机构成员等的认同，以促进最佳的共同效益。

3. 适用性

标准的功能是"为各种活动或其结果提供规则、指南或特性"，目的是"解决现实问题或潜在问题"，供"共同使用并重复使用"。标准在广泛应用过程中，要确保标准化对象在具体条件下能够提高适合规定用途的能力。例如 20 世纪 60 年代起，ISO 针对集装箱规格尺寸不一致、运输效率低等问题，陆续研制发布了集装箱箱型国际标准，减少了相关技术不必要的多样性，保证了可用性，增强了兼容性、互操作性，促进了资源的合理利用，提升了船舶设计、码头建造和货物运输方式，最终推进了贸易全球化的进程。

4. 科学性

标准产生的基础是"科学、技术和经验的综合成果"。标准在制定的过程中，需要对核心技术指标进行充分的研究和论证，需要对人类实践经验进行归纳、整理，是充分考虑最新技术水平并规范化的结果。标准基于相关科学、技术和经验，体现了一定时期内产品、过程或服务相应技术能力所达到的高度，是公认的技术规则，这也是它区别于其他规范性文件的特征之一。

三、标准化的作用

随着我国迈入新发展阶段，开启全面建设社会主义现代化国家新征程，标准化作为现代化的一个基本要素，在国家治理体系和治理能力现代化建设中的作用日益凸显，发挥着重要的基础性、引领性作用。总结起来，标准化的作用可归纳为以下几个方面。

1. 促进技术交流与创新

标准的制定和应用是通过不同相关方所掌握的科学、技术、实践经验在一起相互交流、相互协调，最终达成一致的过程。在这个过程中，将某个问题的解决方案、技术方法、应用实践等汇聚在一起，通过分析、比较和选择，形成最佳的技术方案，促进相关方技术交流的同时，也加强了创新。标准的"制定—实施—修订"过程，恰是科技的"创新—应用—再创新"过程。标准化为创新提供了信息和技术积累，避免了创新从头摸索、从零起步；标准化通过对创新所需的技术、信息、设备、人员等产生影响，减少了创新的不确定性，明晰了创新的方向、提高了创新的速度。标准的有效实施，推动了创新成果的积极扩散，使相关方受益于世界各地顶尖专家的知识和最佳实践，并利用标准中已经积累的创新技术降低生产成本。

2. 保证产品和服务的质量

质量是产品或服务满足市场需求的程度，而标准是实现质量的重要手段，可以有效验证质量的好坏。在产品和服务的设计、生产/提供、交付过程中，标准的制定和应用为产品和服务能够满足相关方需求提供了保证。例如，产品的设计标准能够帮助减少或消除由于设计环节出现问题而造成的产品瑕疵；产品生产环节/服务提供环节制定和应用的操作规范、规程等标准，使生产操作、提供服务能够环环相扣，确保最终生产出的产品、提供的服务满足相关方的需求，符合相关标准的规定。

3. 为建立良好的市场运行和监管秩序提供支持

标准是规范市场运行、进行市场监管的技术支撑之一，不仅可以直接推动市场交易，还可以作为政府对市场实施干预、维护公平竞争、保护消费者利益的有效手段。基于标准中产品或服务的技术要求，市场监管方可以明确市场准入、市场流通的基本规定，从而规范市场结构和竞争秩序。依据标准开展的合格评定活动或符合性声明，市场监管方可使市场参与者更加便捷、准确、完整地了解产品或服务的性能，确保产品或服务符合公共利益，满足法规要求，保证市场规则的公开透明。

4. 提高效率

标准化是提高企业生产效率的重要手段，被广泛应用于企业管理中。标准化有助于提高劳动者熟练程度，加速现代化生产。劳动者对所从事工作或作业的熟练程度直接影响劳动效率，在不改变劳动强度和作业程序的情况下，提高作业效率的最有效方法就是提高熟练程度，而提高熟练程度最有效的方法则是作业程序和作业方法的标准化。随着科学技术的快速发展，生产的社会化程度越来越高，生产规模越来越大，技术要求越来越复杂，分工越来越细，生产协作日益广泛，标准化可以帮助企业实现各个生产单元的高度统一和协调，进而提高企业生产效率、降低生产成本。

5. 便利国内外贸易与交流

标准是各个国家、地区、企业之间进行贸易的桥梁和纽带，向相关方传递了产品或服务的技术信息，解决了需求偏差和信息不对称问题，有效降低了各方在进行贸易前对产品、服务、提供者信息等搜寻的成本，以及贸易中的议价成本、决策成本、监督成本、执行成本等。例如，在国际贸易中，国际标准通常被作为交易双方的技术依据，以及质量纠纷的仲裁依据。标准是国际贸易的"通行证"，通过加强标准的互联互通，可以协调各国规则，减少技术壁垒，有效促进贸易和投资的自由化与便利化。

6. 助力可持续发展

标准是以多种方式实现可持续发展目标的关键因素和催化剂。通过环境标准和可持续发展标准的制定，可以对生产和消费行为进行规范和约束，降低对环境的影响，进而促进绿色生产和可持续发展。可以看到，ISO、IEC等各类标准化组织在创建并更新可持续发展目标工具过程中，将联合国《2030年可持续发展议程》作为其标准制定的重要依据，切实应对气候变化和可持续性等全球挑战。

7. 促进数字化转型

数字化转型是数字经济健康发展的重要基础，其重要内容之一是利用数字技术建立和强化秩序、提升效率。标准本身承载的规则特性，可以从概念、体系、过程、模式方法等多方面，确立数字化转型的规则框架，为数字化转型提供基础依据。标准能够加速数字技术的创新与推广，有效构建数字化转型的生态和技术体系。标准还能够为不同主体提升数据的规范性、一致性提供支撑，打通数据和信息壁垒，推动实现数据要素价值化；同时，数字技术也将赋能标准制定实施的全生命周期，推动实现标准数字化，更好地适应数字化转型时代潮流。

第二节 标准化原理

标准化原理是标准化活动的基本规律和方法，是在大量标准化活动实践的基础上，通过归纳、概括、总结得出的标准化基本理论。随着标准化活动的普遍推广，20 世纪 50 年代以来，一些国内外学者、标准机构开始重视标准化本身的理论研究，形成了一些标准化基本原理的论述。本节主要对典型的标准化基本原理和形式进行简要介绍。

一、标准化基本原理

20 世纪以来，国际上对标准化原理进行了深入的探讨与研究，并相继发表了一系列关于标准化的理论著作，其中较具影响力的是 1972 年英国桑德斯发表的《标准化的目的与原理》和日本松浦四郎发表的《工业标准化原理》。

我国对标准化理论的研究虽起步较晚，但已形成了自身的特色。其中李春田教授和白殿一教授是较有代表性的两位人物，代表作品分别是《标准化概论》和《标准化基础》。此外，我国于 2005 年成立了全国标准化原理与方法标准化技术委员会（SAC/TC 286），专门开展有关标准化理论、工作原则、方法和技术管理的科学研究工作。

1. 桑德斯的标准化原理

英国标准化专家桑德斯总结了标准化活动的过程，将其概括为"制定—实施—修订—再实施标准"，并从标准化的目的、作用和方法上提炼出了标准化的 7 项原理，阐明标准化的本质就是：有意识地努力达到简化，以减少当前和预防以后的复杂性。这是对标准化工作的深刻概括，对后来的标准化理论建设具有重要的意义。桑德斯主张的 7 项原理分别是：

原理 1：标准化从本质上看是社会有意识地努力达到简化的行为。

原理 2：标准化不仅是经济活动，而且是社会活动。标准化工作是通过所有相关方的相互协作来推动的，所以标准的制定必须建立在全体协商一致的基础上。

原理 3：出版了的标准如果不实施，就没有任何价值。

原理 4：制定标准时要慎重地选择对象和时机，并保持相对稳定，不能朝令夕改。

原理 5：标准在规定时间内要进行复审和必要的修订，以确保标准的时效性。

原理 6：当指明产品的各项特性时，规范中应包含各项指标的检测方法及检测指导，以便确定所指定的产品是否符合规范要求。

原理 7：国家标准是否以法律形式强制实施，应根据该标准的性质、社会工业化的程度、现行的法律和客观条件等情况，慎重地考虑。

2. 松浦四郎的标准化原理

日本学者松浦四郎的一个重要贡献是将"熵"的概念引入了标准化领域，认为标准化活动实际上是创造负熵的过程，是使社会生活从无序转化成有序的一种活动。他在《工业标准化原理》中全面系统地研究和阐述了标准化活动过程的基本规律，提出了 19 项原理，丰富了标准化基础理论。松浦四郎主张的 19 项原理分别是：

原理 1：标准化本质上是一种简化，是社会自觉努力的结果。

原理 2：简化就是减少某些事物的数量。

原理 3：标准化不仅能简化目前的复杂性，而且还能预防将来产生不必要的复杂性。

原理 4：标准化是一项社会活动，各有关方面应相互协作来推动它。

原理 5：当简化有效果时，它就是最好的。

原理 6：标准化活动是克服过去形成的社会习惯的一种运动。

原理 7：必须根据各种不同观点仔细地选定标准化主题和内容。优先顺序应视具体情况而定。

原理 8：对"全面经济"的含义，由于立场的不同会有不同的看法。

原理 9：必须从长远观点来评价"全面经济"。

原理 10：当生产者的经济和消费者的经济彼此冲突时，应优先照顾后者，简单的理由是生产商品的目的在于消费或使用。

原理 11：使用简便且最重要的一条是"互换性"。

原理 12："互换性"不仅适用于物质的东西，而且也适用于抽象概念或思想。

原理 13：制定标准的活动基本上就是选择然后保持固定。

原理 14：标准必须定期评论，必要时修订。修订时间间隔多长，将视具体情况而定。

原理 15：制定标准的方法，应以全体一致同意为基础。

原理 16：标准采取法律强制实施的必要性，必须根据标准的性质和社会工业化情况来谨慎考虑。

原理 17：有关人身安全和健康的标准通过法律实施是必要的。

原理 18：用精确的数值定量地评价经济效果，仅仅对于使用范围窄的具体产品才有可能。

原理 19：在拟标准化的许多项目中确定优先顺序，实际上是评价的第一步。

3. 李春田的标准化原理

我国学者李春田于 1982 年主编了《标准化概论》（第 1 版），至 2014 年完成第 6 版修订，已成为标准化研究领域的重要组成部分，为推进我国标准化理论的研究发挥了重要作用。该书提出了"简化""统一""协调"和"最优化"4 项标准化方法原理，并在其后续修订版中，进一步提出了 4 项标准系统的管理原理，即系统效应原理、结构优化原理、有序发展原理和反馈控制原理，形成了较为系统的理论体系。

（1）系统效应原理。该原理要求，对标准系统进行设计时，应当作由若干子系统或要素结合成的有机整体看待，树立全局意识和全局观念；制定标准时，应充分认识系统对单项标准的要求和制约，特别是系统总效应的要求。该原理是标准化活动最基本的原理，其思想应贯穿于标准化的全过程。在标准化管理活动中，从目标的确定，到规划、计划的落实，决策方案的选择，以及在决策实施过程中根据信息进行协调、控制都必须运用这一原理。

（2）结构优化原理。该原理认为，系统的结构是系统具有特定功能、产生特定效应的内在根据。系统产生效应的大小，在很大程度上取决于系统要素是否形成好的结构。标准系统要素的阶层秩序、时间序列、数量比例及相关关系，依系统目标的要求合理组合，使之稳定，并能产生较好的系统效应，这就是结构化原理。标准系统的结构不是自发形成的，是优化的结果。协调是通过各种途径使相关要素之间重新建立起相互适应的关系，是结构优化的基本方法。在标准化管理活动中，要在确保单个标准质量的基础上，致力于改进系统结构，以便发挥更大的组织效应。

（3）有序发展原理。该原理提出，系统的有序性是系统要素间有机联系的反映。标准系统的功能与其状态相关，标准系统的状态及其组织程度表现为有序或无序，保持或提高标准系统的有序性是提高标准系统功能的基础，这就是标准系统的有序原理。有序发展原理是关于标准系统进化、发展的动力问题。有序程度越高，系统功能越好；有序程度越低，无序程度越高，系统功能越差。标准系统的有序状态是整体协调的结果。当系统不能适应客观要求时，说明系统处于不稳定的无序状态，这时可向系统补充某些具有激发力的、功能水平较高的标准。如果处理得当，它们有可能把系统"拖"到新的稳定有序的状态。一旦掌握了这个系统发展的机制，也可以自觉地运用它来推进标准化。

（4）反馈控制原理。该原理强调，标准系统演化、发展以及保持结构稳定性和环境适应性的内在机制是反馈控制。系统发展的状态取决于系统的适应性和对系统的控制能力，这就是反馈控制原理。标准系统的反馈控制体现在信息反馈和控制两个方面。信息反馈是对标准系统进行管理的前提。控制的目的是使系统稳定，或使系统内诸要素逐步形成一个具有新功能的新机构，产生更大的系统效应并使系统与环境相适应。对标准系统来说，控制的含义包括指挥、调节、组织协调和管理职能。控制包括开环控制和闭环控制两种形式。运用好这种控制系统的关键是要求标准管理系统具有对信息的搜集、传输、处理和判断的较强能力和较高的可靠性。标准化管理者只有通过反馈控制原理主动进行调节，才能使系统处于稳态。

4. 白殿一的标准化原理

我国学者白殿一等在 2019 年出版的《标准化基础》一书中，对标准化活动进行了深入的探讨，从标准和标准化的定义出发提出了标准化的有序化原理。他认为，标准化不仅仅是一种制定和应用规则的过程，更重要的是它通过确立和实施公认的技术规则，实现了对人类活动的有序化引导。

根据白殿一的标准化理论，这种有序化包括三个层面，即概念秩序、行为秩序和结果秩序。概念秩序是指通过标准化活动，人们对某一技术或概念有了统一、清晰的认识，这有助于消除误解和歧义，提高沟通效率。行为秩序是指标准化活动通过制定规则，规范了人们的行为方式，使各种行为都有章可循，减少了混乱和冲突。结果秩序则体现在标准化的应用使结果可预期、可比较、可验证，提高了结果的质量和可靠性。

白殿一还进一步分析了标准化有序化原理的实现机制。他认为，标准化的有序化首先需要通过确立公认的技术规则来实现。这些规则必须是广泛认可的，具有普遍性和适用性，才能有效地引导人们的行为。其次，这些规则需要被人们自愿应用，只有当规则被广泛接受并转化为实际行动时，才能真正建立起有序化的技术秩序。最后，通过这种有序化的技术秩序，人们可以获得更多的效益，这也是标准化活动的最终目标。

总的来说，白殿一的标准化有序化原理不仅强调了标准化的技术规则层面，更突出了标准化在人类活动有序化过程中的重要作用，为我们理解标准化的本质和作用提供了新的视角。这一原理不仅有助于我们更深入地理解标准化的内涵和价值，也为我们在实践中更好地应用标准化提供了理论支持。

二、标准化形式

标准化形式是指为了达到标准化的既定目标而使用的标准化基本方法。人们会在实践中根据标准化对象的特点，选择和运用适宜的标准化形式。目前，存在简化、统一化、通用化、系列化、组合化和模块化等多种不同的标准化形式。这些标准化形式看似独立，但实际上它们之间存在着紧密的联系。在实践中，需要根据具体的目标和需求，通过系统分析、统筹谋划和分步实施，将这些标准化形式有机地结合起来，形成综合标准化方法。

总之，标准化是一项复杂的工作，需要我们在实践中不断探索和创新。通过选择和运用适宜的标准化形式，灵活运用综合标准化方法，更好地推动标准化的发展。

1. 简化

简化是最基本的标准化形式之一，是在一定范围内缩减对象或事物的类型数目，使之在一定时间内满足一般需要的标准化方法。在使用简化这种标准化形式时，要注意范围边界和时间边界。范围边界，缩减对象或事物的程度需要适度，这种缩减是有节制的，并非一味地追求更少或更简单，而是把多余的、可替代的、低功能的环节简化掉；时间边界，简化通常是在事物或对象的多样性达到一定程度后才进行的。这意味着，在多样性发展到足够丰富和复杂之后，我们才会考虑对事物或对象进行数量和类型的缩减。简化的直接目标是控制过度的多样化，而最终目标是实现系统总体功能的最佳化，以满足更广泛和长期的需求。

简化是有目的的对客观系统结构进行调整，以达到最优化的标准化活动。这种活动通常在事物多样化发展到一定程度后进行。在实施简化时，应遵循以下原则：

首先，只有当多样化的发展规模超出必要范围时，才考虑进行简化。这意味着需要在复杂性和管理性之间找到一个平衡点。其次，简化必须是合理和适度的。这意味着简化不能损害产品或系统的基本功能和性能。合理的简化应满足两个条件：①简化后的产品或系统在规定的时间内能够满足一般需求，避免必需品短缺；②简化后的产品或系统的总体功能应达到最佳状态。再次，简化还需要在确定的时间和空间范围内进行。这意味着不能将简化作为限制或损害消费者需求和利益的手段。相反，简化的结果应确保在既定的时间内满足消费者的一般需求，同时保护他们的利益。最后，产品简化应形成系列，并符合数值分级制度的基本原则和要求。这意味着在简化的过程中，需要考虑产品的整体布局和规划，确保简化后的产品系列具有连贯性和标准化。

简化的应用十分广泛，在生产生活中发挥着不可或缺的作用：

第一，物品种类的简化，有助于企业实现更高效的管理。通过合并相似或功能相近的产品，企业可以优化产品组合，减少产品线的冗余，降低管理难度，提升市场竞争力。

第二，原材料的简化，对企业的成本控制至关重要。当企业采购的原材料种类过多时，不仅增加了采购成本，还可能导致库存管理困难。因此，简化原材料种类，选择通用性强、成本效益高的原材料，有助于企业降低整体成本，提高盈利能力。

第三，工艺装备的简化，能够提升企业的生产效率。通过审查工艺文件和使用统计，企业可以识别出通用性差和可替代的工艺装备，并进行优化。这不仅可以减少生产过程中的复杂性和错误率，还可以提高生产效率，缩短产品上市时间。

第四，零部件的简化，对于产品设计和制造具有重要影响。通过将功能相似的零部件进行归并简化，企业可以减少零部件的种类和数量，降低设计和制造的复杂性。这不仅可以提高生产和组装的效率，还可以降低生产成本，增强产品的市场竞争力。

第五，数值的简化，在产品设计过程中发挥着重要作用。通过简化参数的数值，企业可以更有效地控制产品品种的规格数量和相应工具量具的种类数量。这有助于减少生产过程中的变量和误差，提高产品的质量和可靠性。

第六，结构要素（形面要素）的简化，在加工过程中十分重要。简化孔径、螺纹直径等要素可以减少工具和不同加工过程的数量，可大大降低生产成本。同时，这种简化还有助于提高产品的稳定性和耐用性，减少维修和更换的频率。

综上所述，简化是一种有目的的标准化活动，旨在优化客观系统的结构。通过遵循上述原则，我们可以确保简化的合理性、适度和效果，从而提高系统的效率，同时保护消费者的利益。

2. 统一化

统一化是将两种以上同类事物归并为一类或限定在一定范围内的标准化方法。它的核心在于确保对象在形式、功能或其他技术特征上的一致性，并通过制定标准来固定这种一致性。统一化的目的在于消除不必要的多样化，以减少混乱，为人类活动提供统一的框架和规则。

以历史上的秦始皇统一文字为例，最初"马"字在秦国、燕国、齐国、楚国以及韩、赵、魏三国，都有各自独特的"马"字写法，这种多样化的写法不仅增加了交流的难度，还可能引发误解和混乱。为了解决这个问题，秦始皇颁布"书同文"法令，规定以秦国的小篆作为统一的文字标准，废除了其他与之不同的写法。这一举措确保了文字在形式上的统一，消除了因多样化造成的混乱，为人们的交流和沟通提供了统一的准则。这个历史事件突显了统一化的重要性。无论是在文字、技术、工程还是其他领域，统一化都有助于减少混乱、提高效率，并为人们提供一个清晰、一致的参考框架。通过统一化，可以确保各种事物在形式和功能上保持一致，促进人类活动的顺畅进行。

统一化与简化都致力于提升效率和效果，但两者在目标和方法上有明显区别。统一化主要关注于一致性，它更加注重从多样性中提炼出共性，确保所有元素遵循相同的规则和标准。这一过程有助于减少混乱和误解，增强系统的可靠性和稳定性。而简化则更加注重精练和高效，它并不追求完全的一致性，而是致力于在保持必要多样性的同时，去除冗余和不必要的复杂性。简化的目的是通过优化资源配置和流程设计，实现以少胜多的效果。

统一化包括绝对统一和相对统一两种主要形式，它们各自具有独特的适用场景和优势。绝对统一是指某种规定或标准必须无条件地遵循，没有任何例外和变通。它要求所有相关方都严格按照既定的规则行事，不得有任何偏离，如标志、编码、代号、名称、运动方向（如开关的旋转方向、螺纹的旋转方向、交通规则）等。绝对统一在科学研究、工程技术和法律法规等需要确保精确性和一致性的领域发挥着至关重要的作用。相对统一是指在保持总体一致性的基础上，允许在细节或执行层面存在一定的灵活性和变通。它允许根据具体情况进行适度的调整和优化，以适应不同的需求和情景。相对统一在市场营销、品牌建设和教育等领域中广泛应用。例如，在教育领域，虽然教学大纲和课程目标是统一的，但教学方法和手段可以根据学生的特点和需求进行灵活调整。

统一化作为一种重要的原则和方法，广泛应用于各个领域，发挥着至关重要的作用。

第一，计量单位、名词、术语、符号、代码、图形、标志、编码等的统一。这种统一化是确保信息准确传递的基础。在科学、技术、商业等领域，使用统一的计量单位和术语能够消除沟通障碍，确保各方对同一概念有清晰、明确的理解。这种统一也有助于促进数据的比较和分析。

第二，产品规格的统一。对于制造业和其他生产行业，产品规格的统一至关重要。它有助于确保产品的互换性和兼容性，降低生产成本，提高生产效率。同时，统一的产品规格也有助于消费者进行比较和选择。

第三，数值和参数的统一。在科学研究、工程设计等领域，数值和参数的统一对于确保数据的可比性和准确性至关重要。通过使用统一的数值和参数标准，研究人员和工程师能够更准确地预测和评估结果，从而做出更明智的决策。

第四，程序和方法的统一。在业务流程、项目管理、质量控制等方面，统一的程序和方法能够确保工作的一致性和效率。通过遵循统一的程序和方法，能够减少错误和偏差，提高工作质量和效率。

综上所述，统一化不仅有助于消除沟通障碍、提高效率和准确性，还有助于促进合作和创新。因此，在各个领域标准化活动中，推动统一化都是一项重要的任务。

3. 通用化

通用化是一种基于互换性的标准化形式，旨在扩大同一对象（包括零件、部件或构件）的应用范围。也可理解为，确保子系统或功能单元等对象在功能和尺寸上具有互换性，尽可能让对象能在相互独立的不同系统中被广泛应用。

通用化的基础是互换性。互换性是指产品（或零部件）在制造过程中，其本质特性（如尺寸、形状、性能等）能够以一定的精确度重复再现，从而确保这些产品（或零部件）在装配、维修或替换时，不需要进行额外的修整或调整，就能够直接替换使用。

通用化在本质上是一种追求统一性的过程，这种统一性主要体现在两个方面：首先，从功能的角度看，通用化要求不同的物品或方法能够实现相同或类似的功能，这就是功能互换性；其次，从尺寸的角度看，通用化要求物品的尺寸具有一定的标准和统一性，这就是尺寸互换性。通用化的对象既可以是具体的物品，如产品及其零部件，也可以是抽象的事物，如方法、规程、技术要求等。无论是物还是事，通用化都能够带来很多好处，如提高生产效率、降低成本、提高产品质量、简化操作流程等。

要使零部件成为具有互换性的通用件，需要满足四个条件：①尺寸上必须具备互换性，即零部件的尺寸必须符合一定的标准和规范，以确保它们可以相互替换使用；②功能上必须具备一致性，即不同的零部件必须能够实现相同或类似的功能，以保证它们在使用时能够发挥相同的作用；③使用上必须具备重复性，即零部件的使用必须具有一定的稳定性和可靠性，以确保它们能够在不同的场景和条件下重复使用；④结构上必须具备先进性，即零部件的设计必须具有一定的创新性和前瞻性，以适应未来可能出现的新需求和新挑战。

通用化的核心目的在于通过标准化和模块化设计，使同一产品能够适用于更广泛的场景，从而最大限度地优化生产流程、减少零部件在设计和制造过程中的资源浪费。通用化带来的好处很多，具体包括以下几个方面：第一，从设计和制造的角度看，通用化可以大大减少零部件的种类和数量，这直接降低了设计、制造和管理的复杂性。通过减少不必要的多样化，企业可以更加专注于优化少数几个核心零部件，从而提高整体的生产效率和质量。第二，通用化有助于促进技术的广泛重复利用。当一种技术或设计被多个产品所采纳时，这意味着该技术已经经过了充分的验证和测试，因此可以被认为是成熟的。这不仅能缩短新产品从设计到上市的周期，还能确保产品的可靠性和性能。第三，通过减少元器件的品种，企业可以在采购过程中获得更大的议价能力，从而降低采购成本。同时，大批量生产也更容易实现质量控制和产品质量的稳定和提高。这是因为在大规模生产中，可以更加精确地预测和管理各种生产参数，从而确保每个产品都达到高标准。第四，通用化还可以拓宽企业产品的使用范围。例如，一个通用性强的柴油机可以被用于多种不同的机械和设备中，这不仅增加了产品的市场需求，还提高了企业的竞争力。

综上所述，通用化策略是一种高效、经济且富有创新性的生产方式。它不仅可以提高生产效率和产品质量，还可以降低生产成本和市场风险，为企业创造更大的价值。

4. 系列化

系列化是对一组同类产品进行系统化的整合与通盘规划的标准化形式。它基于对该类产品未来发展趋势的预测，结合自身的技术资源和生产条件，通过全面深入的技术经济分析，综合考虑产品的成本、性能、市场竞争力等多个因素，确定出最具经济效益和市场前景的产品系列方案，为产品系列制定出科学、合理的参数、型式和尺寸布局，实现系列产品与配套产品之间的协调性和互补性。

系列化与简化的目标都是减少不必要的多样性，系列化更被视为简化的延伸，它通过全局性的考虑，将多样化的产品发展从无序状态转变为有序状态。但与简化不同的是，系列化克服了标准化最初逐个制定单项产品标准的传统方式，从而在产品设计时考虑整体的和谐和平衡。简化的过程往往发生在品种过多、超过实际需求的时候，而系列化则是一种预防性的策略，旨在防止过度的品种泛滥。因此，系列化不仅简化了现有的不必要的多样性，更重要的是可科学预防未来可能产生的不合理的多样性，这使得同类产品的系统结构能够保持在一个相对稳定的最佳状态。

产品系列化主要包括三个主要方面，即制定产品参数系列、编制系列型谱和开展系列设计。

首先，制定产品参数系列是为了对产品的主要或基本参数进行数值分级。这个过程的目的在于合理地划分产品的种类和规格，以便于在经济上实现最优发展。通过对参数进行分档，企业可以更有效地满足市场需求，同时优化生产流程。

其次，编制系列型谱是根据用户和市场的需要，以及对国内外同类产品的生产状况分析，对基本参数系列所限定的产品进行型式规划。这个过程通过简明的图表来展示基型产品与变型产品之间的关系，以及产品品种发展的总体趋势。这样的图表即为系列型谱，它有助于企业在设计和生产过程中更好地理解和规划产品系列。

最后，开展系列设计是指对系列型谱中规定的各种型式和各个品种规格的同类产品进行集中统一的设计。这个设计过程基于系列内具有代表性、规格适中、用量较大、生产稳定、结构先进、性能和结构可靠且具有发展前途的型号。通过这种方式，企业可以对整个系列产品进行统一而全面的总体设计和详细设计，从而提高产品的质量和生产效率。

总的来说，产品系列化是一个系统性的过程，它涉及对产品参数、型谱和设计的全面规划和管理。这个过程有助于企业在满足市场需求的同时，实现产品的优化和升级，提高企业的竞争力和市场地位。

5. 组合化

组合化是基于统一化和系列化的原则，通过设计和制造一系列通用性强、可重复使用的单元，根据需要拼合成不同用途的物品的一种标准化方法。这种方法的特点在于可以利用这些标准化的单元，根据实际需求进行灵活的拼接和组合，从而创造出多样化的物品。这种统一化单元，称为组合元，可以理解为在产品设计、生产过程中选择和设计的、独立存在的、可以通用互换的且具备特定功能的标准单元和通用单元。

组合化是一种在系统设计和产品开发中广泛应用的标准化形式，它强调通过对系统或产品的分解与重新组合来实现高效、灵活和标准化的设计和生产流程，是分解组合的统一。首先，组合化的基础是系统分解。这意味着将一个复杂的产品或系统分解为多个独立的功能单元。这些功能单元不仅具有特定的功能，而且可以与其他系统或产品的功能单元互换和通用。这种分解有助于简化设计和生产过程，提高产品的可维护性和可扩展性。其次，组合化的另一个重要方面是组合。这意味着将预先设计好的标准单元、通用单元等组合元按照新系统的要求进行有机结合。这种组合可以是简单的叠加，也可以是复杂的集成，旨在实现新系统的特定功能。通过组合，可以快速构建出满足特定需求的新系统，提高开发效率和灵活性。

组合化的核心思想是将复杂的物体或结构拆分成若干个基本的、可重复使用的组合元。这些组合元可以根据需要进行重新组合和装配，以创建出具有新功能或新结构的物体。这种应变机理赋予了设计过程以高度的灵活性和适应性，因为可以通过调整组合元的种类、数量或组合方式，来满足不断变化的需求。这种组合化的设计方式在很多领域都有广泛的应用，包括但不限于机械工程、建筑设计、电子制造、软件开发等。例如，在软件开发中，模块化设计就是一种典型的组合化应用。通过将软件拆分成若干个独立的模块，可以更方便地进行功能扩展、错误修复和维护。

组合化设计主要依赖于四个核心步骤，它们共同构成了一个系统化、逻辑清晰的设计过程。

第一，分析用户需求。这一步骤是整个设计过程的基础。设计团队需要通过深入的市场调研和用户访谈，了解用户对产品的具体需求。这些需求可以通过树状图、质量功能展开等工具进行整理和分析，以便更清晰地理解用户的期望。同时，结合产品标准，设计团队可以确定产品的品种类型和结构，为后续的设计工作提供明确的指导。

第二，产品功能单元划分。在了解了用户需求并确定了产品结构后，设计团队需要将这些需求转化为具体的产品功能单元。这一步骤涉及对产品的深入理解和创新思考，需要将复杂的产品分解为若干个独立但又相互关联的功能单元。这样的划分有助于简化设计过程，提高设计的灵活性和可维护性。

第三，组合设计。在完成了产品功能单元的划分后，设计团队就可以开始进行组合设计了。这一步骤强调对标准件、通用件和其他可继承的结构和单元的充分利用。通过选择适当的标准件和通用件，设计团队可以大大提高设计效率，降低生产成本。同时，对于必须重新设计的零件，设计团队也应尽量采用标准的结构要素，以便在后续的生产和维护中实现更好的兼容性和可扩展性。此外，组合设计还鼓励将原技术和新技术进行有机结合，以创造出更具竞争力的新产品。通过扩大标准化成果的重复利用，设计团队可以在保证产品质量的同时，实现更高的经济效益。

第四，设计审查评价。最后一步是对设计方案进行审查和评价。这一步骤至关重要，因为它可以确保设计的可用性和可靠性。设计团队需要组织专家对图纸等设计方案进行细致的评审，检查设计是否符合用户需求、是否满足产品标准、是否具备足够的创新性和竞争力。通过这一步骤，设计团队可以发现并纠正设计中存在的问题和不足，进一步提高设计的质量和水平。

综上所述，组合化设计通过深入分析用户需求、合理划分产品功能单元、巧妙运用标准件和通用件以及严格的设计审查评价等步骤，为设计团队提供了一种系统化的设计框架。这种设计方法不仅可以提高设计效率和质量，还可以降低生产成本，增强产品的竞争力。在未来的产品设计领域，组合化设计有望发挥更加重要的作用。

6. 模块化

模块化是一种重要的标准化方法，它结合了通用化、系列化和组合化的特点，旨在解决复杂系统在面对快速变化时的适应性问题。通过将复杂的系统拆分为不同的模块，并确保这些模块之间通过标准化的接口进行信息沟通，就能够实现系统的动态整合。模块化的应用范围广泛，可分为狭义和广义两种。狭义的模块化主要关注产品生产和工艺设计的方面，即在设计和生产过程中，将产品拆分为若干个独立的模块，每个模块都具备特定的功能，并且可以通过标准化的接口与其他模块进行连接和交互。而广义的模块化则更进一步，它不仅涉及产品的模块化，还将生产组织和过程也纳入考虑范围。这种模块化的方法将整个生产系统分解为多个独立的模块，每个模块都负责完成特定的任务或功能。通过模块之间的协同工作，可以实现整个生产系统的高效运作和快速响应。

模块作为模块化的基石，是由元件或子模块精心组合而成的，它们不仅具备独立的功能性，还能以标准化的形式单独制造，形成一系列可互换、可组合、可分解的单元。通过精心设计的接口，这些模块可以灵活地与其他单元集成，从而构建出多样化的产品。这种模块化的构建方式使复杂的系统变得更为简单、灵活和可维护。

模块化过程是一种综合性的标准化形式，它将复杂的产品或系统分解为独立的、可互换的模块，以提高生产效率、降低成本并增加产品的灵活性。整个过程涉及设计、生产和装配三个主要阶段。

第一，模块化设计阶段。模块化设计是整个过程的基础。它包括对现有模块的改进，以适应新的需求或提高性能。同时，还需要设计专用模块以满足特定功能或性能要求。在模块设计过程中，接口设计尤为重要，以确保不同模块之间能够顺利、高效地连接和交互。

第二，模块化生产阶段。这个阶段主要关注模块的制造过程。为了提高生产效率和质量，可以采用多种先进的制造技术，如成组技术、计算机辅助制造技术等。这些技术有助于实现自动化、智能化的生产，提高生产效率和产品质量。

第三，模块化装配阶段。在这个阶段，首先通过零部件的组合装配出具有不同功能的模块。然后，根据产品的结构和功能需求，选择满足要求的模块。最后，通过模块的组合装配，形成满足顾客要求的最终产品。模块化装配有助于提高装配效率、降低装配成本，并方便产品的维护和升级。

模块化这一概念最初起源于制造业，组合机床的设计思路可以说是模块化方法的初次尝试。随着时间的推移，模块化理念逐渐被广泛应用于电器制造、仪器仪表制造以及各种高精度测试设备的制造中。这些领域的引入不仅丰富了模块化的应用形式，也推动了相关产业的发展。当前，模块化已经进一步扩展到工程等领域，其"多、快、好、省"的优越性在这些领域中得到了充分体现。在工程中，模块化设计能够提高产品的标准化程度，简化生产流程，加快研发速度，提高产品质量，同时也有助于降低生产成本。尤其在教育领域，模块化教育系统已经开始应用。这种系统通过将教育内容划分为若干个独立的模块，使教育过程更加灵活和高效。学生可以根据自己的兴趣和需求，选择不同的模块进行学习，实现个性化教育。此外，模块化企业、模块化产业结构、模块化产业集群网络等概念已经成为经济学界的研究热点。这些概念涉及企业的组织结构、产业的结构以及产业集群的发展等多个方面。模块化理念的引入有助于优化企业的资源配置，提高产业的竞争力，促进产业集群的形成和发展。

7. 综合标准化

综合标准化是一种全面、系统的标准化方法，它综合考虑了各种标准化形式的特点和优势，旨在实现最佳的标准化效果。通过综合标准化方法，可以更好地协调各种标准化形式之间的关系，确保它们在实践中能够相互补充、相互促进，共同为实现标准化的既定目标贡献力量。

综合标准化具有整体性、目的性、成套性、敏感性、全过程管理、计划性和风险性等特点，为了达到确定的目标，通过系统分析，建立标准综合体并贯彻实施的标准化活动。与传统的标准化方法相比，综合标准化更加注重整体性和系统性。它不再局限于单一标准的制定，而是将各个相关标准视为一个有机整体，确保它们之间的协调性和一致性。这种整体性思维有助于打破标准间的壁垒，提高整个标准体系的效能。

综合标准化的关键内涵包括：①明确的目标导向。综合标准化活动的起始点就是明确的目标设定。这个目标为整个标准化活动提供了方向和动力，所有后续的工作都是为了实现这一目标。目标的明确性对于综合标准化的成功至关重要，因为它能够确保所有的努力都是围绕一个中心目标进行的，避免了资源的浪费和方向的迷失。②系统理论的指导。综合标准化不是简单的单一标准的叠加，而是基于系统理论，运用系统分析方法进行的。这意味着在标准化过程中，要考虑各个部分之间的相互关系，以及它们对整个系统的影响。系统理论为综合标准化提供了框架和方法，使标准化活动更加科学、合理和有效。③标准综合体的建立。在综合标准化活动中，一个重要的步骤是建立标准综合体。标准综合体是一组相互关联、相互协调的标准，它们共同作用于一个系统，以实现特定的目标。标准综合体的建立需要运用系统分析方法，确保各个标准之间的逻辑关系和协同作用，从而实现系统的整体优化。④标准综合体的实施。建立标准综合体真正的目的是通过实施这些标准来实现设定的目标。标准的实施涉及各个方面，包括标准的宣传、培训、监督和评估等。只有通过有效的实施，标准综合体才能真正发挥其作用。

综合标准化是一项系统性工程，旨在通过有序的步骤推进整个标准化过程。这个过程包括四个阶段，每个阶段都有其特定的目标和任务。

第一，准备阶段。该阶段主要工作是确定综合标准化的对象，并建立一个协调机构。这个协调机构将负责整个标准化过程的组织和协调，确保各个阶段的顺利进行。

第二，规划阶段。该阶段需要明确综合标准化的目标，并编制标准综合体规划。这个规划将成为建立标准综合体、编制标准制修订计划和确定相关科研项目的依据。同时，它也是协调解决跨部门问题的关键工具。

第三，制定标准阶段。该阶段需要制定详细的工作计划，并根据这个计划组织全部标准的起草和审查工作。该阶段的目标是建立一个完整、协调的标准综合体，为后续的实施阶段提供坚实的基础。

第四，实施阶段。该阶段需要组织标准的实施，并对标准综合体的实施效果进行评价和改进。该阶段的重点是确保标准得到有效的执行，并通过评估和改进不断提升标准化的效果和质量。

通过这四个阶段的有序推进，综合标准化可以确保整个过程的系统性、协调性和有效性，对提高产品质量、促进技术创新和推动产业发展具有重要意义。

第三节 标 准 分 类

标准化工作是一项复杂的系统工程，标准为适应不同的要求从而构成一个庞大而复杂的系统。为了便于研究和应用，标准从不同的目的和角度出发，依据不同的准则，可以有不同的分类方法，由此形成不同的标准种类。本节从标准的分类和约束性两个方面，简要介绍标准的基本常识。

一、标准的分类

（一）按照标准化活动的范围分类

按照标准化活动的范围不同，可以将标准分为国际标准、区域标准、国家标准、行业标准、地方标准、团体标准、企业标准。

1. 国际标准

一般将国际标准化组织（ISO）、国际电工委员会（IEC）、国际电信联盟（ITU）称为三大国际标准组织，由这三大国际标准组织制定的标准，以及国际标准组织确认并公布的其他国际标准组织制定的标准，统称为国际标准。目前，除 ISO、IEC、ITU 外，ISO 曾通过其网站公布认可的"其他国际标准组织"共有 48 个，如食品法典委员会（CAC）、国际法制计量组织（OIML）等。

对于国际标准的定义，不同国家有不同的界定。我国使用了 ISO/IEC 指南 2：2004 中对国际标准的定义，即国际标准是由国际标准化组织或其他国际标准组织正式表决批准的并且可公开提供的标准。国际标准化组织（ISO）、国际电工委员会（IEC）和国际电信联盟（ITU）按照自身的标准制修订程序制定并发布国际标准。世界卫生组织（WHO）、国际海事组织（IMO）等发布具体专业范围内的国际标准。

2. 区域标准

区域标准是指由区域标准化组织或区域标准组织通过并公开发布的标准。区域标准的种类通常按制定区域标准的组织进行划分。目前有影响力的区域标准主要有：欧洲标准化委员会（CEN）标准，欧洲电工标准化委员会（CENELEC）标准，欧洲电信标准化协会（ETSI）标准，欧洲广播联盟（EBU）标准，独联体跨国标准化、计量与认证委员会（EASC）标准，太平洋地区标准大会（PASC）标准，亚太经济合作组织/贸易与投资委员会/标准与合格评定分委员会（APEC/CTI/SCSC）标准，东盟标准与质量咨询委员会（ACCSQ）标准，泛美标准委员会（COPANT）标准，非洲标准化组织（ARSO）标准，阿拉伯标准化与计量组织（ASMO）标准等。

3. 国家标准

国家标准是按照国家认定的标准化活动程序，经协商一致制定，由国家标准化行政主管部门统一管理发布，为全国范围内各种活动或其结果提供规则、指南或特性，共同使用、重复使用的文件。我国国家标准的标准代号为 GB。

4. 行业标准

行业标准是指由行业组织通过并公开发布的标准。工业发达国家的行业协会属于民间组织，它们制定的标准种类繁多、数量庞大，通常称为行业协会标准。我国的行业标准是指由国家有关行业行政主管部门公开发布的标准。根据《中华人民共和国标准化法》（简称《标准化法》）的规定，对没有推荐性国家标准、需要在全国某个行业范围内统一的技术要求，可以制定行业标准。行业标准由国务院有关行政主管部门制定，报国务院标准化行政主管部门备案。不同行业的行业标准代号有所不同，如农业标准为 NY、水利标准为 SL、电力标准为 DL 等。

5. 地方标准

地方标准是在某个行政区域通过并公开发布的标准，在某个行政区域范围内适用。我国的地方标准是指由省（自治区、直辖市）人民政府标准化行政主管部门和经其批准的设区的市（州、盟）人民政府标准化行政主管部门制定并发布的标准。设区的市（州、盟）人民政府标准化行政主管部门根据本市（州、盟）的特殊要求，经所在地省（自治区、直辖市）人民政府标准化行政主管部门批准，可以制定本行政区域的地方标准。地方标准由省（自治区、直辖市）人民政府标准化行政主管部门报国务院标准化行政主管部门备案，由国务院标准化行政主管部门通报国务院有关行政主管部门。省级地方标准代号由汉语拼音字母"DB"加上其行政区划代码前两位数字组成。市级地方标准代号由汉语拼音字母"DB"加上其行政区划代码前四位数字组成。例如，陕西省地方标准代号为 DB 61，西安市地方标准代号为 DB 6101。

6. 团体标准

我国的团体标准是由依法成立的社会团体（如协会、商会、联合会、学会、产业联盟等）为满足市场和创新需要，协调相关市场主体共同制定的标准。这些标准由团体成员约定采用，或者按照团体的规定供社会自愿采用。团体标准的制定主体必须是具有法人资格的社会团体，并且这些团体需要具备相应的专业技术能力、标准化工作能力和组织管理能力。国务院标准化行政主管部门会同有关行业行政主管部门对团体标准的制定进行规范、引导和监督。团体标准的编号规则可以根据不同的团体和组织而有所不同，但通常都会遵循一定的规律和标准。例如，中国电力企业联合会团体标准的代号为 T/CEC。其中 T 是我国团体标准的统一代号，CEC 是社会团体代号，是中国电力企业联合会英文名称（China Electricity Council）首字母缩写。

7. 企业标准

企业标准是为了在企业内建立最佳秩序，实现企业的经营方针和战略目标，在总结经验成果的基础上，按照企业规定的程序，由企业自己制定并批准发布的各类标准。企业标准是企业的规范性文件，需要遵照规定的程序编制、审批和发布。企业标准代号规则为：①企业标准统一代号 "Q"，代表企业制定、批准、发布的企业标准。②企业代号可用汉语拼音字母或阿拉伯数字或两者兼用组成。常用企业名称的汉语拼音字母或英文缩写字母表示。例如，国家电网有限公司企业标准代号为 Q/GDW。

（二）按照标准化对象进行分类

按照标准化对象的不同，可以将标准划分为产品标准、过程标准和服务标准。

1. 产品标准

产品标准是确保产品满足其预期用途和性能要求的重要规范。它不仅关注产品的适用性，还涉及多个方面，如术语解释、取样方法、检测流程、包装设计和标签规定等。这些方面都是为了确保产品在生产、运输、销售和使用过程中能够保持其质量和性能。此外，产品标准还可以根据其所涵盖的范围进行分类。完整的产品标准包含了与产品相关的各个方面，为用户提供了全面的指导和规范。而非完整的产品标准则只关注其中一部分或几个方面，可能更侧重于某一特定领域或特定要求。以机械开关为例，它需要遵循 GB/T 16915.1—2014《家用和类似用途固定式电气装置的开关　第 1 部分：通用要求》，该标准详细规定了机械开关的技术要求、试验方法、检验规则以及标志、包装和贮存等内容。通过遵循这一标准，可以确保机械开关在生产和使用过程中符合相关要求，从而保证其质量和性能。

2. 过程标准

过程标准是确保过程适用性的要求规范，适用于组织生产和日常运营中的各个流程。在生产中，如工艺规程等标准能确保产品质量和生产效率。在运营中，如合同订立流程等标准能确保流程合规和高效。制定这些标准包括确定目标、分析现有流程、设计新流程、实施培训和监控改进等步骤。

3. 服务标准

服务标准是确保服务行业满足顾客需求的关键工具，涉及响应时间、准确性、专业性、安全性等方面。制定服务标准有助于明确服务目标，评估员工绩效，提高顾客满意度和忠诚度，从而吸引更多顾客。服务标准应具有灵活性和可定制性，以适应不同顾客的需求和期望，并定期审查和更新以确保符合市场和顾客需求。通过制定明确、灵活且可持续的服务标准，企业可在竞争激烈的市场中脱颖而出。服务标准通常在诸如饭店管理、运输、汽车维护、远程通信、保险、银行、贸易等领域内较为常见。国家电网有限公司制定的《国家电网有限公司供电服务规范》，就是为了不断提高供电服务质量，规范供电服务行为，提升供电服务水平而制定实施的标准。

（三）按照标准内容的功能划分

按照标准内容的功能不同，可以将标准划分为术语标准、符号标准、分类标准、试验标准、规范标准、规程标准、指南标准等。

1. 术语标准

术语标准是界定特定领域或学科中使用的概念的指称及其定义的标准。术语标准中界定的术语是专业领域技术交流的基础，有了被严格定义的术语，人类的科技、生产和贸易活动才能成为可能。例如，GB/T 2900.1—2008《电工术语 基本术语》。

2. 符号标准

符号标准是界定特定领域或学科中使用的符号的表现形式及其含义或名称的标准。符号标准界定的符号将便于各种语言、文化、知识背景的人们相互交流，这些符号在人们日常生活和科学技术活动中发挥着不可替代的作用。例如，GB/T 10001.1—2023《公共信息图形符号 第 1 部分：通用符号》。

3. 分类标准

分类标准是基于诸如来源、构成、性能或用途等相似特性对产品、过程或服务进行有规律地排列或划分的标准。分类标准通过对标准化对象按照某个属性进行分类和/或编码，从而建立秩序以促进沟通和交流。例如，DL/T 1382—2023《涉电力领域市场主体信用评价指标体系分类及代码》。

4. 试验标准

试验标准是在适合指定目的的精确度范围内和给定环境下，全面描述试验活动以及得出结论的方式的标准。试验标准有时附有与测试有关的其他条款，例如取样、统计方法的应用、多个试验的先后顺序等。适当时，试验标准可说明从事试验活动需要的设备和工具。例如，高压试验规范 GB/T 11023—2018《高压开关设备六氟化硫气体密封试验方法》。

5. 规范标准

规范标准是规定产品、过程或服务需要满足的要求以及用于判定其要求是否得到满足的证实方法的标准。规范标准可以作为采购、贸易的基础，作为判定产品、过程或服务符合性的依据，作为自我声明、认证的基准。例如，GB/T 24833—2009《1000kV 变电站监控系统技术规范》。

6. 规程标准

规程标准是为活动的过程规定明确的程序以及判定该程序是否得到履行的追溯/证实方法的标准。过程包括但不限于设计、制造、安装、维护或使用；申请、评定或检验；接待、商洽、签约或交付等。规程标准使判定各种活动是否履行了规定的程序成为可能。例如，GB 26860—2011《电力安全工作规程　发电厂和变电站电气部分》。

7. 指南标准

指南标准是以适当的背景知识提供某主题的普遍性、原则性、方向性的指导，或者同时给出相关建议或信息的标准。指南标准的标准化对象通常涉及宏观、复杂、新兴的主题，为了加强对这些主题的认识、揭示其发展规律，需要提供方向性的指导、具体的建议或给出有参考价值的信息，这比规定具体特性、规定活动开展的具体程序或描述具体的检测方法更能满足实际需求。例如，GB/Z 43475—2023《区域生态文明建设指南》。

（四）按照是否具有强制执行力划分

按照标准在实施时是否具有强制执行力，可以将标准划分为不同的强制程度类别。

ISO/IEC 指南 2：2004 将标准分为强制性标准和自愿性标准。强制性标准是根据一般法律或法规中的排他性引用而需要强制应用的标准；自愿性标准是自愿应用的标准。

我国《标准化法》将国家标准分为强制性标准和推荐性标准。强制性标准一经发布必须执行，违反强制性标准要依法承担相应的法律责任；推荐性标准则是指国家鼓励相关方采用的标准，不具有强制效力。

（五）按照标准化领域划分

标准可以按照专业领域进行分类，国际上广泛使用的是国际标准分类法（ICS）。ICS 是 ISO 于 1992 年发布的标准文献专用分类法，根据标准化对象所属的领域和学科特点，划分出三级类目。第一级设 40 个大类，例如机械制造、电气工程、电信、农业、铁路工程、化工技术等；第一级大类被分为 407 个二级类，其中 134 个被细分为 896 个三级类。

我国除了使用 ICS 对标准进行分类外，还同时使用中国标准文献分类法（CCS）。CCS 是由我国组织编制的专用于标准文献的分类法，发布于 1989 年。该分类法将全部专业划分为 24 个一级类目，1606 个二级类目。其中，一级类目用大写拉丁字母表示大类，例如 B 表示农业、X 表示食品等；二级类目用双位数表示，例如 B10 表示农业中的土壤与肥料。

二、标准的约束性

标准本身不具有法律约束力，但如果标准被法律所规定，便具有了法律约束力。

如果合同中约定了标准，则有法律约束力，但前提是此标准必须合法。根据标准的约束性，可分为强制性标准、推荐性标准和标准化指导性技术文件三类。

1. 强制性标准

我国《标准化法》第十条规定："对保障人身健康和生命财产安全、国家安全、生态环境安全以及满足经济社会管理基本需要的技术要求，应当制定强制性国家标准。"自 2018 年起，我国强制性标准只有国家标准一种形式，行业标准、地方标准等均不再存在强制性标准形式。

我国《标准化法》第二条明确："强制性标准必须执行。"强制性国家标准是相关方必须遵守的基本准则，其给定的条款、要求、指标等应严格遵守执行。

我国国家强制性标准的代号为 GB。

2. 推荐性标准

我国《标准化法》第十一条规定："对满足基础通用、与强制性国家标准配套、对各有关行业起引领作用等需要的技术要求，可以制定推荐性国家标准。"推荐性标准是倡导性、指导性、自愿性的标准。通常，国家和行业行政主管部门积极向企业推荐采用这类标准，企业则完全按自愿原则自主决定是否采用。有些情况下，国家和行业行政主管部门会制定某种优惠措施鼓励企业采用。企业采用推荐性标准的自愿性和积极性一方面来自市场需要和顾客要求，另一方面来自企业发展和竞争的需要。企业一旦采用了推荐性标准作为产品执行标准，或与顾客商定将某推荐性标准作为合同条款，那么该推荐性标准就具有相应的约束力。国际上，绝大多数标准均是推荐性的，标准的使用者根据其需要自愿执行和遵守标准的约束。

虽然绝大多数标准是推荐性的，但在多数情况下并不是一般字面上所理解的那样，以为是否使用推荐性标准具有很大的选择自由和空间。在以下条件下，推荐性标准与强制性标准一样是必须遵守和执行的：

——行政主管部门明确规定做某事必须遵循的标准；

——写入合同的标准，与合同执行有关的各方都必须遵守；

——对于企业而言，纳入企业标准体系的标准都应遵守执行。

我国推荐性标准的代号为"标准代号+/T"，如推荐性国家标准为 GB/T，电力行业标准代号为 DL/T。

3. 标准化指导性技术文件

标准化指导性技术文件是一类特殊的标准化文件，是为仍处于技术发展中（如变化快的技术领域）的标准化工作提供指南或信息，供科研、设计、生产、使用和管理等有关人员参考使用的标准化文件，与发布的标准有所区别。制定国家标准化指导性技术文件，是为与国际标准化组织（ISO）和国际电工委员会（IEC）发布的技术报告（ISO/TR、IEC/TR 或 ISO/IEC/TR）相对应。在 ISO、IEC 的标准文件中，由于技术或其他原因尚不宜制定为国际标准的标准化文件，可以技术报告的形式发布。若中国拟采用该技术报告，同样不宜转化为国家标准，可转化为国家标准化指导性技术文件。

标准化指导性技术文件的约束性较之推荐性标准而言更弱，在标准化指导性技术文件的前言中要注明："本指导性技术文件仅供参考。有关对本指导性技术文件的意见和建议，向相关部门反映"。其中，电力标准的相关部门是指中国电力企业联合会。

我国标准化指导性技术文件的代号为"标准代号+/Z"，如国家标准化指导性技术文件为 GB/Z，电力行业标准化指导性技术文件为 DL/Z 等。

不论何种类型的标准，其编号一般均由标准代号、标准顺序号、发布年号组成，如 GB/T 1.1—2020、Q/GDW 10365—2020。

第二章

电力标准化工作

电力标准化是电力工业健康发展的基石,伴随着电力工业发展而不断发展壮大。本章主要从电力标准化发展概况、电力标准化机构、电力标准化相关政策以及电力企业标准化工作四个方面介绍电力标准化工作。

第一节　电力标准化发展概况

本节主要从电力标准化发展历史沿革和发展趋势两部分介绍电力标准化发展概况。

一、电力标准化发展历史沿革

新中国成立之后,电力技术标准初期主要是采用苏联标准。当时主管电力工业的燃料工业部于1951—1955年共颁布过20余项涉及电力生产的部级标准,其中16项是生产运行方面的规程和导则,对电力工业的生产建设进行规范、指导。

1955年7月,第一届全国人民代表大会第二次会议通过决议,撤销燃料工业部,分别设立煤炭工业部、石油工业部、电力工业部。1955—1965年,为加强电力工业建设,电力行业系统地开展了电力设计、施工规程和规范的研究和制定工作。1958年12月,当时统一管理国家标准化工作的国家技术委员会印发了GB 1—58《标准格式与幅面尺寸(草案)》以及《编写国家标准草案暂行办法》,由此开启了我国标准统一编写规则的时代。这一时期,主管电力工业的政府部门与设备制造部门协作,共同制定了《电力设备额定电压及周率》等国家标准和一批电气设备的部级标准;同时,还与铁道、广播等部门合作,制定了《防止电信和信号设备、受送电线危险影响保护规程》等标准。到1965年,电力行业共编制完成了78项部级标准和国家标准,电力工业生产建设与运行初步形成有标准指导实际工作的局面。1966—1975年,由于机构撤销、人员下放、资料散失、工程中断,电力工业的科研工作与技术标准研编工作等受到严重影响,仅制定颁布了两个条例草案。

1979年第一个全国专业标准化技术委员会 TC 1(全国电压电流等级和频率标准化技术委员会)成立。1979年2月,经全国人大常委会批准,国务院撤销水利电力部,分别成立水利部和电力工业部，电力标准的管理职责并入电力工业部，为统一电力标准编号，当时确定电力两字的汉语拼音首字母"DL"为电力部颁标准代号。此后，电力工业开始汇聚起一批专业力量开展电力标准化工作的研究、推广和应用，1980年，仿照国际惯例，开始组建专业领域的标准化技术委员会，成立电力工业部避雷器标准化技术委员会（秘书处设在电力科学研究院），开启了专业化电力标准化队伍建设之端，为电力标准化工作走向专业化发展道路积累了经验。

1982年3月，水利部和电力工业部合并成立水利电力部，同年成立了负责水利电力工业标准化管理工作的标准化处，并仿照国际上通行做法，开始组建电力专业标准化技术委员会，负责具体专业技术领域的标准化工作。随后，电力行业变压器、电容器、水电站水轮机、汽轮机、电站锅炉等专业标准化技术委员会相继成立。初始组建的标准化技术委员会多针对电力设备。1983年，电厂化学标准化技术委员会成立，标志着标准化技术委员会的设立方式发生了变化，随后出现了高压试验技术、继电保护标准化技术委员会等针对过程或方法的标准化技术组织。

1982年8月，电力科学研究院建立了标准化研究室（1985年转属于水利电力科技情报研究所）。1984年2月水利电力部印发《水利电力部标准化管理条例》，是我国电力工业开展标准化工作最早的规章。同年3月，水利电力部科技司成立了技术标准处，电力标准化工作开始了统一管理。

1988年4月，政府机构改革，国务院成立能源部，在能源部成立后，电力行业管理方面的部分职能从行政部门剥离，成立了电力行业的中介和自律管理组织——中国电力企业联合会。中国电力企业联合会自成立之日起就受政府部门委托，具体归口负责电力工业标准化的统一管理和日常工作。随着政府机构的调整，电力工业的行政管理部门发生了多次变化。1993年3月，八届全国人大一次会议审议通过了《关于国务院机构改革方案的决定》，能源部被撤销，组建电力工业部，负责电力标准化管理工作，但具体日常工作仍由中国电力企业联合会负责。1994年3月，电力工业部发布《电力工业部标准化管理办法》，明确提出：为加强电力标准化工作的领导与协调，成立电力工业部标准化领导小组。领导小组办公室（电力标准化工作办公室）设在中国电力企业联合会，负责电力工业标准化日常协调管理。同年，中国电力企业联合会对内部机构进行了调整，设立行业标准化的专门管理机构，统一协调电力国家标准、行业标准的各项工作。

1995年，中国电力企业联合会遵照国家标准GB/T 13016—1991《标准体系表编制原则和要求》编制了第一版《电力标准体系表》，并于1995年10月24日以电力工业部文件（电技〔1995〕645号）予以发布。《电力标准体系表》是指导电力标准化工作的依据性文件，体系共分通用、专业、门类和个性标准4个层次。专业从电力勘测设计、施工安装及验收、生产运行及电网调度、电力设备及技术条件、检修调试、安全、管理7个领域涵盖了电力生产全过程，每个专业领域下又分综合、水电、火电、电力系统等不同门类。此后，随着电力工业技术的不断发展和电力生产、经营、管理活动对标准需求的不断增长，中国电力企业联合会标准化管理中心先后于2005、2012年对《电力标准体系表》进行了修订和完善，指导电力标准化工作的开展。

1998年3月，九届全国人大一次会议批准国务院机构改革方案，决定撤销电力工业部，将电力工业部的行政管理职能移交国家经济贸易委员会。1999年6月16日，国家经济贸易委员会发布《电力行业标准化管理办法》，其中明确中国电力企业联合会负责电力行业标准化的具体组织管理和日常工作。中国电力企业联合会按照政府部门有关要求，为加强电力标准化统一管理，出台了一系列制度，规范电力标准化工作的开展。2000年6月，中国电力企业联合会印发《电力行业标准化指导性技术文件管理办法》《电力企业技术标准备案管理办法》《电力行业归口有关国际电工委员会技术委员会（IEC/TC）工作管理办法》。2001年8月，中国电力企业联合会根据《电力行业标准化管理办法》和电力专业标准化技术委员会发展的需要，以及国家标准化管理的要求，编制印发了《电力行业专业标准化技术委员会章程》，促进了电力专业标准化技术委员会规范化管理。

随着电力技术发展和电力标准化应用领域的拓展，以及电力生产对标准需求的提升，标准化技术委员会开始向综合性领域发展。20世纪90年代后期及进入21世纪后组建了诸如电力规划设计、电力可靠性、节能等标准化技术委员会。各类专业标准化技术委员会的组建进一步规范了电力工业技术发展，为电力工业标准化建设提供了专业化的技术组织保障。历经40余年的发展，我国电力行业已形成由专业标准化技术委员会（TC）、专业分技术委员会（SC）和专业标准化工作组（SWG）构成的标准化技术委员会体系。

2003年3月，十届全国人民代表大会第一次会议审议通过《国务院机构改革方案》，决定撤销国家经济贸易委员会，电力标准化工作改由电力工业宏观管理部门——国家发展和改革委员会归口负责。2005年7月，国家发展和改革委员会印发《国家发展改革委行业标准制定管理办法》，明确中国电力企业联合会继续承担电力行业标准化组织管理工作。

2008年3月，政府机构深化改革，国家能源局成立，能源领域行业标准化工作改由国家能源局归口。为推动能源领域标准化工作，2009年2月，国家能源局印发《能源领域行业标准化管理办法（试行）》《能源领域行业标准制定管理实施细则（试行）》《能源领域行业标准化技术委员会管理实施细则（试行）》，明确了能源领域行业标准化管理机构，并对能源行业标准化技术委员会实施管理。其中，确定电力行业标准化管理机构由中国电力企业联合会统一管理转为中国电力企业联合会、水电水利规划设计总院和电力规划设计总院三家机构。根据分工，水电水利规划设计总院负责水电规划设计、电力规划设计总院负责火电及输变电规划设计行业标准管理，中国电力企业联合会负责除规划设计以外的电力行业标准的管理工作。2009 年 6 月，按照国家标准化管理委员会《关于能源行业标准归口管理范围的复函》的要求，国家能源局印发《国家能源局关于能源行业标准编号有关事项的通知》，设立能源行业标准代号 NB，并发布了具体编号方法。核电、新能源和可再生能源、能源装备等行业标准于此时开始以 NB 为标准代号，其他电力行业标准仍沿用 DL 标准代号。

随着信息技术的飞速发展和广泛应用，电力工业对信息化建设需求越来越高。2010 年 9 月，国家能源局联合国家标准化管理委员会发布国能科技〔2010〕334 号文件，正式成立国家智能电网标准化总体工作推进组，这是在专业标准化技术委员会形式上的又一尝试。该工作推进组负责我国智能电网标准化工作的战略规划，指导相关国家标准、行业标准的制修订，协调各部门和相关领域的标准化工作，推动我国智能电网标准体系建设。

2013 年 3 月，国家能源局、国家电力监管委员会职责进行整合，重新组建国家能源局，由国家发展和改革委员会管理。国家能源局行使对煤炭、石油和电力等能源领域集中统一管理的政府职能，电力行业标准相应纳入国家能源局的统管范畴之中。

2015 年 3 月，国务院印发《深化标准化工作改革方案》。按照标准化改革要求，电力行业积极参与国家标准化改革，经申请，中国电力企业联合会和中国电机工程学会同被列为国家第一批团体标准试点单位，并开启了电力团体标准工作的进程。中国电力企业联合会为规范团体标准工作，于 2016 年 3 月印发了《中国电力企业联合会标准管理办法》和《中国电力企业联合会标准制定细则》等文件，确定中国电力企业联合会团体标准的代号为 T/CEC。中国电机工程学会于 2015 年 12 月发布了《中国电机工程学会标准管理办法（暂行）》，确定中国电机工程学会团体标准的代号为 T/CSEE。至此，电力行业形成了以国家标准、行业标准和团体标准构成的多维度、多层次的电力标准体系，基本涵盖了电力生产、经营、管理活动的各个方面和全部过程，以满足电力行业的发展需要。

2017 年 11 月 4 日，第十二届全国人民代表大会常务委员会第三十次会议审议通过修订后的《中华人民共和国标准化法》（简称《标准化法》），在新修订的《标准化法》中明确了团体标准的定位。新修订的《标准化法》发布实施后，国家能源局组织对《能源领域行业标准化管理办法（试行）》及《能源领域行业标准制定管理实施细则（试行）》《能源领域行业标准化技术委员会管理实施细则（试行）》进行了修订，并于 2019 年 4 月印发《能源标准化管理办法》《能源行业标准管理实施细则》及《能源行业标准化技术委员会管理实施细则》。《能源标准化管理办法》是我国能源领域行业标准化工作的重要依据性文件，《能源行业标准管理实施细则》对能源行业标准的定位、计划立项、起草、审查、报批、审批和发布、复审、修订等全过程进行了阐述，为能源行业标准的产生和不断完善提供指引。《能源行业标准化技术委员会管理实施细则》对能源行业标准化技术委员会的构成、组建、换届、调整、撤销和监督管理提出了具体要求。

结合国家和行业五年发展规划，中国电力企业联合会相应编制了电力标准化五年发展规划，如 2017 年发布的《电力工业标准化"十三五"规划》，明确了"十三五"时期电力标准化的重点领域和发展方向。2016 年电力行业开展了标准化技术路线图的探索，用于指引电力标准化技术未来应用的方向。后来，在电动汽车充电设施、高压交（直）流、储能等技术领域也开展了标准化技术路线图的研究和编制。

电力标准随着电力工业技术发展和电力产业变革一路走来，在电力生产建设工作过程中为推动技术进步、规范统一要求、促进产业升级、提高安全环保能力等起到重要的支撑作用。经过中国电力科技工作者多年的不懈努力，电力标准从最初借鉴他国经验已经发展到如今多个领域领先于世界水平。中国电力标准正在以昂扬的姿态，为我国电力发展和世界能源技术的创新与变革做出自己的贡献。

二、电力标准化发展趋势

在社会经济不断发展、科学技术水平不断提高的背景下，电力标准化工作将随着形势的不断发展变化而面临发展的新机遇，也会迎来新挑战。落实国家能源安全战略，服务"双碳"（碳达峰、碳中和）目标，推动能源绿色低碳转型，加快构建新型电力系统与新型能源体系，做好相关标准的研究和布局，是电力标准化工作的重点发展方向。另外，标准数字化转型、标准与科技创新互动发展、标准国际化等是标准化发展的重要趋势，也是电力标准化工作的努力方向。

1. 持续完善能源电力转型发展的标准化保障

2022 年，国家发展改革委和国家能源局印发《"十四五"现代能源体系规划》，指出要"着力增强能源供应链安全性和稳定性，着力推动能源生产消费方式绿色低碳变革，着力提升能源产业链现代化水平，加快构建清洁低碳、安全高效的能源体系，加快建设能源强国"。能源电力是国民经济的基础性产业，保民生托底和基础设施先行两个特点明显。贯彻新发展理念、实现高质量发展，要求电力行业必须加快转型升级。标准化在其中起着有力的支撑和保障作用，必须持续完善、优化电力标准体系。这就要求电力标准化工作围绕新型能源体系建设，结合"双碳"目标涉及的能源绿色低碳转型行动及相关任务，做好新型电力系统构建及重点领域标准支撑，加强新型电力系统和电力低碳标准研究和布局，构建新型电力标准体系，不断提高标准质量，提升标准国际化水平，助力电力技术创新，推动能源电力绿色低碳转型发展。

构建新型电力标准体系，就是构建覆盖源、网、荷、储各方面，涵盖规划设计、工程建设、设备管理和生产运行等各环节的国家标准、行业标准、团体标准协调统一的新型电力标准体系，以促进新型电力系统各环节和产业链条整体协调发展。在电网相关方面，重点开展电力系统安全稳定、直流输电、配电智能化、电力负荷管理、电力市场、车网互动等领域标准化工作，推进"云大物智移链"标准与电力业务应用标准融合；在电源相关方面，重点开展低碳节能、水风光综合能源、储能、氢电耦合，以及煤电机组能效和灵活性、能源产业链碳减排、火电智能化、智能光伏、碳捕集等领域标准化工作。

同时，电力行业不断快速发展，体制机制改革持续深化，科技进步迅猛，电力市场逐步形成，电力标准化工作需要紧跟这些形势变化。在一些领域，电力标准供给仍存在缺口，部分标准的更新速度较为缓慢，未能及时满足电力行业快速发展的需要。另外，标准交叉重复矛盾的现象仍然存在，标准的统一性和权威性需要进一步加强；在认证认可、检验检测、质量监管等方面的标准实施应用有待加强。这些问题需要电力标准化工作不断改革创新，锐意突破，为电力行业健康发展提供有力支撑。

2. 标准数字化转型

为更好地适应当今数字化的发展步伐，标准数字化转型开始成为时代发展的基本需求，也是标准化发展的必然趋势。国际标准组织和各发达国家与组织都把标准数字化转型融入战略发展目标中。IEC 成立了数字化转型战略小组，并制定了相关转型远景和基本原则。ISO 出台了数字化战略，其内容对数字化战略目标有了明确规定。我国《国家标准化发展纲要》中也提出要提高标准数字化程度，建设国家数字标准馆，发展机器可读标准，推动标准化向数字化、网络化、智能化转型。电力标准化工作也顺应这一发展趋势，不断推进电力标准数字化转型。

2024 年 3 月，国家电网有限公司发布我国电力行业第一部《标准数字化白皮书》，发布电网机器可读标准模型、企业标准数字化等级评估模型等成果，全面开启标准数字化赋能新型电力系统建设新征程。

3. 标准化与科技创新互动发展

科技创新是提高社会生产力和综合国力的决定性因素，标准化是促进经济社会高质量发展的重要基础，两者相辅相成。科技创新成果能够转化为标准，而标准又能促进科技成果的推广应用，产生经济效益和社会效益，体现科技成果的价值。随着新一轮科技革命和产业变革的加速演进，标准化向创新链前端延伸已经成为新的发展趋势。《国家标准化发展纲要》从国家层面提出要推动标准化与科技创新互动发展，建立重大科技项目与标准化工作联动机制，将标准作为科技计划的重要产出，强化标准核心技术指标研究，及时将先进适用科技创新成果融入标准，提升标准水平。同时提出，对符合条件的重要技术标准按规定给予奖励，激发全社会标准化创新活力。具体到电力标准化，其与科技创新互动发展也一定是发展趋势。

4. 标准国际化

提升电力标准的国际化水平，推动电力标准开展区域合作，不断拓宽电力标准国际化渠道，进一步提高与国际相关标准体系的对接与兼容程度，能够有效支撑电力基础设施互联互通建设，促进国际电力产业产能、装备制造合作。加强标准国际化工作，还可以推动国内、国际标准化领域的合作，促进国内、国际电力标准的互动发展。

伴随国家"一带一路"建设的深入推进，电力企业加大"走出去"步伐，积极拓展海外业务，这也对电力标准的国际化工作提出了新的、更高的要求。这需要电力企业不断跟进最新技术发展动态，在标准组织机构建设、标准体系设计上进行前瞻性布局，主动作为，积极服务国家国际标准化工作纵深发展。

第二节　电力标准化机构

电力标准化机构通过制定和实施各种电力标准，确保电力系统的安全、稳定和高效运行，促进电力行业的可持续发展。标准化机构通常分为标准化管理机构和标准化技术组织。

一、标准化管理机构

国家标准层面的标准化管理机构主要是国家标准化管理委员会，电力行业标准的管理机构是国家能源局，中国电力企业联合会、电力规划设计总院、水电水利规划设计总院和中国电器工业协会受国家能源局委托负责相关领域行业标准的管理。电力工程建设领域的国家标准和行业标准由住房和城乡建设部负责。团体标准由各社会团体自行管理，主要的电力团体标准机构包括中国电力企业联合会、中国电机工程学会和中国电器工业协会等。

1. 国家标准化管理委员会

国家标准化管理委员会是国务院标准化行政主管部门，是我国最高的标准化行政管理机构，统一管理全国标准化工作。国家标准化管理委员会成立于2001年10月，2018年3月，根据国务院机构改革方案，其职责划入国家市场监督管理总局，对外保留国家标准化管理委员会牌子。

国家标准化管理委员会的主要职责是：下达国家标准计划，批准发布国家标准，审议并发布标准化政策、管理制度、规划、公告等重要文件；开展强制性国家标准对外通报；协调、指导和监督行业、地方、团体、企业标准工作；代表国家参加国际标准化组织（ISO）、国际电工委员会（IEC）和其他国际或区域性标准化组织；承担有关国际合作协议签署工作；承担国务院标准化协调机制日常工作。电力相关国家标准的管理工作由国家标准化管理委员会负责。

2. 住房和城乡建设部

住房和城乡建设部是国务院授权履行工程建设领域标准化工作管理职能的行政管理部门，统一管理全国工程建设标准化工作，具体日常工作由住房和城乡建设部设标准定额司负责。住房和城乡建设部主要负责组织拟订工程建设国家标准、全国统一定额、建设项目评价方法、经济参数和建设标准、建设工期定额、公共服务设施（不含通信设施）建设标准；拟订工程造价管理的规章制度；拟订部管行业工程标准、经济定额和产品标准，指导产品质量认证工作；指导监督各类工程建设标准定额的实施；拟订工程造价咨询单位的资质标准并监督执行。

电力（国家、行业）标准中工程建设领域的标准约占电力标准总量的30%，其中包括规划、勘测、设计、施工、工程验收和评价及部分安装标准，是电力标准的重要组成部分。

3. 国家能源局

国家能源局是国务院授权履行能源行业标准化行政管理职能，负责能源领域行业标准的归口管理机构。

国家能源局主要负责贯彻国家标准化相关法律、法规、方针、政策，并制定其在能源领域实施的具体办法、规章和政策；负责能源标准化的宏观管理，负责与其他行政管理部门的工作协调；依据法定职责，对能源领域相关标准的制定进行指导和监督，对相关标准的实施进行监督检查；组织制定能源标准化发展规划和建立能源标准体系；负责管理能源行业标准化技术委员会等。《能源标准化管理办法》规定，国家能源局根据工作需要可委托中国电力企业联合会、电力规划设计总院、水电水利规划设计总院、中国电器工业协会等行业标准化管理机构进行能源行业标准制定的具体组织管理工作。

4. 中国电力企业联合会

中国电力企业联合会于1988年由国务院批准成立，是全国电力行业企事业单位的联合组织、非营利的社会团体法人；受政府委托，是电力行业标准化管理机构之一，也是中国电力企业联合会团体标准化工作的管理机构。中国电力企业联合会内设标准化管理中心，负责电力标准化工作的日常管理。

中国电力企业联合会的标准化工作内容主要包括：

（1）组织编制电力标准体系，提出电力相关国家标准计划项目建议，组织编制电力行业标准规划和年度制定、修订计划；审核全国专业标准化技术委员会和电力专业标准化技术委员会拟定的国家标准和行业标准；组织或授权专业标准化技术委员会选派专家代表电力行业参加其他行业有关国家标准的起草和审查工作。

（2）负责电力专业标准化技术委员会的组建、换届和调整工作，组织、指导电力专业标准化技术委员会的工作；组织电力行业标准化服务工作，组织电力行业标准出版工作，归口管理标准成果；受有关行政管理部门委托，具体负责电力行业标准的编号。

（3）组建中国电力企业联合会团体专业标准化技术委员会并对其进行管理，组织中国电力企业联合会团体标准的制定/修订、审查、编号、发布、备案工作，开展团体标准试点。

（4）指导电力企业标准化工作，负责电力企业"标准化良好行为企业"试点及评价工作的推动与开展。

（5）负责国际电工委员会（IEC）相关技术委员会（TC）中国业务的归口工作，组织参加国际标准化活动，推动电力行业采用国际标准和国外先进标准。

（6）承办国家标准化管理委员会、住房和城乡建设部、国家能源局等部门委托的其他标准化工作。

5. 电力规划设计总院

电力规划设计总院在国家能源局的指导下，负责电力规划设计行业标准化管理工作；负责管理能源行业电力系统规划设计标准化技术委员会、能源行业发电设计标准化技术委员会、能源行业电网设计标准化技术委员会、能源行业火电和电网工程技术经济专业标准化技术委员会4个专业标准化技术委员会。

6. 水电水利规划设计总院

水电水利规划设计总院在国家能源局的指导下，主要负责水电、风电、太阳能、生物质能等可再生能源及新能源领域相关标准化管理工作，负责管理能源行业水电勘测设计标准化技术委员会等14个专业标准化技术委员会（分技术委员会）。

7. 中国电器工业协会

中国电器工业协会受国家标准化管理委员会和中国机械工业联合会委托，负责电工行业国家标准计划、报批和国际标准化管理以及专业标准化技术委员会业务指导工作；受国家能源局委托，负责能源领域电力装备行业标准化管理工作；负责组织开展电器工业重大技术、重要产品标准的研究和制定；组织中国电器工业协会团体标准的制定/修订、审查、编号、发布等管理工作，组建中国电器工业协会标准化专业委员会并对其进行管理。

8. 中国电机工程学会

中国电机工程学会是由从事电机工程相关领域的科学技术工作者及有关单位自愿组成并依法登记成立的全国性、学术性、非营利性社会组织，接受社团登记管理机关中华人民共和国民政部和业务主管单位中国科学技术协会的业务指导和监督管理。中国电机工程学会团体标准主要涵盖基础技术标准、规划设计标准、建设运行标准、产品标准、工艺标准、检测试验方法规范及安全、卫生、环保标准等技术标准。中国电机工程学会团体标准的形式主要包括技术标准和指导性技术文件。

二、标准化技术组织

标准化技术组织是由标准化管理机构设立的，负责标准的编制或起草的专家组织。标准化管理机构可根据所负责的标准化领域数量、标准需求等因素，对标准化技术组织提出职责、构成、设立与撤销等方面的管理要求。电力标准化技术组织主要包括电力专业标准化技术委员会和电力专业标准化工作组。

1. 电力专业标准化技术委员会

电力专业标准化技术委员会（一般简称标委会或技术委员会）是非法人技术组织，是开展电力标准化工作的重要力量，负责具体专业技术领域的标准化技术工作。

专业标准化技术委员会是一个统称，是专业技术委员会（TC）、专业分技术委员会（SC）和专业标准化工作组（SWG）的总称。

电力专业标准化技术委员会有全国、行业以及团体专业标准化技术委员会等的区分，是根据电力标准化的实际工作需求，由不同的机构批复组建，针对不同覆盖面而成立的。专业领域较宽的专业标准化技术委员会可以组建分技术委员会。分技术委员会应业务范围明晰，并在所属技术委员会的业务范围内，其组建强调"项目优先"。

专业标准化技术委员会主要负责制定本专业领域的标准体系表，提出本专业领域的年度标准立项计划，组织对本专业领域标准的技术审查和外文版的翻译工作，开展本专业领域标准化培训、标准宣贯、标准解释、标准实施的跟踪及评估和技术服务，承办上级标准化管理机构委托的其他工作任务。电力标准化技术组织体系如图2-1所示。

截至2023年12月，中国电力企业联合会负责管理54个电力（能源）行业标准化技术委员会（DL或NEA）、22个全国专业标准化技术委员会（SAC）、43个中国电力企业联合会专业标准化技术委员会（CEC）和21个IEC技术机构的国内对口工作。其中，全国专业标准化技术委员会有全国带电作业标准化技术委员会（SAC/TC 36）、全国架空线路标准化技术委员会线路运行分技术委员会（SAC/TC 202/SC 1）等，电力（能源）行业标准化技术委员会有电力行业电力变压器标准化技术委员会（DL/TC 02）、能源行业电力机器人标准化技术委员会（NEA/TC 35）等，中国电力企业联合会专业标准化技术委员会有中国电力企业联合会垃圾发电标准化技术委员会（CEC/ TC 05）等，IEC 技术机构国内对口有 IEC 100kV 及以上高压直流输电技术委员会（IEC/TC 115）等。

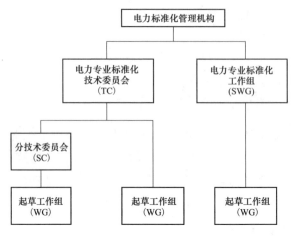

图 2-1　电力标准化技术组织体系

2. 电力专业标准化工作组

电力专业标准化工作组又称标准工作组，是非常设的标准化工作技术组织，负责对某一电力专业技术领域的标准化工作展开分析研究和标准的研发编制工作。在正式组建专业标准化技术委员会之前宜先以标准化工作组的形式开展特定专业领域的标准化工作的研究与探索。

国家标准化管理委员会管理的标准化工作组（SWG），一般是国际上暂无对应的技术委员会，根据新业态、新技术、新产业标准化需求组建的。运行 3 年后，符合条件的组建为专业技术委员会（TC）。另外，针对前沿技术领域发展，可适当超前布局，探索建设标准化项目研究组（RG），开展前沿技术的标准化研究，便于科技成果快速转化为标准。

电力行业对于有新技术、新产业、新业态标准化需求，但暂不具备组建技术委员会或者分技术委员会条件的领域，可以成立电力专业标准化工作组（SWG），承担本领域标准化发展研究和标准制修订相关工作。专业标准化工作组不设分工作组，由相应的标准化管理机构管理，组建程序和管理要求参照专业标准化技术委员会执行。专业标准化工作组可设一个组长单位，具体牵头组织该工作组专业技术领域内的标准化研究，提出标准计划项目建议，编制和审查标准，对标准进行跟踪管理等。例如，中国电力企业联合会设有电力行业北斗标准联合工作组、光伏发电及产业化标准推进组并网发电工作组等。

电力专业标准化工作组根据其所涉及的专业技术领域、标准化对象，以及专业技术领域对标准化需求的不同而有差异。专业标准化工作组成立 2 年后，由标准化管理机构组织专家对标准化工作组进行评估。具备组建专业技术委员会或者分技术委员会条件的，组建专业标准化技术委员会；仍不具备组建条件的，予以撤销。

起草工作组（WG）是在专业技术委员会（TC）或专业分技术委员会（SC）内设立、具体起草标准文本的非常设的标准化技术组织。起草工作组由一定数量的相关技术领域的专家组成，这些专家由技术委员会或者分技术委员会成员提名，并且以个人身份参与起草标准草案。起草工作组的职责、构成、设立与撤销均由成立它的技术委员会或分技术委员会确定。

第三节 电力标准化相关政策

标准化的发展与经济、社会和科技等方面的发展密切相关，根据经济社会发展的状况及现实需求，我国逐步制定了标准化相关法律法规、政策文件，并不断完善。电力标准化管理机构也出台了相应的部门规章和文件。多层次的电力标准化相关法律法规、政策规章，为电力标准化工作的顺利开展提供了坚强保障。

一、法律法规

标准化工作相关法律法规最主要是《中华人民共和国标准化法》，是开展标准化工作最根本的法律依据。

《中华人民共和国标准化法》（简称《标准化法》）是新中国成立以来第一部有关标准化的法律。其颁布和实施，确定了我国的标准体系、标准化管理体制和运行机制的框架，标志着我国的标准化工作进入法制管理阶段。《标准化法》于 1988 年 12 月 29 日由第七届全国人民代表大会常务委员会第五次会议通过，最新版本于 2017 年 11 月 4 日由第十二届全国人民代表大会常务委员会第三十次会议修订通过，于 2018 年 1 月 1 日实施。

新修订的《标准化法》在制度创新方面有很多亮点，其中比较重要的制度创新包括：

（1）建立了政府标准化工作协调机制。明确要求国务院和设区的市级以上地方人民政府建立标准化协调机制，统筹协调标准化工作重大事项，并要求县级以上人民政府将标准化工作纳入本级国民经济和社会发展规划。

（2）扩大了标准的制定范围。从原来侧重工业领域，进一步扩展到农业、服务业和社会事业等领域，全方位满足需求，保障标准有效供给。

（3）强化了强制性标准的统一管理。规定国家标准分为强制性标准和推荐性标准，行业标准、地方标准是推荐性标准。将原来的强制性国家标准、行业标准和地方标准统一整合为强制性国家标准，并对强制性标准的范围做了严格的限定。

（4）赋予了团体标准法律地位。鼓励社会团体组织制定团体标准，构建了政府标准与市场标准协调配套的新型标准体系。

（5）设立企业标准自我声明公开和监督制度。要求企业向社会公开所执行的产品和服务标准相关情况，充分释放了企业创新活力的需要。

（6）加强了国际标准化工作。积极推动参与国际标准化活动，开展标准化对外合作与交流，参与制定国际标准，结合国情采用国际标准，推进中国标准与国外标准之间的转化运用。

二、国家政策性文件

"十四五"期间，中共中央、国务院陆续发布与标准化工作相关的《国家标准化发展纲要》《质量强国建设纲要》，对优化标准化治理结构，增强标准化治理效能，提升标准国际化水平，加快构建推动高质量发展的标准体系做出全面部署。

1. 《国家标准化发展纲要》

2021 年 10 月，中共中央、国务院印发《国家标准化发展纲要》，这是我国标准化发展史上第一次以党中央名义印发的纲领性文件，具有里程碑意义。《国家标准化发展纲要》全文共九个部分三十五条，划分为总体要求、主要任务和组织实施三个板块。

在总体要求部分，《国家标准化发展纲要》明确了指导思想，提出了 2025 年和2035 年的发展目标。到 2025 年，我国标准化发展将实现"四个转变"，即标准供给由政府主导向政府与市场并重转变、标准运用由产业与贸易为主向经济社会全域转变、标准化工作由国内驱动向国内国际相互促进转变、标准化发展由数量规模型向质量效益型转变。同时，还要达到"四个目标"，即全域标准化深度发展、标准化水平大幅提升、标准化开放程度显著增强、标准化发展基础更加牢固，从而实现标准化更加有效推动国家综合竞争力提升，促进经济社会高质量发展，在构建新发展格局中发挥更大作用。展望 2035 年，《国家标准化发展纲要》设定的目标是：结构优化、先进合理、国际兼容的标准体系更加健全；具有中国特色的标准化管理体制更加完善；市场驱动、政府引导、企业为主、社会参与、开放融合的标准化工作格局全面形成。

在主要任务部分，《国家标准化发展纲要》从标准化服务经济社会发展和标准化自身发展两个方面部署了七大任务。

针对标准化服务经济社会发展部署五大任务：①推动标准化与科技创新互动发展。

加强关键技术领域标准研究，以科技创新提升标准水平，健全科技成果转化为标准的机制。②提升产业标准化水平。筑牢产业发展基础，推进产业优化升级，引领新产品、新业态、新模式快速健康发展，增强产业链供应链稳定性和产业综合竞争力，助推新型基础设施提质增效。③完善绿色发展标准化保障。建立健全碳达峰、碳中和标准，持续优化生态系统建设和保护标准，推进自然资源节约集约利用，筑牢绿色生产标准基础，强化绿色消费标准引领。④加快城乡建设和社会建设标准化进程。推进乡村振兴、新型城镇化、基本公共服务、行政管理和社会治理等标准化建设，加强公共安全标准化工作，提升保障生活品质的标准水平。⑤提升标准化对外开放水平。深化标准化国际交流合作，强化贸易便利化标准支撑，推动国内国际标准化协同发展。

针对标准化自身发展部署了两大任务：①推动标准化改革创新。优化标准供给结构，深化标准化运行机制创新，促进标准与国家质量基础设施融合发展，强化标准实施应用，加强标准制定和实施的监督。②夯实标准化发展基础。加强标准化理论和应用研究，提升标准化技术支撑水平，大力发展标准化服务业，加强标准化人才队伍建设，营造标准化良好社会环境。

《国家标准化发展纲要》围绕七大任务，部署了7项工程和5项行动。7项工程包括高端装备制造标准化强基工程，新产业标准化领航工程，标准化助力重点产业稳链工程，碳达峰、碳中和标准化提升工程，公共安全标准化筑底工程，基本公共服务标准体系建设工程和标准国际化跃升工程。5项行动包括新型基础设施标准化专项行动、乡村振兴标准化行动、城市标准化行动、社会治理标准化行动、养老和家政服务标准化专项行动。除此之外，《国家标准化发展纲要》还提出了标准融资增信、法规引用标准、团体标准良好行为评价、中外标准互认等一系列制度措施。

在组织实施部分，《国家标准化发展纲要》从坚持党对标准化工作的全面领导，完善金融、信用、人才等政策支持，建立《国家标准化发展纲要》实施评估机制等方面提出了实施保障措施。

2.《质量强国建设纲要》

2023年2月，中共中央、国务院印发《质量强国建设纲要》，指出建设质量强国是推动高质量发展、促进我国经济由大向强转变的重要举措，是满足人民美好生活需要的重要途径。当今世界正经历百年未有之大变局，新一轮科技革命和产业变革深入发展，引发质量理念、机制、实践的深刻变革。面对新形势、新要求，必须把推动发展的立足点转到提高质量和效益上来，培育以技术、标准、品牌、质量、服务等为核心的经济发展新优势，推动中国制造向中国创造转变、中国速度向中国质量转变、中国产品向中国品牌转变，坚定不移推进质量强国建设。

《质量强国建设纲要》多处提及标准和标准化工作，有关内容摘编如下：

（1）面对新形势新要求，必须把推动发展的立足点转到提高质量和效益上来，培育以技术、标准、品牌、质量、服务等为核心的经济发展新优势，推动中国制造向中国创造转变、中国速度向中国质量转变、中国产品向中国品牌转变，坚定不移推进质量强国建设。

（2）积极对接国际先进技术、规则、标准，全方位建设质量强国，为全面建设社会主义现代化国家、实现中华民族伟大复兴的中国梦提供质量支撑。

（3）质量基础设施管理体制机制更加健全、布局更加合理，计量、标准、认证认可、检验检测等实现更高水平协同发展，建成若干国家级质量标准实验室，打造一批高效实用的质量基础设施集成服务基地。

（4）建立质量专业化服务体系，协同推进技术研发、标准研制、产业应用，打通质量创新成果转化应用渠道。

（5）全面推行绿色设计、绿色制造、绿色建造，健全统一的绿色产品标准、认证、标识体系，大力发展绿色供应链。优化资源循环利用技术标准，实现资源绿色、高效再利用。建立健全碳达峰、碳中和标准计量体系，推动建立国际互认的碳计量基标准、碳监测及效果评估机制。建立实施国土空间生态修复标准体系。

（6）加强技术创新、标准研制、计量测试、合格评定、知识产权、工业数据等产业技术基础能力建设，加快产业基础高级化进程。

（7）开展对标达标提升行动，以先进标准助推传统产业提质增效和新兴产业高起点发展。

（8）组建一批产业集群质量标准创新合作平台，加强创新技术研发，开展先进标准研制，推广卓越质量管理实践。

（9）推进工程质量管理标准化，实施工程施工岗位责任制，严格进场设备和材料、施工工序、项目验收的全过程质量管控。大力发展绿色建材，完善绿色建材产品标准和认证评价体系，倡导选用绿色建材。完善勘察、设计、监理、造价等工程咨询服务技术标准，鼓励发展全过程工程咨询和专业化服务。

（10）深入推进标准化运行机制创新，优化政府颁布标准与市场自主制定标准二元结构，不断提升标准供给质量和效率，推动国内国际标准化协同发展。

（11）构建标准数字化平台，发展新型标准化服务工具和模式，加强检验检测技术与装备研发，加快认证认可技术研究由单一要素向系统性、集成化方向发展。加快建设国家级质量标准实验室，开展先进质量标准、检验检测方法、高端计量仪器、检验检测设备设施的研制验证。加大质量基础设施能力建设，逐步增加计量检定校准、标准研制与实施、检验检测认证等无形资产投资，鼓励社会各方共同参与质量基础设施建设。

（12）开展质量基础设施助力行动，围绕科技创新、优质制造、乡村振兴、生态环保等重点领域，大力开展计量、标准化、合格评定等技术服务。深入实施"标准化+"行动，促进全域标准化深度发展。支持区域内计量、标准、认证认可、检验检测等要素集成融合，鼓励跨区域要素融通互补、协同发展。加强质量标准、检验检疫、认证认可等国内国际衔接，促进内外贸一体化发展。

（13）建立质量分级标准规则，实施产品和服务质量分级，引导优质优价，促进精准监管。建立健全强制性与自愿性相结合的质量披露制度，鼓励企业实施质量承诺和标准自我声明公开。健全覆盖质量、标准、品牌、专利等要素的融资增信体系。

（14）构建重点产品质量安全追溯体系，完善质量安全追溯标准，加强数据开放共享，形成来源可查、去向可追、责任可究的质量安全追溯链条。发挥行业协会、商会、学会及消费者组织等的桥梁纽带作用，开展标准制定、品牌建设、质量管理等技术服务，推进行业质量诚信自律。围绕区域全面经济伙伴关系协定实施等，建设跨区域计量技术转移平台和标准信息平台，推进质量基础设施互联互通。健全贸易质量争端预警和协调机制，积极参与技术性贸易措施相关规则和标准制定。

三、部门规章

根据《标准化法》，国务院标准化行政主管部门和国务院有关行政主管部门制定了一系列标准化相关部门规章，为标准化工作保驾护航。下面仅就电力标准化相关规章进行简要介绍。

（一）《国家标准管理办法》

2022 年 9 月，国家市场监督管理总局对《国家标准管理办法》进行了修订并予以公布，自 2023 年 3 月 1 日起施行。

《国家标准管理办法》包括总则、组织管理、制定程序、实施与监督和其他规定。

（1）总则规定了国家标准的范围、制定目标、制定原则和要求。

（2）组织管理主要规定了以下方面：

1）国务院标准化行政主管部门统一管理国家标准的制定工作。

2）国务院有关行政主管部门依据职责负责强制性标准的提出、组织起草、征求意见、技术审查和组织实施。国务院有关行政主管部门受国务院标准化行政主管部门的委托对技术委员会开展推荐性国家标准申请立项、国家标准报批等工作进行指导。

3）行业协会受国务院标准化行政主管部门委托，对技术委员会开展推荐性国家标准申请立项、国家标准报批等工作进行指导。

4）全国专业标准化技术委员会受国务院标准化行政主管部门委托，负责开展推荐性国家标准的起草、征求意见、技术审查、复审和解释工作。

5）县级以上人民政府标准化行政主管部门和有关行政主管部门依据法定职责，对国家标准的实施进行监督检查。

（3）制定程序主要包含项目提出、立项、组织起草、征求意见、技术审查、批准发布六个阶段，并规定了各个阶段的工作主体与工作要求、期限要求。

（4）实施与监督主要规定了实施、监督、复审、修改阶段的工作主体与工作内容、要求。

（5）其他规定主要包含以下内容：

1）关于团体标准转化为国家标准。对具有先进性、引领性，实施效果良好，需要在全国范围推广的团体标准，可以按程序制定为国家标准。

2）关于标准涉及专利的管理。按照国家标准涉及专利的有关规定执行。

3）关于外文版的制定。鼓励国际贸易、产能和装备合作领域，以及全球经济治理和可持续发展相关新兴领域的国家标准同步制定外文版。

4）关于国家标准的版权。国家标准及外文版依法受到版权保护，标准的批准发布主体享有标准的版权。采用国际标准时，应当符合有关国际组织的版权政策。

5）关于与《强制性国家标准管理办法》的协调。《强制性国家标准管理办法》对强制性国家标准的制定、组织实施和监督另有规定的，从其规定。

（二）《强制性国家标准管理办法》

为了加强强制性国家标准管理，规范强制性国家标准的制定、实施和监督，根据《中华人民共和国标准化法》，国家市场监督管理总局制定了《强制性国家标准管理办法》，于2020年1月公布，自2020年6月1日起施行。

制定《强制性国家标准管理办法》的背景：①2018年1月1日起施行的新版《中华人民共和国标准化法》，对强制性国家标准的制定、实施和监督管理等方面都提出了新的要求；②1990年发布的《国家标准管理办法》已不能满足强制性国家标准管理的需要，需要完善标准化管理制度体系，构建强制性国家标准管理的体制机制；③实现与国际接轨的需要。

《强制性国家标准管理办法》施行后，原有强制性标准管理规章制度（包括原国家技术监督局1990年发布的《国家标准管理办法》、原国家质量技术监督局2000年发布《关于强制性标准实行条文强制的若干规定》和国家标准化管理委员会2002年发布的《关于加强强制性标准管理的若干规定》等）涉及强制性国家标准管理的内容若存在不一致的，以《强制性国家标准管理办法》为准。

强制性国家标准取消条文强制、实行技术要求全部强制，是《强制性国家标准管理办法》与此前相关规定相比做出的重要改变。另一重大改革是强制性国家标准前言中不再标注起草单位和起草人（但要载明组织起草部门），相关信息可通过全国标准信息公共服务平台查询。

《强制性国家标准管理办法》全文共计 55 条。第一条至第八条给出了总体要求，指出了强制性国家标准的制定依据、制定原则和要求等，明确将强制性国家标准限定在保障人身健康和生命财产安全、国家安全、生态环境安全以及满足经济社会管理基本需要的技术要求这几个方面。

第九条为强制性国家标准的组织管理，提出由国务院标准化行政主管部门统一管理全国标准化工作，负责强制性国家标准的立项、编号和对外通报。国务院有关行政主管部门依据职责负责强制性国家标准的项目提出、组织起草、征求意见和技术审查。由国务院批准发布或者授权批准发布。

第十条至第三十八条详细给出了强制性国家标准的制定程序，主要包括项目提出、立项、组织起草、征求意见、对外通报、技术审查和批准发布。

第三十九条至第四十九条为强制性国家标准发布后的实施、监督与复审。

第五十条至第五十五条为其他规定，包括强制性国家标准涉及专利的处置、采用国际标准时的版权处置，以及与相关法律法规、部门规章的关系等。

（三）《行业标准管理办法》

1990 年 8 月，原国家技术监督局发布《行业标准管理办法》。2023 年 11 月，国家市场监督管理总局发布了修订后的《行业标准管理办法》，于 2024 年 6 月 1 日施行。

《行业标准管理办法》修订主要包括以下五个方面：

（1）优化标准供给结构，强化推荐性标准的协调配套，依据《标准化法》，结合行业标准管理实践，进一步明确了行业标准的公益属性和制定范围。

（2）坚持统一管理、分工负责，进一步明确了国务院标准化行政主管部门和国务院有关行政主管部门对行业标准的管理职责。《行业标准管理办法》规定由国务院标准化行政主管部门统一指导、协调、监督行业标准的制定及相关管理工作。建立全国标准信息公共服务平台，支撑行业标准备案、信息公开等工作。国务院有关行政主管部门统一管理本部门职责范围内的行业标准，负责行业标准制定、实施、复审、监督等管理工作。

（3）规范行业标准的制定和管理，进一步明确了行业标准制定程序和各阶段的工作要求，如对行业标准涉及专利、采用国际和国外先进标准、外商投资企业依法参与标准制修订等社会关注问题作出要求。

（4）推动行业标准有效实施，进一步明确了行业标准复审和实施信息反馈评估工作要求。

（5）强化行业标准事中、事后监管，建立监督抽查、自我监督和社会监督工作机制，并明确各类违规行为的处理措施，确保《行业标准管理办法》各项规定有效实施。

（四）《全国专业标准化技术委员会管理办法》

为加强全国专业标准化技术委员会管理，科学公正开展各专业技术领域标准化工作，提高标准制定质量，2017 年 11 月，国家质量监督检验检疫总局发布《全国专业标准化技术委员会管理办法》。2020 年 10 月，国家市场监督管理总局对该管理办法进行修订。

《全国专业标准化技术委员会管理办法》共五章 56 条，规定了技术委员会的构成、组建、换届、调整和监督管理。国务院标准化行政主管部门统一管理技术委员会工作，负责技术委员会的规划、协调、组建和管理；国务院有关行政主管部门、有关行业协会受国务院标准化行政主管部门委托，管理本部门、本行业的技术委员会，对技术委员会开展国家标准制修订以及国际标准化等工作进行业务指导。根据技术委员会整体规划和国际对口变化需要，国务院标准化行政主管部门可以直接调整技术委员会、分技术委员会工作范围、名称、秘书处承担单位等。对标准化工作需求很少或者相关工作可以并入其他技术委员会的，国务院标准化行政主管部门对技术委员会或者分技术委员会予以注销。技术委员会每届任期 5 年，任期届满应当换届。换届前应当公开征集委员，技术委员会秘书处提出换届方案报送筹建单位。

（五）《企业标准化促进办法》

2023 年 8 月，国家市场监督管理总局公布了《企业标准化促进办法》，该办法于 2024 年 1 月 1 日施行。

《企业标准化促进办法》主要包括总则、企业标准的制定、企业执行标准的自我声明公开、企业标准化促进与服务、监督管理、附则等内容。

第一条至第六条为总则部分，主要明确了立法宗旨、适用范围、企业标准定义、企业标准化的基本原则、基本任务，以及政府主管部门在企业标准化促进发展中的任务等；第七条至第十三条为企业标准的制定部分，主要规定了依标生产、企业标准制定的原则、制定程序、知识产权、联合制定企业标准、试验方法和编号规则等；第十四条至第十六条为自我声明公开部分，主要提出了企业标准自我声明公开内容、公开主体和时间、公开渠道等；第十七条至第二十七条为促进与服务部分，主要提出了促进企业标准化工作和为企业标准化工作提供服务保障的要求；第二十八条至第三十四条为监督管理部分，主要规定了对企业标准监督检查的范围、方式、内容以及处置措施等；第三十五条至第三十六条为附则部分，主要明确了例外情形和生效时间。

（六）《能源标准化管理办法》

2019 年 4 月，国家能源局印发《能源标准化管理办法》及《能源行业标准管理实施细则》。

《能源标准化管理办法》共五章二十六条。第一章"总则"共六条，给出了《能源标准化管理办法》的制定依据、领域、适用范围、原则等。第二章"标准化管理"共四条，明确了国家能源局、行业标准化管理机构、专业标准化技术委员会的工作职责与要求。第三章"标准的制定"共五条，给出能源标准制定原则、要求、程序和标准文本公开的要求等。第四章"标准的实施、监督和奖励"共七条，对标准的实施、应用、信息反馈和评估、解释、奖励和监管等要求进行了明确。第五章"附则"共五条，明确了标准制定经费的来源与使用要求，代替并废止《能源领域行业标准化管理办法（试行）》，明确了《能源标准化管理办法》的解释权。

《能源行业标准管理实施细则》随《能源标准化管理办法》一并发布，共十章四十二条十三个附表，对能源行业标准的定位、计划立项、起草、审查、报批、审批和发布、复审、修订等全过程进行了阐述和提出要求，并给出了参考的各类表格样式，为能源行业标准的产生与不断完善提供了指引。

四、规范性文件

为贯彻《国家标准化发展纲要》的有关要求，国家相关部委结合职能定位印发了一系列标准化相关规范性文件予以落实，现选择部分与电力标准化相关的规范性文件作简要介绍。

（一）《"十四五"推动高质量发展的国家标准体系建设规划》

2021 年 12 月，国家标准化管理委员会、中央网络安全和信息化委员会办公室、科技部、工业和信息化部、民政部、生态环境部、住房和城乡建设部、农业农村部、商务部、应急管理部联合印发《"十四五"推动高质量发展的国家标准体系建设规划》，主要内容如下。

（1）提出了主要目标。总体目标是到 2025 年，推动高质量发展的国家标准体系基本建成，国家标准供给和保障能力明显提升，国家标准体系的系统性、协调性、开放性和适用性显著增强，标准化质量效益不断显现。具体目标包括国家标准体系实现全域覆盖，国家标准体系结构更加优化，国家标准质量水平大幅提升，国家标准开放程度越来越高，国家标准体系建设能力显著增强，国家标准实施应用更为高效。

（2）提出了建设重点领域国家标准体系。农业农村领域要建设农业全产业链标准、农业农村绿色发展标准、乡村治理标准；食品消费品领域要建设食品安全和质量标准、消费品质量安全标准、婴童老年用品标准、医疗用品标准；制造业高端化领域要建设制造业数字化转型标准、绿色制造标准、高端装备标准、材料标准；新一代信息技术产业和生物技术领域要建设新型信息基础设施标准、强化基础软硬件标准、网络安全标准、生物技术标准；城镇建设领域要建设城市可持续发展标准、智慧城市标准、城镇基础设施建设标准；服务业领域要建设生产性服务业标准、生活性服务业标准、公共服务标准；优化营商环境领域要建设行政管理与服务标准、市场主体保护与市场环境优化标准、执法监管标准、营商环境评价标准；应对突发公共安全事件领域要建设应对突发公共安全事件管理标准、应急物资管理标准、个体防护装备标准；生态文明建设领域要建设自然资源标准、资源高效循环利用标准、生态环境标准、碳达峰碳中和标准。

（3）要求优化国家标准供给体系。要优化强制性国家标准，提升推荐性国家标准供给效率，健全科技成果转化为国家标准工作机制，丰富国家标准供给形式，瞄准国际先进标准提高国家标准供给水平，强化国家标准样品供给。

（4）在健全国家标准保障体系方面，提出完善全国专业标准化技术组织，健全标准化人才培养体系，提升信息化支撑能力，拓展标准化国际合作。

（5）在组织实施方面，要求加强统筹协调，统筹协调推动高质量发展的国家标准体系建设工作；要加强政策与资金保障，将建设推动高质量发展的国家标准体系与高质量发展各项建设规划有机衔接，发挥财政资金引导作用，鼓励和引导更多社会资金投向推动高质量发展的国家标准体系建设上来；要建立完善相关工作激励机制，广泛开展标准化知识宣传普及，营造全社会重视和促进标准化工作的良好氛围。

（二）《碳达峰碳中和标准体系建设指南》

《碳达峰碳中和标准体系建设指南》于 2023 年 4 月由国家标准化管理委员会、国家发展和改革委员会、工业和信息化部等 11 部门联合发布，主要内容如下：

（1）提出了碳达峰碳中和标准体系。碳达峰碳中和标准体系包含基础通用标准、碳减排标准、碳清除标准和市场化机制标准 4 个一级子体系、15 个二级子体系和 63 个三级子体系，细化了每个二级子体系下标准制修订工作的重点任务。在基础通用标准领域，主要包括碳排放核算核查、低碳管理和评估、碳信息披露等标准，推动解决碳排放数据"怎么算""算得准"的问题。在碳减排标准领域，主要推动完善节能降碳、非化石能源推广利用、新型电力系统、化石能源清洁低碳利用、生产和服务过程减排、资源循环利用等标准，重点解决碳排放"怎么减"的问题。在碳清除标准领域，主要加快固碳和碳汇、碳捕集利用与封存等标准的研制，重点解决碳排放"怎么中和"的问题。在市场化机制标准领域，主要加快制定绿色金融、碳排放交易和生态产品价值等标准，推动解决碳排放可量化可交易的问题，支持充分利用市场化机制减少碳排放，实现碳中和。

（2）对碳达峰碳中和国际标准化提出了四个方面的重点工作。①形成国际标准化工作合力，提出成立碳达峰碳中和国际标准化协调推进工作组，设立一批国际标准创新团队等措施；②加强国际交流合作，提出与 ISO、IEC、ITU 等机构以及"一带一路"

国家加强交流合作对接，推动金砖国家、亚太经合组织等框架下开展节能低碳标准化对话等措施；③积极参与国际标准制定，提出在温室气体监测核算、能源、绿色金融等重点领域提出国际标准提案，积极争取成立一批标准化技术机构等措施；④推动国内国际标准对接，提出开展碳达峰碳中和国内国际标准比对分析，鼓励适用的国际标准转化为国家标准，成体系推进国家标准、行业标准、地方标准等外文版制定和宣传推广等措施。

（三）《标准化人才培养专项行动计划（2023—2025年）》

2023年11月，国家标准化管理委员会、教育部、科技部、人力资源和社会保障部、中华全国工商业联合会五部门联合印发《标准化人才培养专项行动计划（2023—2025年）》，主要内容如下：

（1）明确了到2025年的行动目标。专业化、职业化、国际化、系统化的标准化人才培养机制更加健全，真心爱才、悉心育才、倾心引才、精心用才的标准化人才培养格局基本形成，标准化人才职业能力评价机制初步建立，建成一批国际标准化人才培训基地、国家级标准化人才教育实训基地和全国专业标准化技术委员会实训基地，各类标准化人才素质全面提升。一批大中型企业建立标准化总监制度，纳入国家企业标准化总监人才库重点培养人才达300名以上，开设标准化工程专业的普通高等学校达15所以上，全国专业标准化技术委员会委员国际标准组织注册专家占比达到25%以上。

（2）完善标准化人才激励机制。积极推荐标准化人才参与全国劳动模范和先进工作者、国家和省部级科学技术奖等相关评选表彰。符合条件的标准化人才按规定享受现行个人所得税优惠政策，完善地方标准化人才引进配套支持政策。鼓励有条件的地方人民政府对标准化人才在就业、购房、落户等方面给予倾斜。

（3）要坚持党管标准化人才。推动将标准化人才培养工作纳入各级党委政府质量督察考核，各地区、各部门、各单位要将标准化人才培养经费纳入人才培养经费预算。鼓励和引导社会各界加大标准化人才培养投入，探索建立市场化、多元化的标准化人才培养经费投入机制。

（四）《能源碳达峰碳中和标准化提升行动计划》

2022年10月9日，国家能源局印发《能源碳达峰碳中和标准化提升行动计划》，提出要大力推进非化石能源标准化，加强新型电力系统标准体系建设，加快完善新型储能技术标准，加快完善氢能技术标准，进一步提升能效相关标准，健全完善能源产业链碳减排标准。

《能源碳达峰碳中和标准化提升行动计划》提出，到2025年，要初步建立起较为完善、可有力支撑和引领能源绿色低碳转型的能源标准体系，能源标准从数量规模型向质量效益型转变，标准组织体系进一步完善，能源标准与技术创新和产业发展良性互动，有效推动能源绿色低碳转型、节能降碳、技术创新、产业链碳减排。到 2030 年，建立起结构优化、先进合理的能源标准体系，能源标准与技术创新和产业转型紧密协同发展，能源标准化有力支撑和保障能源领域碳达峰碳中和。其中，在加强新型电力系统标准体系建设中，要在电力系统安全稳定运行、输配电网、微电网、构网型柔性直流、需求侧响应、电气化提升、电力市场等领域制定一批标准，推动新型电力系统建设及相关产业发展等。在新型储能标准化建设中，需要细化储能电站接入电网和应用场景类型，完善接入电网系统的安全设计、测试验收等标准。加快推动储能用锂电池安全、储能电站安全等新型储能安全强制性国家标准的制定等。氢能产业也是未来非化石能源发展的重要方向之一，要进一步推动氢能产业发展标准化管理，加快完善氢能标准顶层设计和标准体系。开展氢制备、氢储存、氢输运、氢加注、氢能多元化应用等技术标准的研制，支撑氢能"制储输用"全产业链发展。

五、电力标准化管理机构管理文件

根据《能源标准化管理办法》，国家能源局赋予中国电力企业联合会、中国电器工业协会、水电水利规划设计总院、电力规划设计总院等单位部分电力行业标准化管理职能。除执行国家标准化行政主管部门和行业行政主管部门相关文件外，这些电力标准化管理机构还结合工作需要制定了相应的标准化管理文件，下面仅就部分管理文件进行简要介绍。

（一）《中国电力企业联合会标准管理办法》和《中国电力企业联合会标准制定细则》

2016 年 3 月，中国电力企业联合会印发了《中国电力企业联合会标准管理办法》和《中国电力企业联合会标准制定细则》。2020 年 2 月，中国电力企业联合会对《中国电力企业联合会标准制定细则》进行了修订。

《中国电力企业联合会标准管理办法》共五章二十一条。第一章"总则"共六条，描述了制定该办法的依据，明确了中国电力企业联合会标准的性质、原则、编号等要求。第二章"组织机构和职责"共四条，明确中国电力企业联合会标准化管理中心是中国电力企业联合会团体标准的组织管理机构。中国电力企业联合会标准化管理中心可根据需要，设立中国电力企业联合会专业标准化技术委员会，中国电力企业联合会标准化技术委员会与电力领域的全国专业标准化技术委员会、行业专业标准化技术委员会均是电力标准的技术归口组织。第三章"制定流程"共四条，明确了中国电力企业联合会标准制定的流程要求、立项时间和编制时限等内容。第四章"标准发布"共三条，明确中国电力企业联合会标准审核、审定和发布形式等。第五章"附则"共四条，阐述了中国电力企业联合会标准编制经费的筹集、版权等信息及《中国电力企联合会标准管理办法》的实施时间和解释机构。

《中国电力企业联合会标准制定细则》共七章二十四条三个附表，是中国电力企业联合会标准制定的依据性文件。第一章"总则"共三条，描述了该细则制定的依据、适用范围及管理归口。第二章"立项"共三条，描述了中国电力企业联合会标准计划项目的提出、审定和批准的组织及其立项应报送的材料等。第三章"起草"共七条，对中国电力企业联合会标准的编写过程、格式要求、征求意见期限（不少于30日）与形式、标准编制说明的相关内容等进行了规定。第四章"审查"共三条，对标准审查的组织、审查的内容、审查的要求等进行了规定。第五章"报批及发布"共四条，对中国电力企业联合会标准的报批要求、材料、审核及发布进行了约定。第六章"复审、修订"共两条，对复审的组织、周期、结论和修订方式进行了约定。第七章"附则"共两条，给出了《中国电力企业联合会标准制定细则》的实施日期和解释机构。三个附表分别用于中国电力企业联合会标准的计划申报、意见征集处理和标准报批。

（二）《电力规划设计行业标准化管理办法》《电力规划设计行业标准管理实施细则》

2019年9月，为进一步加强电力规划设计行业标准化管理工作，根据《标准化法》和《能源标准化管理办法》的有关规定，结合电力规划设计行业的实际情况，电力规划设计总院修订形成了《电力规划设计行业标准化管理办法》《电力规划设计行业标准管理实施细则》，主要内容如下：

《电力规划设计行业标准化管理办法》共五章二十一条。第一章"总则"共六条，给出了《电力规划设计行业标准化管理办法》的制定依据、标准化工作的适用范围和原则等。第二章"标准化管理"共两条，明确了电力规划设计总院接受国家能源局委托，分工负责电力规划设计行业标准化工作主要行使的职责，对电力规划设计行业专业标准化技术委员会进行统一管理开展工作的依据、电力规划设计行业专业标准化技术委员会主要行使的职责。第三章"标准的制定"共三条，给出电力规划设计行业标准制定原则、程序，以及电力规划设计总院受国家能源局委托对标准制定工作管理的开展要求等。第四章"标准的实施、监督和奖励"共六条，对标准的执行、引进技术的标准化审查，以及对标准实施的跟踪、监督和信息反馈、解释、奖励和监管等要求进行了明确。第五章"附则"共四条，明确了标准制定经费的来源与使用要求，代替并废止电力规划设计总院于2009年8月10日颁发的《电力设计行业标准化管理办法》，并明确了《电力规划设计行业标准化管理办法》的解释权。

《电力规划设计行业标准管理实施细则》共十章四十九条十四个附表，对电力规划设计行业标准的定位、立项、起草、送审稿审查、报批、审批和公布、出版、复审，以及修订、修改等全过程进行了阐述和提出要求，并给出了参考的各类表格样式，为电力规划设计行业标准的产生与不断完善提供了依据。

（三）《中国电力企业联合会电力企业"标准化良好行为企业"评价活动管理办法》

2021 年 11 月，为加强电力企业"标准化良好行为企业"评价活动的规范化管理，推动电力企业标准化工作组织管理水平的提升，依据《中华人民共和国标准化法》《电力企业标准化良好行为试点及确认管理办法》（国标委农轻联〔2006〕25 号）和《电力企业标准化良好行为试点及确认工作实施细则》（国标委服务联〔2008〕76 号）的相关规定，中国电力企业联合会制定了《中国电力企业联合会电力企业"标准化良好行为企业"评价活动管理办法》。

《中国电力企业联合会电力企业"标准化良好行为企业"评价活动管理办法》包含总则、试点企业的确定、评价受理及准备、现场评价、评价结果处置以及附则共六章。主要规定了以下内容：

（1）电力企业"标准化良好行为企业"评价活动，应严格遵守"客观、公正、独立"原则。

（2）试点企业可根据自身情况自愿申报，中国电力企业联合会征询其所属集团公司意见后确定。

（3）试点企业根据自身情况提出现场评价申请，中国电力企业联合会审核申请材料，对于符合现场评价条件的，确定评价计划；对于不符合现场评价要求的，写明原因及整改意见建议。

（4）现场评价的程序和要求应符合《电力企业标准化良好行为试点及确认工作实施细则》（国标委服务联〔2008〕76 号）的规定，现场评价的内容和要求应符合 DL/T 2594《电力企业标准化工作　评价与改进》的规定。

（5）试点企业申请的等级未能通过现场评价时，可按照评价后的等级确认结果，也可整改后重新申请复核复验。

（6）原则上每年 1 月对上年度通过现场评价的企业进行公告。

第四节　电力企业标准化工作

企业标准化是"为在企业的生产、经营、管理范围内获得最佳秩序，对实际的或潜在的问题制定共同的和重复使用规则的活动"。国家市场监督管理总局于 2023 年 8 月发布的《企业标准化促进办法》指出：企业标准化工作的基本任务是执行标准化法律、法规和标准化纲要、规划、政策；实施和参与制定国家标准、行业标准、地方标准和团体标准，反馈标准实施信息；制定和实施企业标准；完善企业标准体系，引导员工自觉参与执行标准，对标准执行情况进行内部监督，持续改进标准的实施及相关标准化技术活动等。国家鼓励企业建立健全标准化工作制度，配备专兼职标准化人员，在生产、经营和管理中推广应用标准化方法，开展标准化宣传培训，提升标准化能力，参与国际标准制定。

一、企业标准化的作用

企业是标准化工作的主体，企业标准化是企业管理现代化的重要组成部分和技术基础。通过企业标准化活动的开展，企业可以规范技术要求、统一管理内容，节约原材料和有效利用各类资源，加快新产品的研发、缩短产品生产周期，稳定和提高产品与服务质量，提升能力，以及提高经济和社会效益等。

企业标准化的作用具体表现在：

（1）建立秩序。技术统一是企业技术秩序的基本特质，也是现代社会分工得以顺利进行的前提条件，企业标准化可以很好地实现企业的技术统一，促进企业本身和整个社会分工协作的发展。企业标准还能帮助企业建立协调、有序的管理秩序，使企业能够凝聚成为一个整体，提高工作效率。

（2）确立目标。产品和服务的问题，其实就是标准的问题，没有先进的标准，就很难有高质量的产品和服务。标准化规定了企业在生产、服务过程中的每一个环节的技术指标，对提高产品和服务质量有着不可或缺的作用。

（3）优化资源。企业管理实际上就是对各项技术活动、管理活动进行规范的过程。制定相关的原材料和辅助材料标准，使它们保持固定的状态和水准，最大限度地减少波动；制定与设备和装备有关的技术和管理标准，保持生产过程和产品质量的稳定；制定工艺和操作标准，有效地利用劳动资源，确保劳动的质量和劳动者的安全。

（4）创造效益。标准化最初被广泛应用于工业生产的一个重要原因，就是提高效率的需要。通过标准化建设对提高效率、降低成本、节约资源、提升有序生产能力等有着重要作用。不仅如此，标准化还能减少企业的研发周期，减少非必要的生产投入，对于提升企业生产经营效益不可或缺。

（5）积累经验。标准在吸纳以往的经验时，不是照搬照抄，而是经过去粗取精、去伪存真的加工提炼，通过吸取别人（包括国外和竞争对手）的经验，使经验升华，用这样的标准去指导实践，是把实践提升到一个新的高度，坚持不懈地积累下去，企业便会一步步由弱变强。

（6）打造平台。通过建立企业标准体系，使企业的生产经营管理活动处于系统的最佳状态，把各项资源整合成一个高效率的生产经营系统，处理各项技术、管理之间的协调问题，确保实现集约化经营，为企业打造健康发展的基础平台。

二、电力企业标准化工作内容

（一）企业标准制修订

电力企业应当依据标准生产产品和提供服务。如果没有相应或适用的国家标准、行业标准、地方标准、团体标准，企业根据生产经营活动的需要，可以自行制定企业标准。国家鼓励企业为提升产品质量或服务制定共同使用的企业联合标准。

制定企业标准应当符合国家法律法规要求，应当提高经济效益、社会效益和生态效益，做到技术上先进、经济上合理。企业标准的技术要求不应低于强制性国家标准的相关技术要求。国家鼓励企业对标国际标准和国外先进标准，基于创新技术成果和良好实践经验，制定高于国家标准、行业标准、地方标准相关技术要求的企业标准。

电力企业标准化实践案例——将创新成果转化为企业标准

国家能源集团于 2012 年开始燃料智能化管理系统建设，先后颁布了《燃料智能化管理建设技术方案》《燃料智能化管理系统建设标准》等相关标准，截至 2022 年年底，国家能源集团已有 80 多家火电企业完成了相关建设，通过燃料智能化管理系统建设在入厂煤管理、入炉煤管理、数字化煤场等环节达到管理规范化、工作标准化、信息集成化、设备自动化、过程可视化，有效提升了燃料管理技术能力和管理水平，取得了良好的成效。随着近些年燃煤验收智能化管理系统技术快速发展，燃煤验收相关设备机械化、自动化水平不断提高，以及作为计算机网络技术、现代通信技术、传感器技术和自动控制技术深度融合的物联网的不断应用，原先制定的标准体系已不能适应发展需要，因此需要编制新的《火电企业厂内燃煤智能化管理系统技术规范》。在集团公司的组织下，国家能源集团科学技术研究院有限公司承担编写任务，专门成立了编制工作组，明确本项目的主要技术内容、进度安排及分工合作，广泛收集项目相关专业技术资料，并进行了大量的资料查证和试验验证。该标准的实施实现了集团公司内火电企业燃料智能化管理系统项目统一建设标准、统一建设质量，达到燃料设备自动运行、数据自动传输、验收过程智能化管理、全程实时管控，提升企业燃料管理技术能力和管理水平。

（二）企业标准体系构建

企业标准体系是企业执行的标准按其内在联系形成的科学有机整体。企业标准体系中的标准不仅是企业标准，而是"企业内的标准"，即该企业实施的国际标准、国家标准、行业标准、地方标准、团体标准和企业标准，甚至是该企业业务活动需要采用的国内外其他企业的标准。

企业标准体系中的各类标准不是杂乱无章的标准叠加集合，而是相互有内在联系的，也是相互发生作用的。建立企业标准体系的最有效途径就是编制标准体系表。标准体系表是一种把标准体系内的标准，按照系统原则和层次结构，以一定形式排列起来的图表，是标准化工作领域中，运用系统工程理论创造的一种科学的工作方法，是用科学的方式组织标准化工作的重要工具。

企业标准体系是一个科学的有机整体，使企业管理者对本企业的标准构成（包括企业现有的标准、规划中需逐步完善但目前还没有的标准、未来应发展的标准等）及标准相互之间的内在联系（基础标准、从属标准、通用标准、专用标准及标准间的配套关系）一目了然，不仅为企业标准制修订工作提供了决策依据，同时也为企业提供了一套必须遵循的层次清楚的企业标准目录，有利于企业管理者与归口部门根据企业实际需要合理组织，协调开展企业标准的制修订工作，提高标准化整体水平。编制标准体系表还有利于企业管理者适时地调整和加强企业标准化工作，有利于普及标准化科学知识，使企业员工能够便捷地获取与己相关的各项标准，企业员工行为有标可查、有标可依，从而实现企业全员、全方位、全过程的标准化。

企业开展标准化工作的主要内容及方法，遵循"策划（Plan）—实施（Do）—检查（Check）—改进（Act）"（PDCA）循环管理理念，PDCA 循环图见图 2-2。

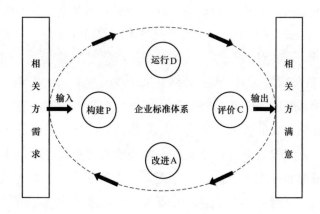

图 2-2　PCDA 循环图

注：1. 企业标准体系的 PDCA 循环是指：
　　　 P——根据相关方要求及期望、外部环境及企业战略需要，进行企业标准体系的设计与构建；
　　　 D——运行企业标准体系；
　　　 C——根据目标及要求，对标准体系的运行情况进行检查和评价，并报告结果；
　　　 A——必要时，对企业标准体系进行优化甚至创新，以改进实施绩效。
　　2. 根据企业发展战略及相关需求与期望构建企业标准体系。
　　3. 企业标准体系中各标准之间是相互关联、相互协调的关系。

电力企业标准化实践案例——新能源并网标准体系构建

我国风电、太阳能光伏发电等新能源发电发展迅速，目前已成为全球新能源发展最快、并网规模最大的国家。与火电、水电等常规电源相比，风电、太阳能光伏发电具有显著的间歇性、随机波动性和难以控制的特点，如果大规模无序接入，将对电能质量、供电可靠性甚至大电网的安全稳定带来严重影响。新能源并网标准体系建设，是支撑大规模新能源友好接入电网、实现新能源与电网"互联互通"、保障新能源输送和消纳的基础。国家电网有限公司早在2005年就适时启动了适应我国电力系统特点的新能源并网技术标准体系研究工作，并投资建设了世界上风电和光伏发电综合技术水平最高、试验检测能力最强的国家能源大型风电并网系统研发（实验）中心和国家能源太阳能发电研发（实验）中心，为重要标准提供有力的验证支撑。

通过科研成果提炼、标准验证和工程校核，国家电网有限公司构建完成涵盖新能源接入系统设计到调度运行各环节的新能源并网技术标准体系，为新能源发电的装备研发、系统调试和调度运行提供了统一的标准依据，全面指导了我国大规模新能源的可靠并网和稳定运行。国家电网有限公司采用世界首创风光储输联合发电技术路线，自主设计建造了全球规模最大、综合利用水平最高，集"风力发电、光伏发电、储能系统、智能输电"于一体的国家风光储输示范工程，破解了新能源集中并网、集成应用的世界性技术难题，达到国际领先水平，为我国新能源领域相关标准制定、技术进步和产业升级提供了有力支撑。该示范工程助力北京冬奥会全部场馆实现100%绿电供应，"张北的风点亮北京的灯"成为绿色冬奥的闪亮名片。

（三）标准实施与监督检查

标准来源于生产实践，但标准从来都不是一成不变的。如果企业只重视标准的制定或修订，不重视标准的实施和监督检查，就可能会导致标准执行不到位且没有信息反馈。标准实施是整个企业标准化活动中很重要的一个环节，是标准能否取得成效、实现其预定目的和价值的关键。标准实施的监督检查可检验企业标准化管理水平，也可检验标准的适用性和先进性，规定的标准条款是否科学、合理，是否还具有先进性，是否满足可操作性；同时，标准实施的监督检查可以发现不同标准的协调问题，有无相互矛盾和重复要求的情形，有无标准实施对象不明确的情形。以上问题均可为标准的制修订提供依据，对于存在的问题可以及时进行修正，持续完善标准和企业标准体系。

标准实施的监督检查可以促进企业标准体系表中标准严格执行，及时发现标准执行过程中的各类问题，及时纠正并改进，保证企业生产经营的一致性和可控性，不断提高产品质量和经营管理水平。标准实施的监督检查把企业标准化活动引向深入，推动企业标准化活动的良性循环。

电力企业标准化实践案例——标准实施保障大电网安全稳定运行

电网安全关系国计民生、国家安全。为保证电网安全稳定运行，我国于1981年首次颁布《电力系统安全稳定导则》，与《电网运行准则》《电力系统技术导则》共同构成电力系统最核心的三大基础性技术标准，实施 40 年来成效显著。随着我国特高压输电通道建设、大规模新能源并网，电网格局与电源结构发生重大改变，电网特性发生深刻变化，给电力系统安全稳定运行带来了全新挑战。2017 年，国家电网有限公司牵头开展《电力系统安全稳定导则》（1981 年版）的修订工作，2019 年 GB 38755—2019《电力系统安全稳定导则》颁布实施，成为我国唯一全面指导电力系统规划、设计、建设、运行、科研和管理的强制性国家标准。该标准是我国电力系统的重要基础性标准，具有法定的权威性、约束性，其重要核心地位不言而喻。

GB 38755—2019《电力系统安全稳定导则》颁布实施后，已广泛应用于指导国家"十四五"时期电力规划，截至 2023 年支撑超过 5 亿 kW 新能源的开发和消纳；指导设备制造厂家创新升级，推动首批 21 台 5 万 kvar 分布式调相机投运；指导发电企业涉网性能改造，1.6 亿 kW 火电机组开展了深度调峰改造；指导电网企业运行方式校核，提高跨区输电能力 1200 万 kW。同时，国家电网有限公司围绕 GB 38755—2019《电力系统安全稳定导则》牵头完成相关配套的 100 余项国家标准、行业标准制修订工作。优化完善后的电力安全稳定标准体系，将有力支撑新型电力系统建设和"双碳"目标实现，为我国经济社会高质量发展提供坚强的能源电力保障。

（四）标准化与科技创新互动发展

科技创新是新技术的发明创造，当科技成果需要推广应用时，就需要标准化的介入。标准化的工作就与科技创新发生了关联，两者之间的关系可以总结为：标准是促进科技成果转化为社会产品的桥梁和纽带；科技创新是提升标准水平的动力和手段，两者互为支撑，密不可分。在对技术先进性的引领方面，标准化工作促进了先进科技成果向产业化方向发展；在对技术产业化的引领方面，标准化工作强化了技术交流，加强了不同企业之间的技术合作，推动了产业化的发展进程；在对技术规模化的引领方面，标准化工作可促进产业规模快速发展，加速科技成果的应用；在对技术规范化的引领方面，标准化工作明确了技术的基本要求和安全合规的基本底线，有效促进了产业的健康可持续发展。2021 年，中共中央、国务院发布实施了《国家标准化发展纲要》，把"推动标准化与科技创新互动发展"列为标准化工作的重要任务之一。

电力企业标准化实践案例——标准助推特高压技术实现历史性跨越

特高压输电是我国原创、世界领先的重大技术创新，具有输电容量大、距离远、损耗低、占地少、环境友好等突出优势。特高压输电工程的投资规模大、产业链条长、经济带动力强，具有巨大的社会效益和经济效益。在国内首条特高压工程——1000 千伏晋东南—南阳—荆门特高压交流试验示范工程建设之初，既没有适用标准可直接引用，也没有成熟的工程经验可以借鉴，更没有商业化的特高压设备可供选择，难度之大可想而知。

为此，国家电网有限公司布局开展 100 多项科技攻关，突破一系列核心技术，通过科技成果在工程建设各环节的实施、应用和经验总结，构建完成国际上首套特高压技术标准体系，及时提炼形成国家标准、行业标准，并推动部分转化为国际标准，为后续国内外特高压工程建设运行提供了标准指引。截至 2024 年 4 月，国家电网有限公司已累计建成投运特高压交直流工程共 35 项，远超国际上其他企业。

（五）标准化人才培养

培育高水平、高素质标准化人才，是标准化工作高质量和可持续发展的重要基础。由于标准化人才培养起步晚，没有建立健全的标准化人才培养体系，目前国内现有的标准化人才严重短缺。现阶段企业培养标准化人才的途径主要是以原有的标准化人员对新员工的传帮带，同时积极参加国家和地方质量技术监督局、标准化协会、行业标准化技术委员会以及各培训机构等对在职标准化工作人员进行的培训教育等。目前已经有部分高校开设了标准化专业课程，力求探索形成行之有效、适合我国标准化人才培养的模式。

2023 年 11 月，国家标准化管理委员会、教育部、科技部、人力资源和社会保障部、中华全国工商业联合会五部门联合印发《标准化人才培养专项行动计划（2023—2025 年）》，提出开展"标准化人才教育体系建设行动"，要求加强标准化普通高等教育、推进标准化技术职业教育、推进标准化领域职业教育与继续教育融合发展、加强标准化教育师资队伍建设、加快标准化专业教育教材体系建设等。企业应为培养标准化人才创造良好的条件。企业应重视标准化工作人员的业绩，对作出重大标准化贡献的给予激励奖励。

电力企业标准化实践案例——标准三级培训机制

国家能源集团谏壁发电厂借助创一流企业及法治文化品牌创建工作，建立三级"法治讲堂"培训机制。厂级"法治讲堂"面向全厂部门单位员工，主要承担学习宣讲具有普适性的法律法规、标准制度；部门级"法治讲堂"面向所属部门单位员工，侧重承担学习宣讲适用于部门单位的法律法规、标准制度；班组级"法治讲堂"侧重于适用法律法规、标准制度的交流学习，融会贯通与执行。企业共设立厂级"法治讲堂" 1 个，部门级"法治讲堂" 14 个，班组级"法治讲堂" 65 个。2020 年，厂级宣讲 14 场次，部门级宣讲约 160 场次，班组级交流学习约 1800 场次。企业内 4 人考取"中国电力企业联合会"标准化内训师证，19 人获得省级证书，自主培养厂级标准化内训师 26 人次。

（六）参与标准化活动

参加国家标准、行业标准、地方标准和团体标准等标准制修订工作，反映一个企业的标准化工作能力水平，有利于提升行业话语权，增强企业核心竞争力。企业可根据实际，积极参加国际标准组织、国家和行业、地方标准化活动，承担各类标准化技术委员会秘书处工作，担任技术委员会委员，对相关标准的内容提出意见、建议，研究提出立项建议，参与标准制修订，参与标准评价、标准试点示范及标准化平台建设等标准化活动。

企业标准化良好行为评价是对企业标准化工作、企业标准体系以及体系运行的效果实施的第三方评价活动。企业可以通过登录企业标准化良好行为服务平台提交申请并自愿选择第三方评价机构开展评价活动。企业根据评价分数获得相应等级的标准化良好行为证书，分为 A 级、AA 级、AAA 级、AAAA 级和 AAAAA 级，其中 AAAAA 为最高等级。

电力企业标准化实践案例——标准化良好行为企业创建

国网山东省电力公司临沂供电公司（以下简称国网临沂供电公司）充分认识标准化工作重要性，确立"健全体系、强化执行、提升质效、创新争先"标准化工作方针，制定"高标准创建并保持 AAAAA 级标准化良好行为企业，力争成为全国电力企业标准化工作引领者"标准化总体目标。

成立国网临沂供电公司主要负责人为主任、全体领导干部为委员的标准化委员会。设立标准化办公室，组建技术标准、规章制度和岗位规范分委会，明确各单位主要负责人为标准化工作第一责任人。夯实专业"标准化"主体责任，形成上下贯通、横向协同、高效顺畅的组织体系。全面强化专业主导作用发挥，坚持"管专业必须管标准"，建立"常态+动态"的标准实施监督检查模式，将定期检查、不定期抽查与安全检查等专业检查相结合，确保及时发现纠正标准宣贯不及时、执行不到位等问题。

2022 年，通过开展"标准化良好行为企业"创建活动，国网临沂供电公司标准化管理体系更加完备，标准体系设置更加合理，标准全过程管控机制更加科学，标准化理念认识更加深刻，标准化工作实现跨越发展，以 486 分的优异成绩通过中国电力企业联合会"标准化良好行为企业"AAAAA 级评价，充分展现了标准化工作取得的显著成效。通过持续开展标准化建设，国网临沂供电公司管理体系更加合理，管理流程更加顺畅，专业协同更加高效，管理质效得到极大提升。2022 年首次获评业绩考核 A 级单位，综合线损率降幅全省第一，违章数量同比下降 27%，全年万户投诉意见工单数保持全省最优。

第三章

电力技术标准体系构建

构建电力技术标准体系对于保障电力系统的安全稳定运行、提高发电能力和能源利用效率、提升行业管理水平以及推动技术创新和发展等方面都具有重要意义。本章主要从电力技术标准体系、电力企业技术标准体系构建和重点领域标准体系三方面进行介绍。

第一节 电力技术标准体系

电力技术标准体系是推动电力标准发展的重要基础性文件，它不仅规划了电力标准的发展方向，还为电力标准的制修订工作提供了指导。为了适应电力体制改革变化和电力工业技术发展，电力技术标准体系在过去的几十年里经历了多次修订。

1995年，电力工业部发布了第一版的《电力标准体系表》，对当时的电力标准化工作起到了积极的推动作用。为适应电力体制改革变化和电力工业技术发展，中国电力企业联合会于2005年组织各专业标准化技术委员会对《电力标准体系表》进行了修订。2012年，随着电力工艺新技术、新工艺、新材料不断涌现，新型能源的广泛应用，中国电力企业联合会在组织各专业标准化技术委员会编制本专业技术标准体系的基础上，对2005年版《电力标准体系表》进行了必要的增补、删除和修订，形成了第二版《电力标准体系表》。这一版更加切合当时电力工业发展的实际需求，能够更有效地指导电力标准化工作和电力工业生产，为制定电力标准规划、编制年度制修订计划和进行科学管理奠定了坚实的基础。第二版《电力标准体系表》架构设计一直沿用至今。截至2023年10月，电力标准共有4903项，其中包括电力国家标准580项，电力行业标准3475项，以及中国电力企业联合会标准848项。

在编制依据方面，第二版《电力标准体系表》主要依据国家标准GB/T 13016《标准体系构建原则和要求》、GB/T 13017《企业标准体系表编制指南》，同时结合了电力工业的生产流程和主要专业，以及不同电力专业标准化技术委员会的技术领域进行划分。

在编制原则方面，第二版《电力标准体系表》强调了三个核心方面：首先是体系的完整性，确保涵盖所有电力相关的国家标准和行业标准；其次是结构的简洁性，以电力生产流程为基础，按照电力规划设计、施工安装调试验收、运行检修维护、电力设备等阶段进行编排，以体现电力工业全生命周期管理的理念；最后是使用的便捷性，确保用户能够轻松查找所需标准。

在体系结构方面，第二版《电力标准体系表》将标准体系框架划分为四层。第一层为基础标准，包括基础与通用、安全与环保、质量与管理和电力监管等核心标准，为整个体系提供基础支撑。第二层为共性标准，这些标准根据电力工业生产的不同环节进行设计编排。第三层为专业标准，根据发电、电网和技术经济等专业领域进行划分。第四层为个性标准，对第三层的专业标准进一步细化，后来又特别增加了电动汽车充电设施类别，以应对电力行业的新兴发展趋势。各层次的命名均参照相关国家标准和电力工业的实际生产情况。此外，整个体系框架的设计保持了开放性，各板块和层次均可根据需要灵活增加新内容。

第二节 电力企业技术标准体系构建

随着电力行业的快速发展和市场竞争的日益激烈，建立一套科学合理、结构配套的企业标准体系，已成为电力企业规范化、科学化管理及长期稳定可持续发展的关键。本节将在介绍企业技术标准体系构建常用方法的基础上，对电力设计企业、电力施工企业、发电企业和供电企业等不同类型电力企业技术标准体系构建要点进行阐述，并给出典型实践案例。

一、企业技术标准体系内涵与构建方法

技术标准体系是一个企业内部的技术标准通过其内在的逻辑关系构建而成的科学、有机的整体，构成企业标准体系的一部分。它应当覆盖企业全生命周期内各类业务流程中所涉及的所有技术；同时，需要运用系统工程法、综合分析法、实践分析法等方法，将不同学科领域的技术有机地整合在一起，形成一个统一的整体。

技术标准体系由多个部分构成，包括企业采纳并执行的国家标准、行业标准、地方标准、团体标准，以及企业自身制定的技术标准。所有这些标准的制定，都必须遵守标准化法律法规、其他相关法规、企业方针目标和《企业标准化促进办法》等。在企业技术标准中，专业技术标准占据主导地位，而其他如公共、安全、职业健康、环境等标准可以根据企业实际需要合理选用。总的来说，企业技术标准体系是一个综合性的框架，它不仅包括所采纳和贯彻的国家标准、行业标准、地方标准、团体标准，还涵盖了企业标准、企业方针目标、标准化法律法规以及企业标准化管理规定等多个方面。

企业技术标准主要包含两种结构形式。一种是以产品为中心的序列结构，这种结构以产品形成过程为排列顺序，结合公共、安全、职业健康、环境等相关技术标准构成。

另一种是按照标准覆盖范围进行层次划分，主要分为上层基础通用和下层生产过程的技术标准。这两种结构形式共同构成了企业技术标准的主体框架。

当前，我国经济已由高速增长阶段转向高质量发展阶段，构建一套科学高效的企业技术标准体系，不仅是企业技术进步和管理效能提升的关键，更是保障企业持续发展和市场竞争力的基石。在构建过程中，应当紧密结合企业的实际状况和发展需求，合理选择恰当的方法和技术手段。常用的技术标准体系构建方法包括系统工程法、过程法、分类法以及多角度分析法等，这些方法各具特色，适用范围广泛，能够助力企业有效整合资源、优化运营流程、提升生产效率，从而为企业的长远发展奠定坚实基础。

1. 系统工程方法

系统工程方法是一种以系统整体为出发点，采用信息论、控制论、运筹学等多种理论和科学方法，结合信息技术工具，来优化系统的设计规划、经营管理、运行控制等各个环节，旨在实现最优设计、最优管理和最优控制的目的。这种方法被视为组织、规划、研究、设计、制造、试验和使用各种系统的科学方式，它适用于所有系统，具有普遍适用性。系统工程的核心在于运用系统科学的思维和方法，全面、深入地认识、分析、处理和解决各类系统性问题。系统工程方法来源于"物理—事理—人理（Wuli-Shili-Renli，WSR）系统方法论"，由中国系统工程学会理事长、中国科学院系统科学研究所顾基发研究员和英国 Hull 大学的华裔学者朱志昌博士于 1995 年提出的，简称"WSR 系统方法论"。

系统工程的主要观点之一是通过系统的方法来研究系统性问题。从系统论的角度来看，系统工程研究可以被视为由三个基本组成部分构成的系统，即目的工程系统、环境系统和过程系统。目的工程系统是指能够产生预期效能的实体系统，这可能包括工程设备、产品、城市、事务机构，甚至政策等。环境系统则涵盖了各种相关的外部因素，如人力资源、自然资源、技术知识、经济、政治状况等。过程系统则涉及目的工程系统所经历的各个阶段，通常可以大致划分为开发研究、建造、运用等阶段。

从过程研究的视角来看，系统工程需要综合研究两个并行的基本过程。第一个过程是运用自然规律的工程技术过程，而第二个过程则是对工程技术过程进行控制的过程。这两个基本过程是相辅相成的。在标准化系统工程中，首先需要明确其研究对象，这些对象包括三个相互作用的系统，即标准系统（标准体系）、标准化工作系统和依存主体系统。标准系统（标准体系）是一个有机整体，由相互依存和相互制约的标准集组成；标准化工作系统是由参与标准化工作的人员、标准化工作的制度、程序及相应的工作条件构成的行为系统；依存主体系统则包括该领域的重复性事物和概念，是标准化系统存在和服务的对象主体系统。标准化工作系统根据目标要求，始终对标准系统和依存主体系统进行具体工作，从组织上保证标准系统的建立和贯彻。通过利用标准系统与依存主体系统的密切关系，标准化工作系统能够将依存主体分解为各种具有重复性的事务，作为具体的标准化对象，从而为技术标准、管理标准和工作标准的制定提供依据。

2. 过程方法

过程方法是构建标准体系的主要方法之一。通过使用过程方法，可以对技术标准体系进行深入研究和分析，从而确定依赖主体运行的各个基本过程。进一步地，可以明确这些基本过程的标准化对象，包括程序、步骤、方法、条件等各种因素。通过运用标准化的原理，可以对这些因素进行归纳和整理，并最终提炼出具体的标准。在以上工作的基础上，就能够构建出一个完整的技术标准体系。这种方法在实际应用中具有广泛的适用性，只要是能够区分过程的行业或门类，都可以运用过程法来构建相应的标准体系。

过程方法不仅是构建技术标准体系的基本方法，也是实施技术标准管理的基石，更是确保技术标准体系顺利运作的核心。GB/T 19001—2016《质量管理体系　要求》提出"标准采用过程方法，该方法结合了'策划—实施—检查—改进'PDCA 循环和基于风险的思维"。根据这一标准的描述，可以将"过程方法"形象地比喻为"过程乌龟图"（见图 3-1）。

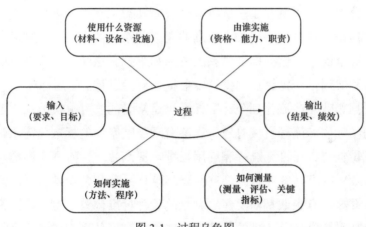

图 3-1　过程乌龟图

技术标准体系的构建离不开过程这一核心要素。而"过程乌龟图"正是以过程为基础，深入解析了过程方法的运作机制。它要求我们全面识别技术标准体系运行所需的所有过程，并确定这些过程之间的相互影响和顺序。通过明确过程的执行方式和要求，能够系统地规划和监控过程的运行质量，最终实现预期的目标。

过程方法不仅强调了设定过程管理目标的重要性，还更加注重通过有效的过程管理来达成预定的目标。在"过程乌龟图"中，"如何实施（How）""使用什么资源（What）""由谁实施（Who）""如何测量（Check）"这四个要素是实施过程方法的关键。只有这四个要素之间协调配合，才能有效地实现过程管理的预期目标。

3. 分类方法

分类方法是标准体系设计的常用方法之一，在发电、航天、交通等多个领域已获得广泛应用。分类法的核心在于构建一个有序、系统的标准单元体系。首先，根据技术标准、管理标准和工作标准这三大类别，对企业标准进行初步分类。在此基础上，进一步细化各种具体标准，形成更为详细的标准单元体系。这一过程中，采用不同的基准来区分各种标准，确保分类的准确性和科学性。接下来，运用序列结构或层次结构来整合这些标准单元，形成一个完整、有序的标准体系。这种分类方法既包括了序列结构构建法，也涵盖了层次结构构建法。最重要的是，在完成标准的分类后，需要选择适当的结构来集成标准单元体系，以确保整个体系的逻辑性和连贯性。

在构建企业技术标准体系时，除了参考通用的分类方式，还结合行业特点和企业自身需求，形成独具特色的分类方法。这些方法不仅反映了行业的标准化需求，还体现了企业在标准化工作中的创新与实践。企业技术标准体系通常涵盖了产品实现标准体系、基础保障标准体系和岗位标准体系。这些分类方式有助于企业根据标准化对象进行分类，实现不同类型标准的相辅相成。同时，它们还促进了企业内部各相关方在生产过程中针对性选择和应用标准，提高了工作效率和质量。

除了上述分类方式，企业还注重将标准按照其类型在体系框架中进行分类。这种分类方式直接标识了体系中不同类型标准的层级关系，便于企业识别通用标准和专用标准，并根据标准的层级进行标准体系的更新和维护。这种分类方法有助于确保标准体系的科学性和实用性，为企业的持续发展提供有力支持。

另外，根据企业生产流程划分标准体系也是常见的一种分类方法。这种分类方式通常与企业的实际生产流程直接对应，能够直观反映企业的标准化需求。通过这种方式，企业可以更加有针对性地选择和应用标准，提高生产效率和产品质量。

在电力行业中，有些企业选择建立管理标准体系来规范企业管理活动。然而，值得注意的是，并非所有企业都需要建立独立的管理标准体系。例如，国家电网有限公司实行的制度体系就是一种有效的管理方式。这种制度体系通过一系列相互关联、相互支撑的制度来规范企业管理活动，确保了企业管理的规范化、高效化和标准化，同样可以达到标准化管理的效果，而且可能更加符合当前企业的实际情况和需求。

4. 多角度分析方法

多角度分析方法由杨馥于1997年在《中国标准导报》上提出，在构建技术标准体系的过程中是一种高效的策略。该方法的精髓在于，通过不同的视角和维度来全面审视和精确评估技术标准，从而保证其完整性、精确性和可操作性。

首先，多角度分析方法的运用需要对技术标准的内部环境和外部环境进行全面的评估。内部环境评估主要关注标准的目标、范围、适用对象，以及相关的技术要求和约束条件。而外部环境评估则涉及市场需求、行业趋势、国家法规和国际标准等多个方面。通过综合考量内外部环境的因素，可以确保技术标准既具有针对性，又具备前瞻性和可持续性。

其次，多角度分析方法也强调利益相关方的参与。这些利益相关方可能包括技术专家、行业协会、政府机构、企业和用户等。他们各自拥有不同的利益、需求和观点，通过与他们进行深入的沟通和协商，可以确保技术标准在制定过程中能够兼顾各方利益，从而得到广泛的认可和支持。

此外，多角度分析方法还包括风险评估和成本效益分析两个重要环节。风险评估主要用于识别和评估技术标准实施过程中可能面临的潜在风险和挑战，以便制定相应的风险管理措施和应对策略。而成本效益分析则用于评估技术标准的实施成本和收益，为决策提供可靠的依据和资源分配方案。

最后，为了确保技术标准体系的有效性和适应性，多角度分析方法还强调建立定期的评估和反馈机制。技术标准体系是一个不断发展和完善的过程，需要定期进行修订和更新。通过定期评估技术标准的实施效果和收集反馈信息，可以及时发现问题和改进机会，从而保持技术标准体系的持续改进和发展。

采用多元化视角的分析方法，可以保证技术标准体系的完整性、精确性和实用性。通过全面考量内部与外部环境因素，吸引利益相关方积极参与，实施风险评估与成本效益分析，并辅以定期的评价与反馈机制，可以构建一个得到广泛认同和支持的技术标准体系。

二、电力企业技术标准体系构建要求与重点

根据 DL/T 485—2018《电力企业标准体系表编制导则》，电力企业的技术标准体系可以按照设计、施工、发电、供电、科研等不同的业务环节来构建。对于涉及两种或多种业务环节的企业，可以根据各业务环节的技术标准体系结构进行相应的组合和调整，以形成一个完整的、符合企业实际情况的技术标准体系。

电力企业在构建技术标准体系时，需遵循以下原则：首先，应以企业的核心目标和战略为导向，全面分析生产、经营、管理的各项需求，同时深入理解并遵循相关法律法规和指导标准，确立以企业自主技术标准为核心的体系框架，并据此制定详细的企业技术标准体系表。其次，该体系表必须具备良好的结构逻辑和清晰的层次划分，确保所有的标准化文件齐全且相互协调，以满足企业的实际需求。此外，企业还应随时根据内外部环境的变化和自身发展的需要，对该体系表进行适时的调整和优化。最后，企业技术标准体系表应包括技术标准体系结构图、明细表、统计表和编制说明等组成部分，涵盖从国际标准到国家标准、行业标准、地方标准、团体标准等多个层面的标准，以及上级和本企业自定的标准化文件，以确保企业技术标准体系的全面性和适用性。

对于电力设计企业，一个全面的技术标准体系应该涵盖多个关键领域，包括规

划、勘测、机务（电）设计、电气设计、设备与材料的选择与采购、检验与试验、工程验收与整体试运行、技术经济评估、安全与职业健康保障、能源使用与环境保护，以及标准化与信息技术的应用等。在规划技术标准方面，应关注电网、电源及其接入系统等的规划要求；在勘测技术标准上，要包括地质勘探、测量工作和气象水文数据收集等准则；对于机务（电）设计，火电、核电、风电和光伏等工程的设计标准都不可或缺；电气设计技术标准则涵盖了电力系统、电气保护、自动化调度、通信技术和控制仪表等多个方面。此外，设备材料的选择与采购、检验与试验、工程验收与整体试运行、技术经济评估、安全与职业健康保障、能源使用与环境保护，以及标准化和信息技术的应用等，也都需要相应的技术标准来指导。这些标准确保了电力设计企业在各个工作环节都能遵循统一、高效、安全的标准，从而推动企业的持续发展。

对于电力施工企业，构建一个完善的技术标准体系至关重要。这个体系应涵盖多个关键领域，包括设备、设施与材料的选用与维护，施工、安装与调试的规范操作，验收与评价的详细流程，测量、检验与试验的精确方法，以及安全和职业健康的保障措施。此外，还需关注能源使用与环境保护的规范，以及标准化和信息技术的应用。具体而言，设备、设施与材料技术标准应涵盖从原料、材料到设备和设施的使用、维护、采购等方面的技术要求。施工、安装与调试技术标准应包含土建施工、设备安装、系统调试等施工过程中的技术标准。验收与评价技术标准则包括施工过程验收、交付验收、整体试运行等阶段的技术标准。在测量、检验与试验方面，技术标准应涉及测量方法、检验手段、试验流程，以及测量设备设施的检定、校准等技术要求。同时，安全和职业健康技术标准应关注通用安全标准、应急处理、事故处置以及职业健康等方面的规定。此外，能源使用与环境保护技术标准应涵盖能源使用效率、能源消耗限额、污染物排放标准等环保方面的要求。在标准化和信息技术方面，技术标准应包含通用标准、科技档案管理、信息应用等方面的内容。

对于发电和供电企业，技术标准体系的核心应涵盖多个方面，如设备、设施和材料，运行与维护，检修，技术监督，测量、检验与试验，质量、营销与服务，安全和职业健康，能源与环境，以及标准化与信息技术等。其中，设备、设施和材料技术标准应包含设备选型、备品备件及材料采购的技术要求；运行与维护技术标准应涉及电力调度、电网运行与监控、继电保护、调度自动化等方面；检修技术标准则包括设备及系统的检修技术及作业要求；技术监督技术标准涉及电能质量、绝缘、电测、保护与控制系统、自动化、信息通信、节能、环保、化学、热工、金属、水工、汽（水）轮机等监督；测量、检验与试验技术标准则包括测量方法、试验手段，以及测量设备设施的检定与校准等；质量、营销与服务技术标准涉及电能与热能产品的性能参数、营销与服务规范等；安全和职业健康技术标准包括通用标准、应急安全、事故处置和职业健康等；能源与环境技术标准则关注能源使用、消耗及污染物排放等；标准化与信息技术标准则包括通用标准、标准化、科技、档案信息应用、通信等。

三、电力企业技术标准体系构建典型实践

一直以来，各电力企业根据自身发展需要，不断创新方式方法，在技术标准体系上开展了深入的理论研究和实践探索，形成了许多典型经验。各电力企业不仅致力于建立全面覆盖各个专业、环节和层级的技术标准体系，还致力于让这一体系更加科学和明确，从而更好地支持企业战略目标的实现。与此同时，越来越多的电力企业与科研机构及高等学府携手合作，共同研究新兴领域的技术标准体系，不仅在核心领域进行战略布局，还努力在国际标准舞台上占据领先位置，为能源和电力行业的持续发展提供坚实保障。经过不断的尝试和积累，电力企业在标准化道路上的路线图愈发明晰，既推动了企业内部的规范化发展，也为整个行业的标准化进步贡献了重要力量。下面以国家电网有限公司为例，详细剖析电力企业技术标准构建的典型案例。

国家电网有限公司于成立之初，即充分结合技术标准化管理的实际情况，按照突出重点、分步实施的原则，组织研究建立了公司技术标准体系，颁布《国家电网有限公司技术标准体系表》并逐年滚动修订，对新发布的电力相关国家标准、行业标准、团体标准以及国际和国外先进标准进行适用性分析，将适用标准纳入体系并持续优化。作为在生产、经营、管理中实施技术标准的主要依据，以及促进各单位积极规范采用国内、国外先进标准的重要措施，技术标准体系表在国家电网有限公司电网发展中发挥了非常重要的作用。

国家电网有限公司采用技术专业分类法和生产流程分类法相结合的方法构建技术标准体系。技术专业标准的分类方法重点参考行业技术标准的分类方法，生产流程重点考虑电网企业生产特点。按照《中华人民共和国标准化法》《企业标准化促进办法》、GB/T 15496—2017《企业标准体系　要求》、GB/T 15497—2017《企业标准体系　产品实现》和 DL/T 485—2018《电力企业标准体系表编制导则》等指导方针，遵循统一性、协调性、完整性、系统性、可扩展性等基本原则，在充分吸收国际、国家、行业标准、规范与规程的基础上，结合自身实际需求，以生产流程为基础建立企业技术标准体系。技术标准体系包含技术基础标准和专业技术标准两个层次，技术基础标准包括标准化工作导则、通用技术语言标准等 7 个分支；专业技术标准以生产过程为排列顺序，包括规划设计、工程建设、设备材料等 11 个分支。每一个标准都含有序号、标准号、中文名称、发布日期、实施日期等信息。国家电网有限公司技术标准体系框图如图 3-2 所示。

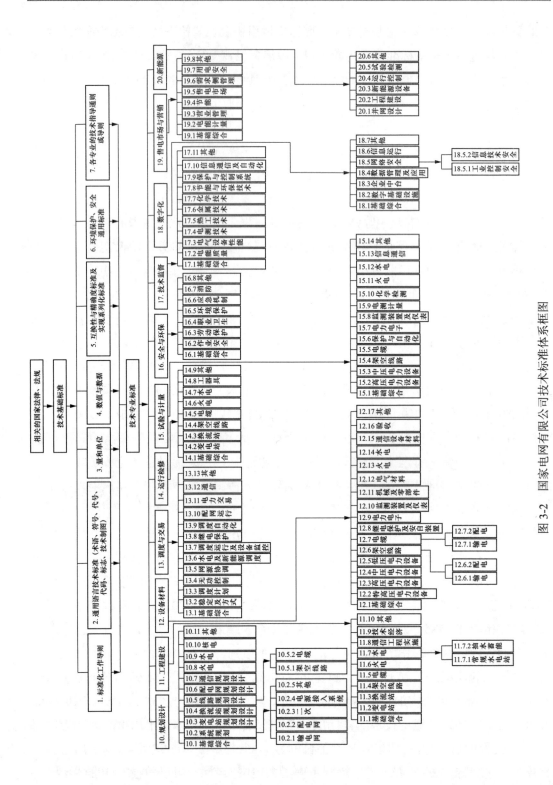

图 3-2　国家电网有限公司技术标准体系框图

同时，为落实国家重大战略要求，国家电网有限公司紧密围绕新型电力系统建设需求，深化新型电力系统标准体系研究，初步构建了包含"8 个专业、34 个技术领域、120个标准系列"的新型电力系统技术标准体系。按照基础先立、急用先行原则，充分考虑重要性、紧迫性和可行性，研究制定优先行动计划；同时，在新能源并网、输变电装备等重点方向开展国际标准布局，以期为国际能源电力发展作出更多中国贡献。

第三节 重点领域技术标准体系

结构优化、先进合理的技术标准体系是促进产业转型升级、推动行业发展的关键支撑要素。本节选取电网运行控制领域，以及风电并网和智能量测 2 个具体业务领域的标准体系，分别介绍其标准体系的建设情况及对该领域的推动作用。每个领域下，又分别选择 2 项重点标准进行了深入解读，使读者对标准体系的内涵和价值有更深刻的认识。

一、电网运行控制技术标准体系

当前，我国电网互联运行规模逐步扩大，高比例可再生能源并网、特高压交直流混联输电、高可靠智能变电站投运等新技术在电网中的广泛应用，使电力系统运行控制复杂程度提升、难度加大。为保证电力系统安全可靠运行，国家电力调度控制中心不仅注重发展以智能电网调度控制系统为代表的智能电网调度技术，对电网运行控制技术标准体系的建设也十分重视，已构建完成适应于特高压交直流混联大电网的调控需求的技术标准体系。当然，标准体系并非一成不变，而应随着技术进步和电力系统形态变化而不断优化调整。

截至 2023 年 12 月，电网运行控制技术标准体系包含国家标准 182 项、行业标准461 项、团体标准 1 项、企业标准 294 项。现有技术标准体系中所有标准均为现行有效版本，在规范发电、输电、配电、变电、用电各环节与调控运行相关的技术要求，促进相关运行控制技术协调发展方面发挥了有力的支撑作用。

（一）标准体系框架

作为服务于电网调控业务的技术标准有机集合体，电网运行控制技术标准体系总体目标是支撑实现电网的安全、稳定、经济、清洁运行。电网运行控制技术标准体系采用了分层结构，主要由两个层次组成，如图 3-3 所示。在复杂的电网运行环境下，专业配合程度日益加深，技术融合趋势明显，因此标准体系的分支设计采用了主要业务加核心技术支撑的分类方式，特别考虑了大电网安全运行的业务融合和新兴技术发展趋势。按照电网运行控制专业全流程及各子体系之间的内在关联性，电网运行控制技术标准体系第一层包括基础综合、调度运行、调度计划、配电网运行、水电及新能源调度、系统运行、继电保护、调度自动化、通信和网络安全10个子体系。其中，基础综合、通信、网络安全是根本，继电保护、调度自动化是手段，系统运行、调度计划是关键，调度运行、配电网运行、水电及新能源调度是目的，10个子体系相互衔接，共同组成了统一、协调、先进的电网运行控制技术标准体系。

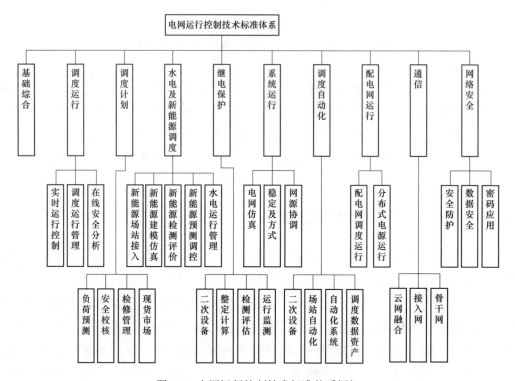

图 3-3 电网运行控制技术标准体系框架

在第一层子体系基础上，第二层进一步细分为实时运行控制、调度运行管理、在线安全分析等31个二级子体系。随着新型电力系统建设的持续推进，电网运行控制技术领域也不断取得新的科研成果，同时"标准引领"意识的增强，促使相关标准数量快速增长，电网运行控制技术标准体系目前进入规模化、系统化发展阶段，标准数量相对较多。未来，电网运行控制技术标准体系将随着电网调控新形势作出适应性优化调整，协调、科学、有序发展，更有效发挥对电网安全可靠运行的支撑作用。

（二）标准子体系

1. 基础综合子体系

基础综合子体系，主要包含电网调度相关的词汇和规范用语、电网运行准则、保证电网安全运行工作的标准等电网运行相关专业的基础要求。

该分支体系现行有效标准共 8 项，包括国家标准 4 项，行业标准 3 项，国家电网有限公司企业标准 1 项。其核心标准为 GB 38755《电力系统安全稳定导则》、GB/T 31464《电网运行准则》、GB/T 38969《电力系统技术导则》。其中，GB 38755 是保障我国电力系统安全稳定运行的根本性文件，是整个电力系统技术标准体系的核心和基础。GB/T 31464 是规范电力系统运行各参与方职责、权利、义务、基本技术要求、工作程序的基础性标准，是构建电网运行基本规则的纲领性文件。GB/T 38969 是电力系统应遵循的基本技术要求，其内容主要明确了电力系统发展应遵循的主要技术原则和方法，从电源安排及接入、系统间联络线、直流输电系统、送受端系统、无功补偿与电压控制、电力系统全停后的恢复、继电保护、安全自动装置、调度自动化、电力通信系统等方面提出了技术要求。

2. 调度运行子体系

调度运行子体系主要对电网实时运行风险防控、在线安全分析、多级调度故障协同处置、实时运行平衡调节和经济调度和辅助服务市场等技术要求进行规范，包括频率与有功控制、电压控制、水库发电实时调整及水位控制、新能源发电控制、倒闸操作、故障处置、调度操作票、事故预案、联合反事故演习在线安全分析等内容，保证大电网运行的实时控制能力。调度运行子体系可分为实时运行控制、调度运行管理和在线安全分析 3 个二级子体系。

实时运行控制通过掌握电网关键节点的频率、电压、无功、有功及运行方式等重要信息，对电网的运行状态进行实时控制和调整，及时处理相关故障，保持系统各个节点的供需平衡。该子体系主要包括频率与有功控制、电压与无功控制、新能源发电控制、方式调整、倒闸操作、故障处置、安全稳定评估及趋势预测、可用输电能力在线评估要求等内容。其核心标准为 Q/GDW 1680.71《智能电网调度控制系统　第 7-1 部分：调度管理类应用　调度生产运行管理》，主要对电网运行风险监测智能电网调度控制系统中设备运行管理、设备检修管理、电网运行管理、运行值班管理的功能、性能的技术要求进行了规范。

调度运行管理通过统筹协调调度全网各类可控资源，提高带安全约束的实时优化经济调度水平，构建"多元融合、多维精益、多级协同"的网源荷储协同运行模式。该子体系核心标准为 GB/T 40585《电网运行风险监测、评估及可视化技术规范》，主要规定了电网运行风险监测、评估及可视化的技术要求。

在线安全分析通过融合接入设备状态、安全稳定控制装置、外部环境等信息，在线评估安全态势，在线进行风险决策，实现各级电网对风险的主动防御。该子体系核心标准为 GB/T 40606《电网在线安全分析与控制辅助决策技术规范》，主要对电网在线安全分析与控制辅助决策分析模式、数据准备、分享功能等技术要求做出规定。

3. 调度计划子体系

调度计划子体系主要针对全网统一平衡、清洁能源消纳和现货市场建设等技术要求进行规范，包括发输电计划管理、电力电量平衡分析、电网平衡风险预警管理、机组非停受阻管理、"三公调度"（电力公开、公平、公正调度）管理、发电厂并网调度协议管理、系统负荷预测、母线负荷预测、检修计划编制、机组检修进度管理、现货市场、辅助服务市场、中长期交易安全校核和日前安全校核等内容，重点保障电力可靠供应和完善运行组织方式。调度计划子体系可分为负荷预测、安全校核、检修管理和现货市场 4 个二级子体系。

负荷预测主要对基础数据质量要求与重构、预测建模方法、预测技术要求、预测结果评价要求等进行规范。其核心标准为 DL/T 1711《电网短期和超短期负荷预测技术规范》和 Q/GDW 552《电网短期超短期负荷预测技术规范》。

安全校核主要对电网运行安全校核的数据输入输出、计算内容和计算要求等进行规范。其核心标准为 GB/T 40609《电网运行安全校核技术规范》、DL/T 2190《中长期电力交易安全校核技术规范》，以及 Q/GDW 11490《多级电网量化安全校核纵向数据交换标准》等。

检修管理主要对年度检修计划、月度检修计划、周检修计划、日前检修计划和临时检修计划等技术要求进行规范。其核心标准为 Q/GDW 680.53《智能电网调度技术支持系统　第 5-3 部分：调度计划类应用　检修计划》。

现货市场主要对现货市场接入、现货市场业务、现货市场运营、现货市场出清等技术要求进行规范。其核心标准为 Q/GDW 12212《省级电力现货市场子系统技术规范》。考虑在我国信用体系没有全面建立的现状下，电力现货市场的复杂性还在逐步提高，亟需针对我国电网结构、市场主体结构，建立适应中国国情的电力市场运行管控等标准，为市场合规平稳运行提供技术支撑。

4. 水电及新能源调度子体系

水电及新能源调度子体系规定了水电优化调度、资源评估、功率预测、气象信息服务电网等相关技术要求，包括并网技术要求、功率预测、检测认证、验收、资源监测、资源评估、并网设计、运行评价等内容，旨在提高分布式电源运行管控能力，提升大规模清洁能源并网安全运行水平。水电及新能源调度子体系可分为新能源场站接入、新能源建模仿真、新能源检测评价、新能源预测调控和水电运行管理 5 个二级子体系。

新能源场站接入包含陆上风电场接入电力系统、海上风电场接入电力系统、光伏发电站接入电力系统、分散式风电接入电力系统、分布式光伏接入电力系统。新能源场站接入的相关标准属于顶层设计，规定了新能源并网接入的相关技术要求。目前主要涉及 22 项国家标准、23 项行业标准和 7 项国家电网有限公司企业标准，其核心标准包括 GB/T 19963.1《风电场接入电力系统技术规定　第 1 部分：陆上风电》、GB/T 19964《光伏发电站接入电力系统技术规定》、GB/T 29319《光伏发电系统接入配电网技术规定》、GB/T 33589《微电网接入电力系统技术规定》、GB/T 36117《村镇光伏发电站集群接入电网规划设计导则》等。

新能源建模仿真包括风电机电电磁暂态建模、风电电气仿真模型验证、光伏发电机电电磁暂态建模、光伏发电电气仿真模型验证等内容的特性建模，机电建模一般指毫秒级及以上的特性建模。目前主要涉及 8 项国家标准、3 项行业标准和 15 项国家电网公司企业标准，其中电磁建模一般指毫秒级以下。其核心标准为 NB/T 31066《风电机组电气仿真模型建模导则》、GB/T 32826《光伏发电系统建模导则》，规定了风电机组和光伏发电系统的建模原则。

新能源检测评价是指按照统一的标准化方法，通过现场试验或在线评估的方式，对新能源机组/场站的并网性能进行量化评估并与标准要求进行符合性校验，包括电能质量测试、故障穿越能力测试与评价、有功无功控制能力测试、电网适应性测试与评价、惯量响应和一次调频测试与评价等内容。目前主要涉及 5 项国家标准、15 项行业标准和 8 项国家电网有限公司企业标准，其核心标准包括 GB/T 36995《风力发电机组故障电压穿越能力测试规程》、GB/T 36994《风力发电机组　电网适应性测试规程》、GB/T 31365《光伏发电站接入电网检测规程》、NB/T 31078《风电场并网性能评价方法》、NB/T 10317《风电场功率控制系统技术要求及测试方法》等，对新能源并网的测试方法和性能指标做出规定，建立了完整、规范的新能源并网检测试验能力及评价标准体系。

新能源预测调控提供风电、光伏等新能源发电未来一段时间内的发电情况，是实现电力系统电力电量平衡的基础支撑之一，包括新能源发电功率预测、新能源发电调度控制、新能源发电调度管理、新能源发电监视与评估等内容。目前主要涉及 9 项国家标准、25 项行业标准和 22 项国家电网有限公司企业标准，其核心标准包括 GB/T 40607《调度侧风电或光伏功率预测系统技术要求》、NB/T 10205《风电功率预测技术规定》、NB/T 31046《风电功率预测系统功能规范》、NB/T 32031《光伏发电功率预测系统功能规范》、NB/T 32011《光伏发电站功率预测系统技术要求》。

水电运行管理通过评估来水不确定情况下的水电发电能力，动态计算消纳能力，以支撑水电跨区域、跨流域联合优化调度，实现水电充分消纳和水能经济调度，包括水库来水预测、调度运行管理、技术应用系统等内容。其核心标准包括：GB 17621《大中型水电站水库调度规范》，对大中型水库的运用参数和基础资料、洪水调度、发电及其他兴利调度、水库调度管理工作内容等提出了规范性要求；DL/T 1259《水电厂水库运行管理规范》，对水电厂运行管理、水库管理、安全管理等任务和要求进行了规范；DL/T 316《电网水调自动化功能规范》，对电网水调自动化系统通信网络、水情数据交换及处理、水电调度运行监视及告警、信息发布、水调高级应用等功能进行了规范。以上述标准为核心的水电运行管理标准子体系，有效指导了水库调度运行工作。

5. 继电保护子体系

继电保护是电力系统的第一道防线，该子体系主要规定电力系统继电保护设计、整定计算模型校验应满足的技术要求，包括继电保护调度运行管理、继电保护统计分析及运行评价、继电保护检验管理、继电保护技术支持系统管理、继电保护验收管理、继电保护设备技术管理、继电保护设备入网检测管理、继电保护技术监督、继电保护反事故措施管理、继电保护设计审查、继电保护定值管理、整定计算管理、继电保护定值校核、整定计算系统管理、安全自动装置技术管理、安全自动装置检验管理、安全自动装置软件管理和安全自动装置反事故措施管理，相关标准的实施有效提升了继电保护装置的选择性、速动性、灵敏性、可靠性。继电保护子体系可分为二次设备、整定计算、检测评估和运行监测4个二级子体系。

二次设备主要对继电保护和安全自动装置的系统设计、功能配置、运行整定、检验试验等进行规范，以适应新能源发电、特高压交直流输电、柔性交直流输配电、分布式电源与微电网等新型电力系统特性。目前主要涉及 18 项国家标准、15 项行业标准和 28 项国家电网有限公司企业标准，其核心标准为 GB/T 14285《继电保护和安全自动装置技术规程》和 GB/T 33982《分布式电源并网继电保护技术规范》。与国际上其国家相比，该子体系设置的标准关键指标更为详细，大多数指标处于先进水平，部分指标高于国外标准。

整定计算主要是对各电压等级交、直流系统继电保护的配置及整定技术进行规范，继电保护配置及整定原则的正确性是保证电力系统安全稳定运行的先决条件。目前主要涉及 11 项行业标准和 28 项国家电网有限公司企业标准，其核心标准为 DL/T 277《高压直流输电系统控制保护整定技术规程》、DL/T 584《3kV～110kV 电网继电保护装置运行整定规程》、DL/T 559《220kV～750kV 电网继电保护装置运行整定规程》等。标准关键指标与国际上通用保护标准相比，技术要求总体相当。

检测评估主要是对继电保护装置检测型式试验方法、动模试验的典型接线方式及故障模拟方法进行规范。目前主要涉及 1 项国家标准、5 项行业标准和 5 项国家电网公司企业标准，其核心标准为 GB/T 7261《继电保护和安全自动装置基本试验方法》、GB/T 26864《电力系统继电保护产品动模试验》等。标准关键指标与国际上通用保护标准相比，技术要求总体相当。同时，针对我国高压和超高压交直流混联输电应用的线路保护，相对于国外标准提出了更完善和先进的技术要求。

运行监测主要是对继电保护和电网安全自动装置及其二次回路接线检验的周期、内容及要求，以及电子互感器、合并单元、智能终端、过程层网络与继电保护相关功能的检验内容及要求进行规范。目前主要涉及 1 项国家标准、5 项行业标准和 2 项国家电网有限公司企业标准，其核心标准为 DL/T 995《继电保护和电网安全自动装置检验规程》和 DL/T 1663《智能变电站继电保护在线监视和智能诊断技术导则》。标准关键指标与国际上通用保护标准相比，技术要求总体相当。

总的来说，目前国内继电保护标准关键指标相对国际更为完善和详细，专业子体系标准的制定和应用，对于提升继电保护装置的互换性、安全性和可靠性，以及支撑整个系统高效运行发挥了重要作用。

6. 系统运行子体系

系统运行子体系主要规范年度运行方式分析、电网年度运行方式编制、离线计算数据平台管理、电网安全稳定计算及其应用软件、稳定控制等技术要求，包括年度方式运行、检修计划、安全校核、安全自动装置管理、无功电压管理、并网电源协调管理等内容，旨在提升大电网特性精准认知能力和故障立体防御能力。系统运行子体系可分为电网仿真、稳定及方式、网源协调 3 个二级子体系。

电网仿真是认知电网的重要手段，是克服"电网运行不可中断，现场试验成本高、周期长、危险性大"等问题的有效试验手段，当前已广泛应用于电网规划、调度运行、设备策略验证等领域，是一项基础性支撑技术，主要包括模型数据管理仿真、建模方法仿真、仿真验证和短路电流仿真等方面。其核心标准包括 GB/T 40608《电网设备模型参数和运行方式数据技术要求》、GB/T 40601《电力系统实时数字仿真技术要求》、GB/T 36237《风能发电系统 通用电气仿真模型》等系列标准。电网仿真技术目前已相对成熟，且形成了标准化的模型结构，在电力系统仿真软件中予以实现，广泛应用于电网规划与调度运行计算中。但随着新型电力系统建设逐步深入，电力系统应用场景日益复杂，电网数据模型的规模还会呈指数增长，在进行新型电力系统设备详细建模时，计算复杂程度同样会飞速增长，对仿真数据正确性的管理和验证要求将不断提升，标准也必将随之进行修订完善。

稳定及方式主要对电网运行方式分析、电力系统频率稳定与宽频振荡、电网模型与参数管理、联合计算管理、无功控制、安全稳定自动装置策略管理等进行规范。其核心标准包括 GB 38755《电力系统安全稳定导则》、DL/T 1234《电力系统安全稳定计算技术规范》，对电力系统三级安全稳定进行了规范；GB/T 40615《电力系统电压稳定评价导则》，则对系统稳定性快速判别及稳定裕度量化评估技术进行了规范。

网源协调主要对励磁系统及电力系统静态稳定器（PSS）、一次调频及调速系统、自动发电控制系统（AGC）及自动电压控制系统（AVC）、涉网保护、新能源、网源动态监测等进行规范。其核心标准包括除基础综合子体系的相关标准以外，还涉及 6 项国家标准、12 项行业标准、8 项国家电网有限公司企业标准。当前电网运行日益复杂、网源协调问题日益突出的情况，网源协调子体系标准还有待进一步完善。

7. 调度自动化子体系

调度自动化系统作为对能源网架中一次设备进行监视、测量、控制、保护和调节的辅助设备与系统，是电力系统神经中枢中的关键组成部分。经过智能电网的长期发展，我国自动化系统已经取得长足的进步，积累了丰富的标准资源。该子体系分为二次设备、厂站自动化、自动化系统、调度数据资产 4 个二级子体系。

二次设备主要对调度自动化设备，包括变电站、配电终端、远动设备的模型、内在功能机理、通信要求等进行规范。目前主要涉及 14 项国家标准、15 项行业标准和 20 项国家电网有限公司企业标准，其核心标准包括 GB/T 51071《330kV～750kV 智能变电站设计规范》和 DL/T 1146《DL/T 860 实施技术规范》等。

厂站自动化主要对测控装置、网关机、电源管理单元（PMU）设备、时间同步装置、网络分析仪等设备的研制、测试和入网检测进行规范。目前主要涉及 4 项国家标准、10 项行业标准和 34 项国家电网有限公司企业标准，其核心标准包括 GB/T 24833《1000kV 变电站监控系统技术规范》、GB/T 13729《远动终端设备》、DL/T 1708《电力系统顺序控制技术规范》等，有效指导并规范了相关系统及设备的发展。

自动化系统主要对各级调度支撑平台、变电站自动化以及配电自动化系统进行规范。目前主要涉及 3 项国家标准、18 项行业标准和 25 项国家电网有限公司企业标准，其核心标准包括 GB/T 33607《智能电网调度控制系统总体框架》、DL/T 1709《智能电网调度控制系统技术规范》和 Q/GDW 10680《智能电网调度控制系统》，分别规定了各级调度专业化应用和配套标准，为实现国内各地调控统一分析奠定了基础。

调度数据资产主要对调度自动化模型数据、数据资产定价、数据维护规则、数据运营管理数据运营进行规范。目前主要涉及 3 项国家标准、18 项行业标准和 25 项国家电网有限公司企业标准，其核心标准包括 GB/T 35682《电网运行控制数据规范》和 DL/T 890《能量管理系统应用程序接口（EMS-API）》等。

8. 配电网运行子体系

配电网运行子体系主要规定配电网调度运行技术要求，包括配电网运行控制管理、配电网运行方式管理、配电网平衡及计划管理、配电网技术支撑管理和分布式电源运行管理等内容，重点是加强新型有源配电网调度管理。该子体系分为配电网调度运行和分布式电源运行 2 个二级子体系。

配电网调度运行包括配电网运行核心业务、配电网异动管理、配电网自动化系统、配电网运行操作、配电网保护配置、配电网事故处理、配电网抢修指挥等内容。该子体系包括 2 项国家标准、5 项行业标准、9 项国家电网有限公司企业标准，其核心标准包括 DL/T 1406《配电自动化技术导则》、DL/T 1883《配电网运行控制技术导则》等。

分布式电源运行主要通过规范分布式电源的状态和运行技术要求，实现能量的高效利用和分布式控制，提高了电力系统的可靠性和安全性。该子体系主要包括 1 项国家标准、4 项行业标准、5 项国家电网有限公司企业标准，其核心标准有 GB/T 34930《微电网接入配电网运行控制规范》，对微电网接入条件、运行控制策略、保护及恢复策略、接口控制进行了规范，有效提高了微电网的运行效率和控制能力，在实际应用中取得良好的效果。

未来大量具有间歇性、随机性特点的分布式电源接入配电网，将使电源结构和组网方式发生彻底改变。为确保分布式电源和电力电子设备有序可靠接入和交直流混合配电网安全稳定运行，将在配电网源网荷储协同规划及评估、交直流混合配电网关键装备及运行控制、交直流混合配电网快速可恢复性供电技术方面重点开展技术研发和标准研制工作。

9. 通信子体系

通信子体系主要规定了电力通信网络接入和云网融合需满足的技术要求，包括云端服务、云网接口、网络设备、有线接入网、无线接入网、传输网、业务网和支撑网等内容，重点提升通信网承载和业务支撑水平。通信子体系可分为云网融合、接入网和骨干网 3 个二级子体系。

云网融合是数字化、网络化、智能化融合发展趋势的重要体现，包括云端服务、云网接口、网络设备。云端服务主要包括基于云计算的电子政务公共平台技术规范和管理规范，一体化"国网云"平台架构及服务等。目前关于云计算的标准为 GB/T 33780.5《基于云计算的电子政务公共平台技术规范　第 5 部分：信息资源开放共享系统架构》。云网接口同时依存于云端服务和网络设备两侧，软件定义网络和网络虚拟化（SDN/NFV）技术是云计算的重要特征。云网融合基础实现技术，以及不同层次、不同技术体制网络的相关实现技术各不相同，国际互联网工程任务组 IETF 主要研究和制定 SDN/NFV 技术的协议，实现云网接口南北向协议的贯通。路由器、交换机是重要的网络设备，DL/T 1379《电力调度数据网设备测试规范》规范了路由器设备技术要求和测试方法。

电力通信接入网主要承载与配用电有关的业务，如配电自动化、电能质量监测、分布式电源控制、用电信息采集、负荷监控等，包括有线接入网、无线接入网。有线接入网相关标准，对电力通信有线接入技术做出了规定，其核心标准包括：GB/T 39577《接入网技术要求　10Gbit/s 无源光网络(XG-PON)》、GB/T 37173《接入网技术要求

GPON 系统互通性》及 GB/T 34087《接入设备节能参数和测试方法　GPON 系统》，分别规定了无源光网络的技术规范、互通性要求及测试方法；YD/T 3344《接入网技术要求　40Gbit/s 无源光网络（NG-PON 2）》和 YD/T 1688《xPON 光收发合一模块技术条件》系列标准，分别规定了 40G PON 接入网技术要求和 xPON 光模块技术要求；DL/T 1574《基于以太网方式的无源光网络（EPON）系统技术条件》，规定了电力 EPON 的技术条件、测试规范及互联互通技术要求。无线接入网相关标准，对电力通信无线接入技术进行了规范。国内 5G 标准项目在中国通信标准化协会（CCSA）的多个工作组同步开展，由国内三大基础电信企业主导推进，主要内容与方向包括总体要求、业务要求、终端要求、互联互通、支撑保障、安全等。

　　骨干网包括传输网、业务网、支撑网，目前其规模不断扩大，通信承载能力不断提升，有效支撑了管理信息化发展。传输网依托光缆网架构建，覆盖 35kV 及以上厂站和各级调度中心，主要由同步数字体系（SDH）和光传送网（OTN）传输系统构成。SDH 主要承载电网生产实时控制类业务，OTN 传输系统主要承载电网管理业务。其核心标准包括：GB/T 14731《同步数字体系（SDH）的比特率》、GB/T 16712《同步数字体系（SDH）设备功能块特性》、GB/T 51242《同步数字体系（SDH）光纤传输系统工程设计规范》及 GB/T 16814《同步数字体系（SDH）光缆线路系统测试方法》，分别规定了 SDH 的比特率、设备功能块特性、工程设计规范及 SDH 长途光缆传输设计；YD/T 1990《光传送网（OTN）网络总体技术要求》、YD/T 2484《分组增强型光传送网（OTN）设备技术要求》、YD/T 3727《分组增强型光传送网（OTN）网络管理技术要求》系列标准，分别规定了 OTN 网络技术要求、设备技术要求及管理技术要求；DL/T 1509《电力系统光传送网（OTN）技术要求》、DL/T 1510《电力系统光传送网（OTN）测试规范》，分别规定了 SDH 光网络系统、OTN 接口、设备技术要求和检测方法等。电力通信业务网是指调度交换网、行政交换网和视频会议系统，其核心标准包括：GB/T 31998《电力软交换系统技术规范》、YD/T 2317.1《基于多协议标记交换（MPLS）的组播技术要求　第 1 部分：MPLS 网络中的 IP 组播业务技术要求》、DL/T 476《电力系统实时数据通信应用层协议》、DL/T 5157《电力系统调度通信交换网设计技术规程》、DL/T 795《电力系统数字调度交换机》等，规范了系统间远程通信和信息交换、多协议标记交换、电力系统实时数据通信应用层协议、电力系统调度通信交换网设计、电力调度交换机、软交换机等内容。支撑网主要包括频率同步网和网管系统等，用于支撑传输网、业务网设备正常运行，其核心标准包括：YD/T 983《通信电源设备电磁兼容性要求及测量方法》和 Q/GDW 755《电网通信设备电磁兼容通用技术规范》，分别规定了通信电源设备电磁兼容性限值及测量方法、频率同步网的规划和建设，以及通信专用电源技术要求、工程验收及运行维护等内容。

10. 网络安全子体系

网络安全子体系包括网络和信息安全,都是电力系统不可或缺的组成部分,主要规范新能源系统的接入、数据处理、密码应用等安全要求,重点提升电力监控系统安全防护能力。网络安全子体系可分为安全防护、数据安全和密码应用 3 个二级子体系。

安全防护主要针对安全防护框架、结构安全、本体安全、终端安全等进行规范,其核心标准包括 GB/T 32919《信息安全技术 工业控制系统安全控制应用指南》、GB/T 36572《电力监控系统网络安全防护导则》,主要规范了工控系统(包括电力监控系统等)的安全防护架构、网络安全防护技术要求。

数据安全主要针对新型数字资产防护技术和要求进行规范,包括数据模型、业务数据分类分级、隐私保护、电力数据安全监测分析等内容,其核心包括标准 GB/T 31500《信息安全技术 存储介质数据恢复服务要求》、GB/T 37973《信息安全技术 大数据安全管理指南》、GB/T 37988《信息安全技术 数据安全能力成熟度模型》、GB/T 35273《信息安全技术 个人信息安全规范》等,主要规定了存储介质数据恢复服务、大数据安全管理、数据安全能力成熟度模型、个人信息处理等。

密码应用主要对密码应用审批、监管和抽查机制等进行规范。国产密码技术标准主要有基础类、基础设施类、密码产品类、应用支撑类、密码应用类、检测类和管理类 7 类标准共计 64 项,其核心标准包括 GB/T 32918《信息安全技术 SM2 椭圆曲线公钥密码算法》系列标准、GB/T 32905《信息安全技术 SM3 密码杂凑算法》、GB/T 32907《信息安全技术 SM4 分组密码算法》、GB/T 38635《信息安全技术 SM9 标识密码算法》系列标准等,主要规定了国产密码 SM2、SM3、SM4、SM9 的算法。

(三)重点标准解读

标准 1:GB 38755—2019《电力系统安全稳定导则》

《电力系统安全稳定导则》是保障我国电力系统安全稳定运行的根本性文件,是整个电力系统技术标准体系的核心和基础。2001 年,GB 38755—2001《电力系统安全稳定导则》首次颁布,但随后电力系统发生深刻变化,电网规模不断扩大,电网格局与电源结构持续调整,新能源大规模开发利用,电力体制改革不断深化,出现了很多新情况和新问题,对电力系统安全稳定提出了新的要求。2017—2019 年,在总结 GB 38755—2001《电力系统安全稳定导则》经验的基础上,本着坚持安全性,兼顾经济性、突出原则性、注重系统性、体现先进性、保证指导性的原则,国家电网有限公司落实国家标准制修订工作要求,牵头组织电网企业、发电企业、电力用户以及电力规划和勘测设计、科研等单位,开展了强制性国家标准《电力系统安全稳定导则》修订工作。2020 年 1 月 7 日,国家市场监督管理总局、国家标准化管理委员会联合发布了于 2019 年 12 月 31 日签发的 2019 年第 17 号公告,正式发布了强制性国家标准 GB 38755—2019《电力系统安全稳定导则》，该标准于 2020 年 7 月 1 日开始实施。

GB 38755—2019《电力系统安全稳定导则》充分考虑了高比例新能源和大容量直流系统接入的新形势，对电网与电源结构、新能源并网标准等问题提出原则性要求和基本规范，并对稳定运行的基本要求、电力系统安全稳定标准、电力系统安全稳定计算分析，以及电力系统安全稳定工作管理进行了规范。

GB 38755—2019《电力系统安全稳定导则》是我国电力行业最基础的强制性国家标准，具有法定的权威性、指导性、约束性，是整个电力标准体系构建的核心。目前，该标准已广泛应用于电力系统规划、设计、建设、运行、科研和管理等工作，有效保障了我国特高压交直流电网科学规划、提升了高比例新能源电力系统安全稳定运行水平，并指导了特高压交直流混联大电网运行控制相关技术标准制定。在电网规划方面，广泛应用于"十四五"能源电力规划，在构建合理电网结构和电源结构、促进源网荷协调发展、提高系统平衡调节能力等方面提出了原则性要求；在调度运行方面，提出的新型故障扰动类型仿真计算原则和要求已全面应用于国家电网有限公司、中国南方电网有限责任公司的电网运行方式计算，规范了电力系统运行方式校核，指导电力系统三道防线进一步巩固和优化；在标准体系建设方面，其电网仿真、安全稳定分析及控制保护、电源性能等方面的要求，有效指导了相关标准制修订工作。

标准 2：GB/T 31464—2022《电网运行准则》

2002 年电力体制改革后，经国家电网公司申请，国家发展改革委于 2003 年下达了编制我国行业标准《电网运行准则》的任务。2006 年 10 月 26 日，电力行业标准 DL/T 1040—2007《电网运行准则》发布，于 2007 年 1 月 1 日起实施。该标准明确了电网企业及其调度机构和电网使用者在电网运行各相关阶段的基本责任、权利和义务。

DL/T 1040—2007《电网运行准则》经过几年的实践和积累，特别是特高压技术的发展应用，制定国家标准《电网运行准则》的条件日趋成熟。2010 年 11 月 16 日启动了国家标准《电网运行准则》的制定工作。2015 年 5 月 15 日，GB/T 31464—2015《电网运行准则》发布，于 2015 年 12 月 1 日正式实施。随着新能源发电的高速发展和分布式电源、储能电站、柔性直流输电、新型调相机等新技术的发展和应用，特别是 GB 38755—2019《电力系统安全稳定导则》和 GB/T 38969—2020《电力系统技术导则》发布实施后，GB/T 31464—2015《电网运行准则》的局限性逐渐显现，难以适应电力系统的新发展和运行需求，修订工作随之启动。GB/T 31464—2022《电网运行准则》于 2022 年 12 月 30 日发布，2023 年 7 月 1 日正式实施。其核心内容包括"电网运行对规划、设计与建设阶段的要求""并网、联网与接入条件"和"电网运行"三部分。

"电网运行对规划、设计与建设阶段的要求"对电力系统一次部分规划、设计与建设阶段工作要点、时间期限、技术原则、职责划分与工作流程进行了规范。"并网、联网与接入条件"规范了并网管理工作流程，并对并网相关文件提出要求，明确了我国电网频率、电压的基本要求和待并（联）网方人员和规程、合规性认证、调试试验及电源并网试运行方面的技术条件。"电网运行"部分明确了电网运行的基本原则，规范了与运行紧密相关的资料及信息交换、负荷预测、设备检修、发用电平衡、辅助服务、频率及电压控制、负荷控制、电网操作、系统稳定及安全对策、事故报告与事故信息通报、设备性能测试的工作内容及管理流程，并对电网调度运行的管理权限、工作流程、工作要点、技术要求等进行了规范。

作为构建电网运行基本规则的纲领性文件之一，GB/T 31464《电网运行准则》在支撑电力系统高速发展和电力系统市场化改革顺利推进两方面都发挥了非常重要的作用。

二、风电并网技术标准体系

我国风电并网技术标准体系的发展历程与风电技术进步、产业发展及电网安全稳定运行需求高度相关。2005 年以前，我国风电占比极小，其接入对电网的影响微乎其微，当时的风电并网标准主要针对风电场的电能质量提出要求。2005—2010 年，我国风电装机容量逐年成倍增长，新增和累计装机容量跃居全球第一位。从整个电力系统的角度来看，风电占比仍然较小，电源结构仍以火电（73.44%）和水电（22.18%）为主，风电接入对大电网的整体影响较弱。但随着装机容量逐渐增大，风电并网标准要求过低的弊端开始逐渐显现。据不完全统计，仅 2010 年全国就发生 80 余起风电机组脱网事故。2011 年以来，我国加速构建风电并网技术标准体系，风电并网核心标准首次要求风电机组应具备低电压穿越能力，同时也建立了相应的配套检测机制，有效解决了风电机组大规模脱网事故问题。

总体来看，我国已基本建成结构合理、层次分明的风电并网技术标准体系，切实发挥了标准的基础性、引领性作用，在我国风电高质量发展中发挥了非常重要的作用。截至 2023 年 12 月，国家电网有限公司风电并网技术标准体系包含国家标准 14 项、行业标准 30 项、团体标准 2 项、企业标准 39 项。

（一）标准体系框架

风电并网技术标准体系采用了分层结构，主要由两个层次组成，如图 3-4 所示。按照风电并网生产全流程和各子体系之间的内在关联性，风电并网技术标准体系第一层包括场站接入、建模仿真、试验评价和预测调度 4 个子体系。其中，场站接入是根本、建模仿真是手段、试验评价是关键、预测调度是目的，4 个子体系相互之间衔接配合，共同组成了统一、协调、先进的风电并网技术标准体系。在第一层子体系基础上，第二层进一步细分为陆上风电、海上风电、分散式风电等 10 个二级子体系。需要指出的是，风电并网技术标准体系是需要随着技术进步和产业发展需求而不断优化调整的，所涉及的具体标准也需要及时更新完善，才能更好发挥标准体系对风电发展的支撑引领作用。

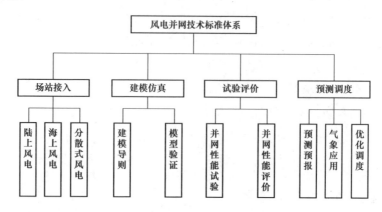

图 3-4　风电并网技术标准体系框架

（二）标准子体系

1. 场站接入子体系

场站接入子体系主要规定风电场并网应满足的技术要求，包括风电场接入电力系统的有功功率、无功电压、故障穿越、运行适应性、功率预测、电能质量、仿真模型和参数、二次系统的技术要求，以及测试和评价等内容。场站接入子体系按风电开发场景可分为陆上风电、海上风电、分散式风电 3 个二级子体系。

陆上风电是我国风电主要开发模式，目前陆上风电子体系核心标准为 GB/T 19963.1《风电场接入电力系统技术规定　第 1 部分：陆上风电》，规定了陆上通过 110（66）kV 及以上电压等级线路与电力系统连接的风电场相关技术要求，包括有功功率、无功电压调节、故障穿越等。标准关键指标与国际上其他风电规模较大国家相比，技术要求总体相当，故障穿越等部分指标高于国外标准。

海上风电发展迅速，目前已成为我国风电大规模开发利用的新模式。海上风电子体系核心标准为 GB/T 19963.2《风电场接入电力系统技术规定　第 2 部分：海上风电》，该标准对通过工频交流输电线路或柔性直流输电系统与电力系统连接的新建或改（扩）建海上风电场的接入、调试和运行要求做出规定。与国际上其他风电规模较大国家相比，标准关键指标大多处于先进水平，部分指标高于国外标准。同时，针对我国海上风电开发新模式、新特点，相对于国外标准提出了差异化技术要求。

分散式风电是我国风电开发利用的另一种主要方式，我国也出台了"千乡万村驭风行动"等重要举措推动分散式风电发展。分散式风电场并网核心标准为 NB/T 10911《分散式风电接入配电网技术规定》，规定了分散式风电场接入电网应遵循的一般原则和技术要求，适用于通过 35kV 及以下电压等级接入电网的新建、改建和扩建分散式风电场。通过 110（66）kV 电压等级接入的分散式风电场应满足 GB/T 19963.1《风电场接入电力系统技术规定 第 1 部分：陆上风电》的规定。标准关键指标与国际上其他风电规模较大国家相比，技术要求总体相当。

2. 建模仿真子体系

风电建模仿真是高比例新能源接入电力系统稳定分析的基础，是指导风电及送出系统规划、建设和调度运行的前提条件。该子体系分为建模导则和模型验证 2 个二级子体系。

风电机组包含气动装置、机械传动装置、电力电子变流装置、发电机等部件，其控制系统是包含多时间尺度的复杂系统。为实现不同仿真平台、模型开发者的模型通用性，需针对不同仿真需求，建立标准统一的风电机组模型结构和（或）接口。风电建模导则包含风电机组及场站的机电和电磁暂态建模相关标准，主要规定风电机组及场站电气仿真模型的分类、结构等内容，用于电力系统暂态稳定计算。其核心标准为 GB/T 36237《风能发电系统 通用电气仿真模型》、NB/T 31066《风电机组电气仿真模型建模导则》、NB/T 31075《风电场电气仿真模型建模及验证规程》。

风电机组及场站模型的准确性验证是保证仿真结果有效、提高仿真置信度的重要基础。风电模型验证主要包含风电机组及场站机电与电磁暂态模型验证相关标准，其核心标准为 GB/T 42599《风能发电系统 电气仿真模型验证》、NB/T 31053《风电机组电气仿真模型验证规程》、NB/T 31075《风电场电气仿真模型建模及验证规程》。

3. 试验评价子体系

试验评价是利用现场试验和仿真评估等技术，对风电机组及场站的并网特性与标准要求的符合性进行校验，是保障大规模风电并网稳定运行的关键手段。该子体系分为并网性能试验和并网性能评价 2 个二级子体系。

并网性能试验又分为风电机组并网性能试验和风电场并网性能试验。风电机组并网性能试验以现场试验为主，试验内容主要包括电能质量、功率控制、故障电压穿越能力和电网适应性等，共涉及 3 项国家标准和 6 项行业标准。近年来，我国在风电试验平台建设方面取得了较大进展，实现了风电产品检测的快速发展。目前拥有世界上规模最大的风电试验检测基地，拥有先进的检测设备和世界一流的检测能力。风电场并网性能试验内容主要包括电能质量、功率控制能力、无功补偿装置并网性能、惯量响应和一次调频等，目前主要依据 NB/T 10316《风电场动态无功补偿装置并网性能测试规范》、NB/T 10317《风电场功率控制系统技术要求及测试方法》、NB/T 31005《风电场电能质量测试方法》开展相关工作。

风电场通常包含几十至上百台风电机组，容量大多在百兆瓦以上。风电场的故障电压穿越能力、电网适应性和阻抗特性难以通过现场试验确定，通常以风电机组测试数据及结果为基础，通过建模仿真的方式进行整场的并网性能符合性评估。风电场并网性能评价核心标准为 NB/T 31078《风电场并网性能评价方法》，主要规定了风电场并网性能评价的项目和方法。标准中的关键指标与国际上其他风电规模较大国家相比，技术要求相当。在风电场并网适应性评价方法方面，我国走在世界前列，同步制定了 1 项 IEC 标准，即 IEC TS 63102《风力发电厂和光伏发电厂并网的电网规范合规性评估方法》（Grid code compliance assessment methods for grid connection of wind and PV power plants）。

4. 预测调度子体系

风电出力具有随机波动性，大规模并网给系统电力电量平衡带来严峻挑战。从调度侧看，风电功率预测是降低风电出力不确定度、预判风电出力随机波动程度的重要手段，风电优化调度是支撑风电高效消纳的关键。预测调度子体系规定了风电功率预测、优化调度相关技术要求，可分为预测预报、气象应用和优化调度 3 个二级子体系。

预测预报子体系主要包括基础数据质量要求与重构、预测建模方法、预测技术要求、预测系统功能要求等方面。其核心标准包括 GB/T 40603《风电场受限电量评估导则》、GB/T 40607《调度侧风电或光伏功率预测系统技术要求》、NB/T 31046《风电功率预测系统功能规范》、NB/T 31109《风电场调度运行信息交换规范》、NB/T 10205《风电功率预测技术规定》和 T/CES 138《风电功率概率预测技术要求》。我国牵头制定的 IEC TR 63043《可再生能源电力预测技术》（Renewable energy power forecasting technology）也已发布实施。

风速、风向等关键气象参量对风电具有重要影响。开展风能资源监测、评估和预报是实现风电开发布局优化、保障风电安全稳定运行和高效消纳的基础。气象应用子体系主要包括气象监测、资源评估、资源预报等方面。其核心标准包括 GB/T 37523《风电场气象观测资料审核、插补与订正技术规范》、NB/T 31147《风电场工程风能资源测量与评估技术规范》、NB/T 10652《风电资源与运行能效评价规范》、NB/T 10387《海上风电场风能资源小尺度数值模拟技术规程》等。

风电场运行特性与场内设备和开发模式相关，需对风电参与系统优化调度进行标准化设计。优化调度子体系主要包括调度运行管理规范、调度系统功能技术要求、调度运行信息交换规范。其核心标准包括 GB/T 40600《风电场功率控制系统调度功能技术要求》、GB/T 40604《新能源场站调度运行信息交换技术要求》、NB/T 31047.1《风电调度运行管理规范　第 1 部分：陆上风电》、NB/T 31047.2《风电调度运行管理规范　第 2 部分：海上风电》等。

总体来看，目前我国风电并网技术标准体系相对完整，整体技术要求与国外持平。通过风电并网技术标准体系的实施应用，满足了风电并网全过程涉网技术要求，保障了风电大规模发展情况下的源网安全稳定运行。未来，考虑风电技术进步及产业发展需求，风电并网技术标准体系需持续动态调整和完善，更好支撑新型电力系统建设，助力"双碳"目标实现。

（三）重点标准解读

标准1：GB/T 19963.1—2021《风电场接入电力系统技术规定　第1部分：陆上风电》

近年来，随着风电装机规模的不断扩大，其在电力系统中的功能定位发生了根本性变化，由补充电源逐步发展到主力电源。因此，风电并网技术标准体系也同步进行了更新完善，风电并网技术要求也逐渐向常规电源靠拢。GB/T 19963《风电场接入电力系统技术规定》是风电并网核心标准，该标准是建模仿真、试验评价、预测调度等相关配套标准的纲领性文件。

该标准自2005年以指导性技术文件形式发布以来，经过了两次修订，最新版分为了陆上风电和海上风电两个部分。其中，GB/T 19963.1—2021《风电场接入电力系统技术规定　第1部分：陆上风电》提出的技术要求与国外标准总体相当，故障穿越等部分指标高于国外标准。该部分标准明确了陆上风电场在规划、设计、建设与运行阶段为满足接入电网所需的技术条件，包括有功控制、功率预测、惯量响应、一次调频、无功条件、电压控制、故障穿越、仿真模型、二次系统等。

该标准规定的风电场低电压、高电压穿越要求如图3-5所示。当风电场并网点电压降低/升高时，风电机组应在一定时间范围内不脱网连续运行，否则，允许风电机组切出。另外，当电力系统发生故障后（包括对称故障和不对称故障），风电场应具备动态无功支撑能力，支持系统电压的快速恢复。

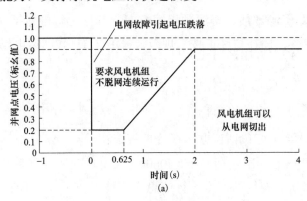

图3-5　风电机组故障电压穿越曲线（一）

（a）低电压

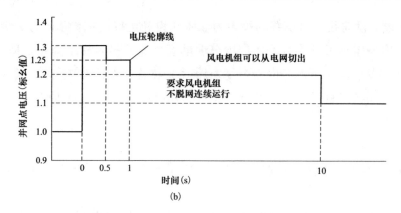

图 3-5　风电机组故障电压穿越曲线（二）

（b）高电压

该标准为我国陆上风电建设提供了科学、规范的技术指导，对我国风电技术进步和产业发展发挥极其重要的作用。

标准 2：NB/T 31109—2017《风电场调度运行信息交换规范》

随着风电装机占比升高，风电对电力系统的运行支撑和保障作用愈发重要，电力调度机构对风电场信息采集类型和数据质量也提出了新要求，迫切需要规范风电场与调度机构之间交换的运行信息，确保风电友好并网和稳定运行。

NB/T 31109—2017《风电场调度运行信息交换规范》主要规定了并网风电场（包括升压站）调度运行信息交换内容、信息交换方式和信息交换技术要求，适用于通过 35kV 及以上电压等级输电线路并网运行的风电场，通过其他电压等级并网运行的风电场可参照执行。基于该标准，目前所有 35kV 及以上电压等级接入风电场的运行信息均已接入电网调度自动化系统，接受统一调度和管理，为风电大规模开发利用奠定了基础。

三、智能量测技术标准体系

随着电力系统数字化转型及服务模式的日益创新，以高比例新能源和高比例电力电子为特征，"源、网、荷、储"高效互动，能量流和信息流双向流动，电力系统对智慧物联感知、数据高效采集、自动协同检测、智能化运行管控和精准数据分析与应用能力也提出了更高的要求。智能量测技术标准体系建设是实现电网数字化、智能化转型及新型电力系统建设的必要前提。构建科学先进、系统高效的智能量测技术标准体系，对保证电力系统与客户能量流、信息流、业务流的实时互动规范一致，规范智能测量设备及系统研制与开发，推进智能量测设备及系统向动态感知、远程在线和网络化、平台化、智慧化方向发展，引导我国智能量测产业健康、有序发展具有重要意义，是智能量测设备及系统更好支撑新型电力系统建设和运行的重要基础与关键环节。

我国已初步构建了结构合理、层次分明的智能量测技术标准体系。截至 2023 年 12 月，国家电网有限公司智能量测技术标准体系包含国家标准 75 项、国家计量检定规程 16 项、国家计量校准规范 22 项、行业标准 112 项、团体标准 38 项、企业标准 143 项。

（一）标准体系框架

智能量测技术标准体系采用分层结构，主要由两个层次组成，如图 3-6 所示。按照智能量测业务流程和各子体系之间的内在关联性，智能量测技术标准体系第一层包括共性支撑、传感测量、信息采集和运维服务 4 个子体系。其中，共性支撑是基础、传感测量是核心、信息采集是关键、运维服务是保障，4 个子体系相互之间衔接配合，共同组成了统一、协调、先进的智能量测技术标准体系。在第一层子体系基础上，第二层进一步细分为通用要求、前瞻性技术、电能表等 15 个二级子体系。智能量测技术标准体系同样是需要随着技术进步和产业发展需求而不断优化调整的，所涉及的具体标准也需要及时更新完善，才能更好保障智能量测业务开展，保障系统安全。

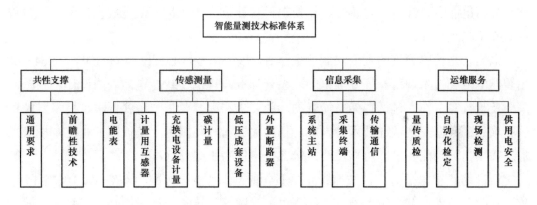

图 3-6　智能量测技术标准体系框架

（二）标准子体系

1. 共性支撑子体系

共性支撑子体系是智能量测技术标准体系的基础，包含通用要求和前瞻性技术 2 个二级子体系。

通用要求是智能量测技术标准体系的共性基础内容，包括术语定义、计量编码、通用设计规范等内容。通用要求子体系的核心标准为 Q/GDW 10347《电能计量装置通用设计规范》，适用于新建、改建、扩建电力工程中各电压等级电能计量装置的设计、审查和验收，包括 220V～1000kV 电能计量装置的设计原则、技术要求、设计计算、设计文件和通用设计典型方案等内容。

前瞻性技术是指未来可预见的新技术、新业务相关内容，主要包括量子计算、量子模拟、量子源、量子计量学、量子探测器和量子通信等内容。2024 年 1 月，国际电工委员会（IEC）和国际标准化组织（ISO）联合成立了量子技术联合技术委员会［IEC/ISO JTC 3（量子技术）］，主要工作范围是制定量子计算、量子模拟、量子源、量子计量学、量子探测器和量子通信等量子技术领域的标准，目前尚未公布其在量子测量领域的标准计划。2019 年 1 月，我国成立全国量子计算与测量标准化技术委员会（SAC/TC 578），主要负责全国量子计算与测量领域标准化技术归口工作，近年来组织开展了多项具有基础共性的量子测量和计量等技术的标准化研究，在量子重力测量、惯性测量、时频基准等方面，初步形成标准工作体系化布局，包括 GB/T 43737《量子测量术语》、GB/T 43735《量子精密测量中里德堡原子制备方法》、GB/T 43740《原子重力仪性能要求和测试方法》、GB/T 43784《单光子源性能表征及测量方法》和 GB/T 43785《光钟性能表征及测量方法》等。

2. 传感测量子体系

传感测量是建设高精度、高准确性和高可靠性的新型电力系统的重要基础。该子体系分为电能表、计量用互感器、充换电设备计量、碳计量、低压成套设备和外置断路器 6 个二级子体系。

电能表是传感测量的主要法制计量器具，该子体系核心标准为 Q/GDW 10364《单相智能电能表技术规范》等 6 项电能表系列标准，规范了智能电能表的设计、制造、采购及验收等工作，包括智能电能表的功能要求和配置要求、型式要求、技术要求和试验项目、数据安全认证技术等内容。标准关键指标与国际上其他国家相比，技术要求总体相当，功能要求、可靠性要求等部分指标高于国外标准。

计量用互感器是另一种法制计量器具，该子体系核心标准为 Q/GDW 10572.1《计量用互感器技术规范　第 1 部分：低压电流互感器》等 5 项计量用互感器系列标准，规范了计量用互感器的技术要求、结构要求、外形尺寸、试验方法、检验规则以及包装、运输与贮存等。标准关键指标与国际上其他国家相比，计量技术指标要求更高，检测试验项目多于国外标准。

充换电设备计量是为支撑电能替代业务发展而新增的法制计量器具，该子体系核心标准为 GB/T 29318《电动汽车非车载充电机电能计量》和 GB/T 28569《电动汽车交流充电桩电能计量》，这两项标准对电动汽车充电设施与电动汽车之间直流电能计量部分的技术要求、试验方法、检验规则做出了规定。与国际上电动汽车充电设施电能计量相关标准等文件相比，我国标准关键指标大多处于先进水平，部分指标与国外标准一致。同时，针对国内充电设施运营需求，相对于 IEC 标准还提出了差异化技术要求。

碳计量是"双碳"目标背景下的新兴计量技术。2021 年 7 月，中国电力企业联合会成立了电力低碳标准化系统工作组，该工作组主要负责归口管理电力低碳标准化体系研究，电力低碳基础通用、管理技术、市场交易、业务应用等方面的标准制修订，以及电力低碳领域国际标准化工作。2023 年 7 月，国家市场监督管理总局成立了全国碳达峰碳中和计量技术委员会电力计量分技术委员会，该分技术委员会主要负责开展电力行业碳达峰碳中和计量相关政策研究、有关国家计量技术规范制修订和计量比对等工作。该分技术委员会自成立以来，初步形成了电力行业碳计量技术规范体系，牵头起草《电力间接碳排放计量器具技术规范》《电力间接碳排放量计量系统技术规范》等 2 项国家计量技术规范。

低压成套设备是电能计量的配套测量设备，主要包括低压电能计量箱及箱内的电能表安装接插件等元器件，其核心标准包括 GB/T 7251.1《低压成套开关设备和控制设备　第 1 部分：总则》、GB/T 7251.2《低压成套开关设备和控制设备　第 2 部分：成套电力开关和控制设备》、GB/T 7251.3《低压成套开关设备和控制设备　第 3 部分：由一般人员操作的配电板（DBO）》、GB/T 7251.8《低压成套开关设备和控制设备　第 8 部分：智能型成套设备通用技术要求》、GB/T 11918.1《工业用插头插座和耦合器　第 1 部分：通用要求》、DL/T 1745《低压电能计量箱技术条件》、Q/GDW 11008《低压计量箱技术规范》。

外置断路器是传感测量的调控设备，外置断路器子体系核心标准为 Q/GDW 11421《电能表外置断路器技术规范》。该标准规定了工频 400V 及以下电能表外置断路器的使用条件、技术要求、试验方法等内容，适用于外置断路器的设计、制造、采购和验收。标准关键指标与国际上其他国家相比，技术要求总体相当，增加了控制方式等特殊技术要求。

3. 信息采集子体系

信息采集子体系是为了提升用电信息采集系统管理的规范化、标准化水平，保障用能信息的高效采集与安全控制，支撑综合能源等新兴物联数据的广泛接入，实现跨专业、跨领域业务融通和数据共享。该子体系又分为系统主站、采集终端和传输通信 3 个二级子体系。

系统主站包含前置、基座、业务微应用等部件，是对用电信息进行采集、处理和实时监控的系统，实现用电信息的自动采集、计量异常监测、电能质量监测、用电分析和管理、相关信息发布、分布式能源监控、智能用电设备的信息交互等功能。其核心标准包括 DL/T 698《电能信息采集与管理系统》和 Q/GDW 10373《用电信息采集系统功能规范》等标准。

采集终端是对各信息采集点的用电信息进行采集的设备，可以实现电能表数据的采集、数据管理、数据双向传输以及转发或执行控制命令等功能。用电信息采集终端按应用场所可分为专变终端（模组化）、专变采集终端、公变采集终端、集中抄表终端（包括集中器、采集器）、分布式能源监控终端等类型。其核心标准包括 DL/T 698《电能信息采集与管理系统》，以及 Q/GDW 10374《用电信息采集系统技术规范》、Q/GDW 10375《用电信息采集系统型式规范》、Q/GDW 10379《用电信息采集系统检验规范》等 21 项国家电网有限公司企业标准。

传输通信是信息采集系统的重要组成部分，其核心标准包括 T/CEC 337《2MHz～12MHz 低压电力线高速载波通信系统》、Q/GDW 11612《低压电力线高速载波通信互联互通技术规范》等系列标准。

4. 运维服务子体系

运维服务子体系规定了智能量测体系的运维管控要求，主要包括计量溯源、实验室检测、现场检测、用电安全、防窃电等内容。运维服务子体系按照业务场景可分为量传质检、自动化检定、现场检测、供用电安全 4 个二级子体系。

量传质检在国家电网有限公司智能量测体系的运维管控中扮演着至关重要的角色，相关标准涵盖了从基础的电压、电流、电阻测量到复杂的电能表、互感器、电容器等设备的检测、校准和检定相关规定。量传质检子体系核心标准为 GB/T 27025《检测和校准实验室能力的通用要求》，规定了实验室能力、公正性以及一致运作的通用要求。该标准等同采用于 ISO/IEC 17025《校准和测试实验室能力的一般要求》。ISO/IEC 17025 适用于所有从事实验室活动的组织，是目前国际上通行的最具权威性的实验室管理体系通则。

国家电网有限公司将自动控制、信息技术与计量检定实践相结合开展科研攻关，通过将科技成果转化为统一技术标准，在省级计量中心建成投运计量生产自动化系统，实现了计量器具人工检定到自动化检定的革命性跨越。计量器具自动化检定子标准体系包括计量生产调度平台及相关检定线体标准。其核心标准包括 GB/T 40343《智能实验室信息管理系统　功能要求》、GB/T 39556《智能实验室　仪器设备　通信要求》、GB/T 39555《智能实验室　仪器设备　气候、环境试验设备的数据接口》、DL/T 2597《电能表自动化检定系统技术规范》，以及 Q/GDW 1574《电能表自动化检定系统技术规范》、Q/GDW 11854《电能表自动化检定系统校准规范》等 12 项国家电网公司企业标准。

电能计量装置现场检测包括互感器现场检测、互感器二次回路现场测试、电能表现场检测、计量现场作业终端检测、现场作业防护装备检测，其核心标准包括 JJG 1021《电力互感器检定规程》、JJG 1189.3《测量用互感器　第 3 部分：电力电流互感器》、JJG 1189.4《测量用互感器　第 4 部分：电力电压互感器》、JJF 2041《互感器二次压降及二次负荷现场测试方法》、DL/T 448《电能计量装置技术管理规程》、DL/T 1664

《电能计量装置现场检验规程》、DL/T 1478《电子式交流电能表现场检验规程》、Q/GDW 11117《计量现场作业终端技术规范》等。

供用电安全主要通过现场安全用电检查、反窃电及异常用电预警技术，服务于电力企业和终端用户，保证社会用电的安全、合规、稳定。其核心标准包括 GB/T 43456《用电检查规范》、DL/T 2047《基于一次侧电流监测反窃电设备技术规范》，以及 Q/GDW 12026《用电检查仪技术规范》、Q/GDW 12176《反窃电监测终端技术规范》等 5 项国家电网有限公司企业标准。

（三）重点标准解读

标准 1：Q/GDW 10364《单相智能电能表技术规范》系列标准

随着能源转型深入推进，传统电力系统正在向新型电力系统演进，智能电能表是支撑新型电力系统建设的重要一环。为保障智能电能表具有更高的准确性、可靠性，满足分布式能源接入等越来越多的应用场景的功能性要求，需持续推进智能电能表标准化进程，系统性规范智能电能表的设计、生产和检测，更好地适应电网的发展，推进智能电能表技术水平的不断提升。

自 2009 年智能电能表全面推广以来，按照综合、成套、协调的原则和思路，以整体效益最佳为目标配套制定智能电能表系列标准。经过多次修订、补充和完善，目前形成了一整套涵盖智能电能表技术规范、功能规范、型式规范、数据安全认证技术规范等方面的系列标准。技术规范主要规定了智能电能表的技术要求和试验项目，为满足国际 IR46、IEC 标准以及国内 JJF 1245《安装式变流电能表型式评价大纲》和 GB/T 17215《电测量设备（交流） 通用要求、试验和试验条件》系列标准等标准要求，技术规范调整了智能电能表电流规格和有功准确度等级，增加了差模电流干扰、方波尖顶波高次谐波影响等试验项目，修改了温升、基本误差以及启动、潜动等试验方法，保证电能表技术指标和测试方法的全面性和科学合理性，并将智能电能表的寿命从 10 年提升至 16 年，为推进电能表可靠性水平提供支撑。功能规范规定了智能电能表的功能要求和配置，规定和统一了电流名称和电能表准确度等级，提出了支持更多小数位数的电量存储、事件记录由跟随上报改为主动上报、负荷记录存储深度等多项功能要求，为支撑智能电能表与国际接轨、规划和部署多应用场景以及适应国家政策要求提供基础支撑。型式规范规定了智能电能表的规格要求、环境条件、显示要求、外观结构、安装尺寸、材料及工艺等型式要求，取消基于 DL/T 645《多功能电能表通信协议 》的电能表表型以及不带模块的费控智能电能表、取消射频卡相关电能表表型，完善电能表标识，修改液晶显示字符内容及布局等内容。安全认证技术规范规定了费控智能电能表的费控要求、数据交换安全认证所涉及的数据结构和操作流程，增加了数据传输保护方式、广播校时等功能，修改了嵌入式安全模块（ESAM）和卡片的文件结构、远程认证和密钥更新的流程，修改了费控功能检测的相关内容等。技术规范、功能规范、型式规范和安全认证技术规范四部分内容相辅相成，共同为指导智能电能表的设计、制造、采购及验收等工作提供依据。

该系列标准在电力计量领域得到广泛应用，规范了智能电能表生产、安装和使用，使智能电能表均具备精准电能计量、数据存储等基础功能，为电力市场的公平、透明交易提供了有力支持；采用技术手段满足客户多元化需求，引导客户合理用电，保障社会用电秩序，实现电力供应稳定可靠、经济安全；提高用电营销服务水平，满足分布式能源接入、能效管理、需求侧响应等多业务场景的需要。该系列标准为支撑国家电力现货市场建设、实施电价改革，优化全社会用电方式和提高用电效率，减少发电装机容量、电网建设资金投入、发电燃料消耗，实现能源、经济和环境的协调发展做出贡献。

标准2：DL/T 698《电能信息采集与管理系统》系列标准

新型能源体系下，海量居民用户个性化用能需求、分布式电源及充放电设施接入电网、虚拟电厂及负荷聚合商参与电力市场交易等各类新兴用电场景不断涌现，用电信息采集系统中的电源结构、运行环境、负荷特性、设备类型、平衡模式等均迎来深刻变化，采集系统对用电数据高频实时采集、多源设备接入及调控以及对数据采集系统的数字化、智能化、物联化、可控化发展提出更高要求。

DL/T 698《电能信息采集与管理系统》系列标准自2010年发布至今，经过多次修订、补充。该系列标准最初规定了电能信息采集与管理系统的结构、基本功能和性能、主站技术规范、采集终端技术规范等内容，2016年增加通信协议要求和测试技术要求，2021增加软件要求。目前该系列标准已发布6部分共计16项子标准（见图3-7），与

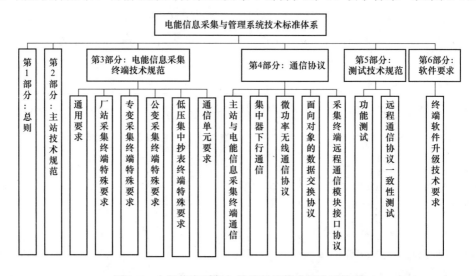

图3-7　电能信息采集与管理系统技术标准子体系

兼具特异性的国家电网有限公司企业标准 Q/GDW 10379《用电信息采集系统检验规范》系列标准（见图 3-8）配套使用，能够指导主站、采集终端、通信单元等开发、制造、检验、运维等工作。

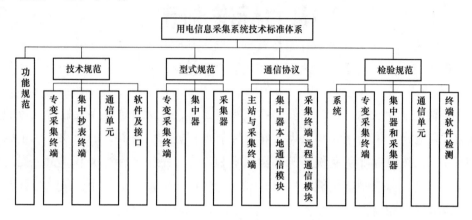

图 3-8 用电信息采集系统技术标准子体系

该系列标准的制定能够支撑测量数据智能化采集、分析与应用，满足量测数据的高效传输与数字化管理的需要，推动计量数字化转型与计量数据安全有序流动。未来，将在新能源接入、柔性调控、电动汽车有序充电等方面开展深入研究，不断完善采集系统标准体系建设，提升采集系统多场景、多业务数据采集感知及支撑能力，满足新型电力系统及新型能源体系建设需要。

第四章

电力标准制定

标准制定是标准化工作的重要内容，影响面大、政策性强，不仅包含大量的技术工作，而且包含大量的组织和协调工作。标准是相关方广泛参与的产物，在市场经济条件下，严格按照标准研制程序开展标准研制工作，是保障标准编制质量，提高标准技术水平，缩短标准制定周期，实现标准制定过程面向需求、公平公正、公开透明、协商一致的基础和前提。

第一节　电力标准的制定程序

标准制定程序是指在标准制定活动中，相关参与方所必须遵守的步骤和顺序。根据标准形成的规律，并为获得不同层面的认可，标准制定程序通常会被划分为多个不同的阶段。ISO 标准的制定程序包括预备、提案、起草、委员会、询问、批准和发布七个阶段。根据修订后于 2023 年 3 月实施的《国家标准管理办法》，我国国家标准的制定包括项目提出、立项、组织起草、征求意见、技术审查、对外通报、编号、批准发布共八项工作。根据 GB/T 16733《国家标准制定程序的阶段划分及代码》，常规的国家标准制定程序包括九个阶段，即预备阶段、立项阶段、起草阶段、征求意见阶段、审查阶段、批准阶段、发布/出版阶段、复审阶段和废止阶段。

一、标准制定程序类型

标准制定程序一般分为常规程序和快速程序两类。

1. 常规程序

综合前述标准制定程序不同的划分方法和相关规定，本节将国家标准制定程序划分为九个阶段，即预备阶段、立项阶段、起草阶段、征求意见阶段、审查阶段、批准阶段、发布/出版阶段、复审阶段和废止阶段。行业标准的制定程序阶段划分一般与国家标准的相同。根据 GB/T 20004.1—2016《团体标准化　第 1 部分：良好行为指南》的规定，团体标准制定程序可分为七个阶段，包括提案阶段、立项阶段、起草阶段、征求意见阶段和审查阶段、通过和发布阶段、复审阶段。根据 GB/T 35778—2017《企

业标准化工作 指南》的规定，企业标准制定程序可分为立项、起草草案、征求意见、审查、批准、复审和废止七个阶段。企业可根据自身特点，对本企业标准的制定程序进行特殊规定。

国家标准制定程序的阶段划分见表 4-1。

表 4-1　　　　　　　　　　　国家标准制定程序的阶段划分

阶段代码	阶段名称	阶段成果
00	预备阶段	PWI（项目建议书）
10	立项阶段	NP（新工作项目）
20	起草阶段	WD（征求意见稿）
30	征求意见阶段	CD（征送审稿）
40	审查阶段	DS（报批稿）
50	批准阶段	FDS（标准发布稿）
60	发布/出版阶段	GB、GB/T、GB/Z
90	复审阶段	修改、修订、继续有效
95	废止阶段	废止

而各阶段又包括"登记""主要工作开始""主要工作结束"和"决定"4 个分阶段，其中，"决定"分阶段包括"返回前期阶段""重复目前阶段""终止项目"和"进入下一个阶段"4 种可能性，见表 4-2。

表 4-2　　　　　　　　　　　国家标准制定程序的分阶段及代码

阶段	分阶段						
	00 登记	20 主要工作开始	60 主要工作结束	90 决定			
				92 返回前期阶段	93 重复目前阶段	98 终止项目	99 进入下一个阶段
00 预备阶段	00.00 技术委员会或部门收到新工作项目建议	00.20 审查新工作项目建议	00.60 通过新工作项目建议			00.98 不采纳新工作项目建议	00.99 向标准化主管部门报送项目建议书（PWI）
10 立项阶段	10.00 标准化主管部门登记项目建议书	10.20 审查项目建议书	10.60 标准化主管部门提出审查意见	10.92 项目建议书返回提出者进一步明确		10.98 否决项目建议书	10.99 标准化主管部门批准项目建议书，下达新工作项目（NP）计划
20 起草阶段	20.00 部门或技术委员会登记新工作项目	20.20 成立工作组，起草标准草案	20.60 提出标准征求意见稿			20.98 项目终止	20.99 完成标准征求意见稿（WD）

续表

阶段	分阶段						
	00 登记	20 主要工作开始	60 主要工作结束	90 决定			
				92 返回前期阶段	93 重复目前阶段	98 终止项目	99 进入下一个阶段
30 征求意见阶段	30.00 部门或技术委员会登记标准征求意见稿	30.20 技术委员会分发标准征求意见稿	30.60 提出意见汇总处理表	30.92 返回至 20 阶段		30.98 项目终止	30.99 完成标准送审稿（CD）
40 审查阶段	40.00 部门或技术委员会登记标准送审稿	40.20 初审	40.60 提出审查意见和结论	40.92 标准送审稿被退回	40.93 重新审查标准送审稿	40.98 项目终止	40.99 完成标准报批稿（DS）
50 批准阶段	50.00 部门、标准化主管部门登记标准报批稿	50.20 部门审核	50.60 标准专业审评机构提出审核意见	50.92 标准报批稿被退回		50.98 项目终止	50.99 标准化主管部门批准标准发布稿（FDS）
60 发布/出版阶段	60.00 标准化主管部门以公告形式发布，出版单位登记标准发布稿	60.20 标准出版单位对标准发布稿进行编辑性修改	60.60 国家标准正式出版				
90 复审阶段		90.20 国家标准定期复审	90.60 提出复审结论	90.92 国家标准将被修订	90.93 确认国家标准继续有效		90.99 技术委员会或部门提议废止国家标准
95 废止阶段							95.99 标准化主管部门公告废止标准

注　表中"标准化主管部门"是"国务院标准化行政主管部门"的简称。

2. 快速程序

（1）快速程序的划分和范围。快速程序（代号：FTP）分为 B 程序和 C 程序两类，即在正常标准制定程序（程序类别代号：A）的基础上省略起草阶段（程序类别代号：B）或省略起草阶段和征求意见阶段（程序类别代号：C）。

快速程序适用于已有成熟标准草案的项目，如等同采用、修改采用国际标准或国外先进标准的标准制修订项目和对现有国家标准的修订或我国其他各级标准的转化项目。快速程序特别适用于变化快的技术领域（如高新技术领域）。国家标准化管理委员会发布的《2023 年国家标准立项指南》指出："针对市场急需、消费需求大的新技术新产品,优先适用国家标准制定快速程序,缩短研制周期。"

(2)采用快速程序的情况。根据我国国家标准制修订工作的具体情况及我国标准化工作的管理体制,申请采用快速程序制定国家标准,可分为以下4种情况:

1)对于等同采用或修改采用国际标准制定国家标准的项目,依据等同采用或修改采用的要求,可将国际标准转化后的标准草案直接作为国家标准的征求意见稿,分发征求意见,即采用B程序(项目类别代号:1)。

2)对于等同采用或修改采用国外先进标准制定国家标准的项目,依据等同采用或修改采用的要求,可将国外先进标准转化后的标准草案直接作为国家标准的征求意见稿,分发征求意见,即采用B程序(项目类别代号:2)。

3)对于现行国家标准的修订且修改内容不多的项目,可采用C程序(或B程序)(项目类别代号:3)。

现行国家标准的修订项目,可在原国家标准的基础上提出相应的成熟标准草案,直接作为国家标准送审稿进行审查,即采用C程序;或直接作为征求意见稿发至各有关单位征求意见,即采用B程序。

4)对于现行其他标准转化为国家标准的项目,可采用C程序(或B程序)(项目类别代号:4)。现行行业标准(或团体标准、地方标准、企业标准)经过若干年的贯彻实施后,如需转化为国家标准,可将该行业标准(或团体标准、地方标准、企业标准)根据转化为国家标准的要求在技术内容及编写方面作必要的修改、补充、完善后,若技术内容变化不多则直接作为国家标准送审稿进行审查,即采用C程序;或作为征求意见稿,发至各有关单位征求意见,即采用B程序。

(3)快速程序的制定程序。申报快速程序的项目在预备阶段和立项阶段应严格审批。提案方应在项目建议书中说明拟采用快速程序的理由,由技术委员会在项目建议书上标示,并由国务院标准化行政主管部门(简称标准化主管部门)在立项阶段下达项目计划时注明"FTP-B"或"FTP-C"字样。

1)FTP-B程序。FTP-B程序是在常规程序的基础上省略起草阶段的简化程序,其流程如图4-1所示。

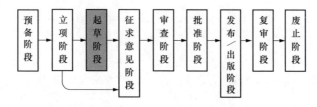

图4-1 FTP-B程序流程图

2)FTP-C程序。FTP-C程序是在常规程序的基础上省略起草阶段和征求意见阶段的简化程序，其流程如图 4-2 所示。

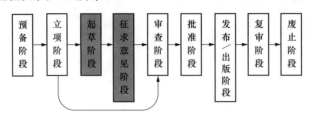

图 4-2　FTP-C 程序流程图

在执行国家标准计划过程中，如需由快速程序转为常规程序，或由常规程序转为快速程序，应按要求填写"国家标准计划项目调整申请表"，由标准化主管部门对国家标准计划的内容进行调整。

对于采用快速程序的项目，除省略阶段外，其他阶段仍应严格按标准制定程序的有关规定执行，不可省略或简化。

二、标准制定程序文件

标准制定程序中涉及的文件有三类。

1. 标准草案

标准草案包括标准征求意见稿（WD）、标准送审稿（CD）、标准报批稿（DS）和标准发布/出版稿（FDS）等类型。标准草案的结构和编写应遵照 GB/T 1《标准化工作导则》、GB/T 20000《标准化工作指南》、GB/T 20001《标准编写规则》和 GB/T 20002《标准中特定内容的起草》等系列标准的规定。

即使是在同一阶段中的标准草案，也会因为分阶段的技术讨论而出现不同的版本。某一阶段形成的标准草案的最终版本，通常需要提交并申请批准该文件成为下一阶段的标准草案或标准。

2. 标准

标准是在标准草案的基础上形成的，由标准化主管部门批准并以特定形式发布作为共同遵守的准则和依据的文件。

3. 工作文件

工作文件是指标准制定过程中形成的除标准草案和标准之外的其他文件。例如：

——项目建议书（PWI）、新工作项目（NP）；

——编制说明（包括试验验证技术报告等附件）、会议纪要；

——征求意见反馈表、投票单、结论表、意见汇总处理表；

——国际标准的原文和译文；

——标准报批公文、标准报批文件清单、标准申报单、强制性标准通报表等。

三、制定标准的程序

(一)预备阶段

预备阶段是标准化研究机构开始制定一项新标准的起点,技术委员会(或相关机构,以下统称技术委员会)是这一阶段的主体。在这一阶段,技术委员会甄选提案方提出的项目建议,并考虑是否向标准化主管部门上报项目建议书(或称项目提案)。预备阶段也称前期研究阶段。

预备阶段的主要工作是提出并评估项目建议,完成评估后技术委员会应做出下列决定之一:

——终止项目。技术委员会未通过项目建议的评估,不采纳该项目建议。

——进入立项阶段。技术委员会通过项目建议的评估,采纳项目建议,并向标准化主管部门报送基于该项目建议完成的项目建议书。

1. 准备工作

提案方向技术委员会申报项目建议前,应依次进行下列准备工作:

——拟订标准内容提要(范围、主要技术内容);

——确定制定标准的原则和依据;

——必要性论证;

——可行性论证;

——编制标准建议稿或标准大纲。

通过上述工作,可对项目建议的必要性、可行性有一个明确的认识,同时,对制定标准的工作量、工作难度与解决方案、工作的安排有一个较全面的了解,对下一步标准制定工作的开展将起到事半功倍的效果。

进行项目建议必要性、可行性论证的目的,在于弄清制定标准的时机是否已成熟、条件是否已具备,制定标准的目的和意义,制定的标准实施后所取得的效益,标准内容的初步估计等。

论证的方法主要是进行广泛调查研究,收集各种标准资料、生产经验总结、有关的科研成果、生产和使用中存在的问题及解决办法等。通过对上述资料的综合研究,对比分析,明确下列几个问题:

(1)制定标准的时机。制定标准的时机应是经过试验验证在技术上可行,并能产生规模效益,即技术上已趋于成熟。如果不是这种情况,就不宜制定标准。

在确定制定标准的时机时应考虑技术的成熟程度,就是要考察在现有技术条件下能实现标准化目标的可能性。标准化对象的技术基础是否充分,会极大地影响标准化活动的难易程度。应考虑所选技术是否符合主流技术的发展方向,有没有相类似的技术可以替代，有没有专利风险，以及相应的技术领域是否开展过标准化活动，是否进行过试验和验证工作，做过的试验验证报告是否能支撑有关的技术内容。

（2）经济、社会效益分析。对完成该标准化项目带来的经济效益和社会效益进行量化分析，如计算在未来合理的时间内不制定该标准所造成的损失等。制定标准的时机应是经济发展最需要的时期，即能带来最大的经济和社会效益的时期。错过这个时机，经济效益、社会效益就会相应降低或受到损害。

（3）时效性分析。包括通过对标准所涉及技术的评估和预测，分析由于技术进步的影响，标准项目实施的有效性是多久；通过分析其他领域或组织的需求，判断拟开展项目需要开展的紧迫程度；现在制定项目是不是一个恰当的时间，是否已经充分估计了技术的预期发展状况，从而能够按照预定日程完成标准的制定工作。

（4）标准的需求程度分析。标准化对象的"需求"是指用户和市场对该标准化活动的需要程度，可以从技术、管理和公共领域等角度分析制修订该项标准的作用和影响。这些作用和影响是否能准确及时地反映市场需求，如优化产业结构，提高产品、工程、服务质量，提升安全水平，淘汰落后产能和促进贸易等。

（5）制定标准的目的和用途。制定标准的目的和用途在于为什么要制定该标准，它解决的是什么样的问题。例如：是否能够促进贸易，保护消费者权益，保证接口、互换性、兼容性或相互配合，改善安全和健康，保护环境等；能解决到什么程度，实施标准后能取得多大的技术进步，不制定标准会造成多大影响；与此相关的法规、标准有哪些，哪些标准已制定，哪些标准还未制定等。

（6）明确标准的适用范围。标准的适用范围是与它影响和涉及的面相适应的，适用的范围有多大，影响和涉及的面就有多大。如仅在一个行业内适用的标准，不宜制定为国家标准，制定为行业标准或团体标准即可。

2. 制定标准的条件

在确定制定标准的条件时应考虑：

（1）有适当的起草标准的单位。制定标准是一项技术性、综合性很强的科研工作。因此，起草标准单位的业务范围应与标准涉及的内容相适应，要对标准涉及的专业性理论研究和试验技术都有一定的基础、有一定的权威，对标准中技术发展趋势、国内外的生产水平和使用要求、当前存在的问题和解决办法都比较了解，并具备进行有关试验验证的能力。起草标准的单位可以是科研单位、生产企业，也可以是高等院校或标准使用单位。要结合标准内容，选定适当的单位为主要起草单位、参加起草单位、试验验证单位，确保能胜任所承担或安排的任务。

（2）有充足的资料。标准内容是否完整、全面、准确、合理，很大程度上依靠对收集来的资料的整理、归纳、分析、对比。因此，要尽量收集有关的国内外标准资料，包括国际标准、区域标准、国家标准、行业标准、地方标准、团体标准、企业标准以及可供参考的产品说明书等，要收集有关科研成果报告、论文，收集有关生产、使用的现状经验，总结存在问题的解决办法等文件；对收集来的国外资料，应吃透原文，弄清来龙去脉，才能恰当取舍。

（3）有协调配套的措施。当前，科学技术在各专业领域间广泛交叉渗透，使得一项标准同其他有关标准有着密切的联系。因此，在制定标准时，除要求与有关标准统一、协调外，还要求相互配套使用的标准同期制定、同期颁布、同期实施。否则，这项标准便无法贯彻实施。所以，在编制项目建议时，应考虑配套使用的标准是否同时列入计划。

3. 项目建议的评估

对项目建议进行评估的工作主要由技术委员会来完成，技术委员会接收并登记来自个人、利益相关方以及标准化机构的成员提交的项目建议后，应依据经济和社会发展的需要，通过召开会议、寄送信函等形式，对项目建议进行必要性、可行性论证评估。技术委员会应根据评估结果，决定是向标准化主管部门申报基于该项目建议完成的项目建议书，还是不予采纳该项目建议。

评估时，要考虑项目建议与四种文件的关系。①与现行标准的关系。例如，如果存在相应的国际标准适用于我国，就可以基于现有的国际标准制定国家标准。②与相关法律法规的关系。如果项目建议提案拟用于支撑现行法律法规，就需要做出说明，尤其是强制性国家标准必须要有明确的法律法规依据。③与专利的关系。项目建议方如果得知项目中采用的技术方案涉及某项专利，需要给予明示，并提供相应的专利信息及证明材料。④对于其他重要参考文献的说明。项目建议方如果使用了具有重要价值的参考文献，需要提供相关信息。

4. 申报项目建议书

技术委员会在评估项目建议后，若决定采纳该项目建议并开展新工作项目，就应按评估的内容准备项目建议书并上报给标准化主管部门。

项目建议书由技术委员会填写完成，其内容包括建议项目名称、建议起草单位信息、标准类别、制定或修订情况、是否采用国际标准及一致性程度、进度安排、是否采用快速程序、对应的国内外标准情况、专利识别和项目成本预算等，以及项目的必要性、可行性等内容。可以说，项目建议书反映了项目建议的主要内容，以及技术委员会对项目进行研究和评估的结果。

项目建议书应附有标准建议稿或标准大纲，以供标准化主管部门详细了解拟规定的主要技术要求。标准建议稿应具有较完整的标准结构，包括章条标题和规范性要素的技术内容。当项目建议涉及以国际标准为基础起草我国标准或修订现行标准的项目时，应给出标准建议稿。标准大纲应给出标准的名称和基本结构，列出主要章条的标题，并对所涵盖的技术内容进行说明。

技术委员会提交申报的项目建议书，应当按照有关规定，经全体委员讨论通过。全国专业标准化技术委员会申报的项目，应提前征求有关部门、行业的意见。行业部门、省级标准化行政主管部门组织申报的项目，应提前与相关部门、行业和技术委员会沟通协调。

（二）立项阶段

立项阶段为标准化主管部门审查项目建议书，决定是否开展标准制修订工作，下达新工作项目（NP）计划的阶段。立项阶段的主要工作是审查项目建议，并提出审查意见，决定是否进入下一标准制定程序。

标准化主管部门收到立项建议后，对申报的项目建议书进行初审，组织专业审评机构对项目进行评估，并在标准制修订计划项目确定之前，向社会公开征求意见，征求意见期限一般不少于 30 日。必要时，可以书面征求有关部门意见。

专业审评机构主要从以下几个方面开展评估，并提出评估建议。

（1）本领域标准体系情况；

（2）标准技术水平、产业发展情况以及预期作用和效益；

（3）是否符合法律、行政法规的规定，是否与有关标准的技术要求协调衔接；

（4）与相关国际、国外标准的比对分析情况；

（5）是否为农业、工业、服务业以及社会事业等领域需要在全国范围内统一的技术要求；

（6）是否有利于便利经济贸易往来，支撑产业发展，促进科技进步，规范社会治理，实施国家战略。

标准化主管部门根据项目评估建议和征求意见情况，经过审查和协调，做出下列决定：

——否决项目建议，终止项目。

——批准标准制修订计划项目，并下达给相关技术委员会和相关机构。标准制修订计划项目没有归口技术委员会的，由标准化主管部门指定业务相关的技术委员会，或者成立新的技术组织，来负责标准编制工作。

项目计划下达后，强制性国家标准从计划下达到报送报批材料的期限一般不得超过 24 个月，推荐性国家标准从计划下达到报送报批材料的期限一般不得超过 18 个月。国家标准不能按照项目计划规定期限内报送的，应当提前 30 日申请延期。强制性国家标准的延长时限不得超过 12 个月，推荐性国家标准的延长时限不得超过 6 个月。无法继续执行的，国务院标准化行政主管部门应当终止国家标准计划。

（三）起草阶段

起草阶段为技术委员会成立标准起草工作组（WG），由工作组起草标准技术内容并完成标准征求意见稿（WD）的阶段。起草阶段的主要工作是工作组按照立项时界定的范围起草标准草案，并形成最终征求意见稿。

起草阶段的工作流程如图 4-3 所示。

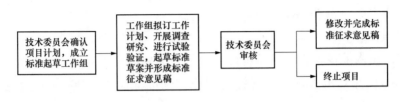

图 4-3　起草阶段流程图

1. 成立标准起草工作组

标准计划项目下达后，技术委员会将组织标准起草单位的代表组成标准起草工作组，工作组的组成应体现权威性、代表性，成员应具有较丰富的专业知识和实践经验，熟悉业务，了解标准化工作的相关规定并具有较强的文字表达能力。鼓励相关科研技术人员参与标准起草工作。

2. 拟订工作计划

工作组成立以后，应首先制订工作计划，内容包括：标准名称和范围的确定；制定标准的主要工作内容；工作安排及计划进度；工作组内部分工，调研计划及试验验证初步安排；协作项目和经费预算等。

3. 开展调查研究

工作组应首先广泛收集与起草标准有关的资料并加以研究、分析。例如：国内外标准资料；国内外的生产概况，达到的水平；生产企业的生产经验，存在的问题及解决的方法；相关的科研成果、专利；国内外产品样品、样机的有关数据对比及产品说明书等。

其次，对标准中存在的关键问题或难点问题，可选择具有代表性、典型性调查对象进行有针对性的调查研究。例如：深入生产实际，摸清现实生产状况；或走访相关单位，广泛征求意见等。其目的是准确把握问题产生的根源、影响并找出解决问题的方法。

4. 安排试验验证项目

工作组对需要进行试验验证才能确定的技术内容或指标，应选择有条件的单位进行试验验证，并提出试验验证报告和结论。试验验证前，应先拟订试验大纲，确定试验的目的、要求、对象、方法，试验中使用的仪器、设备、工具及应注意的事项等，以确保试验验证的可靠性和准确性。

5. 完成标准草案

工作组应依照工作计划开展标准起草工作，对标准制定的目的进行确认，与国际相关标准进行比对，对相关事宜进行调查分析，在完成技术指标的试验和验证工作的基础上确认标准草案的内容和结构，并依据 GB/T 1《标准化工作导则》、GB/T 20000《标准化工作指南》、GB/T 20001《标准编写规则》和 GB/T 20002《标准中特定内容的起草》的要求进行编写和不断完善。

工作组对标准草案达成一致意见后，可向技术委员会报送标准草案最终稿等有关文件，并申请技术委员会将标准草案最终稿登记为标准征求意见稿（WD）。若是采用国际标准制定国家标准的项目，还需要提交国际标准原文和译文。技术委员会若确认报送的标准草案最终稿可以登记成为标准征求意见稿，则可进入征求意见阶段。

如果工作组在编写标准草案主体框架的过程中，发现并确认该项目存在不宜继续制定的因素，则由工作组向技术委员会提出建议项目终止的申请。若技术委员会同意关于终止项目的建议，向标准化主管部门提出相关申请，由标准化主管部门决定是否终止。

起草标准草案时应同时完成配套的编制说明及有关附件。起草阶段完成的编制说明应包括但不限于以下内容：

——工作简况，包括任务来源、制定背景、起草过程等；

——标准编制原则、主要内容（如技术指标、性能要求、试验方法、检验规则等）及其确定依据，修订标准时，还包括修订前后技术内容的对比；

——试验验证的分析、综述报告，技术经济论证，预期的经济效益、社会效益和生态效益；

——与国际、国外同类标准技术内容的对比情况，或者与测试的国外样品、样机的有关数据对比情况；

——以国际标准为基础的起草情况，以及是否合规引用或者采用国际、国外标准，并说明未采用国际标准的原因；

——与有关法律、行政法规及相关标准的关系；

——重大分歧意见的处理经过和依据；

——涉及专利的有关说明；

——实施标准的要求，以及组织措施、技术措施、过渡期和实施日期的建议等措施建议；

——其他应当说明的事项，如与其他文件的关系、涉及专利的处理等。

（四）征求意见阶段

征求意见阶段为技术委员会对标准征求意见稿征集意见的阶段。征求意见阶段的主要工作是分发征求意见稿，并处理反馈意见。技术委员会是这一阶段工作的主体。

1. 广泛征求意见

技术委员会向其所有成员和有关利益相关方分发标准征求意见稿，并通过公开渠道（如在网络或公开的媒体上）征求意见。标准征求意见稿和编制说明应当通过有关门户网站、全国标准信息公共服务平台等渠道向社会公开征求意见，同时向涉及的其他国务院有关行政主管部门、企业事业单位、社会组织、消费者组织和科研机构等相关方征求意见。能源行业标准征求意见稿起草完成后，标准技术归口单位应向国家能源局相关职能司，以及行业主要生产、经销、使用、科研、检验等单位及高等院校广泛征求意见。

征求意见时应明确征求意见的期限，标准公开征求意见期限一般不少于30日。征求意见阶段由技术委员会分发的文件包括：

——技术委员会关于标准征求意见的通知，用于技术委员会向成员及有关利益相关方告知征求意见事宜；

——标准征求意见稿，用于向技术委员会成员以及有关利益相关方征求意见；

——编制说明及有关附件，用于被征求意见人员了解标准草案的制定情况；

——征求意见反馈表，用于被征求意见人员填写反馈意见。

若是采用国际标准制定国家标准的项目，还应附上国际标准原文和译文。

2. 意见的反馈与处理

被征求意见的成员及有关利益相关方应在规定期限内回复意见，如没有意见也宜复函说明，逾期不复函，技术委员会可按无异议处理。若成员及有关利益相关方对征求意见稿存在重大异议，还需要具体说明理由或依据。

技术委员会收到成员及有关利益相关方的意见后，进行汇总，并返回工作组进行处理。工作组应对反馈回来的意见进行归纳、整理，逐条提出处理意见。对意见的处理，大致可采取下列几种情况：

——采纳；

——部分采纳（说明理由或根据）；

——未采纳（说明理由或根据）；

——待试验验证后确定，并安排试验项目、试验需求以及工作计划。

对意见的处理应填写在"意见汇总处理表"中，并要在其中准确体现章条编号、意见或建议，提出单位的名称和处理情况等信息。

征求意见阶段根据不同项目的实际情况，可能会出现反复。如果第一次征求意见反馈意见较多，特别是涉及重要技术指标争议较大时，可以在一定范围内进行第二轮意见征集。多数情况下，比较成熟的修订标准或采用国际/国外标准起草的标准征求意见，一般一次征求意见即可。

依据反馈意见修改征求意见稿，条款、图表有增删时，条款、图表的顺序号也需更改；其他条款中有引用这些条款、图表的，顺序号也要相应调整。同时，对标准征求意见稿编制说明涉及的相应内容也需做相应的修改。

3. 形成标准送审稿

标准起草工作组处理反馈意见，完成标准送审稿最终稿后，向技术委员会提出进入审查阶段的申请，并报送有关文件。这些文件包括标准送审稿、征求意见阶段主要工作内容和重大技术修改处理意见的编制说明及有关附件（如试验验证报告）、意见汇总处理表等。采用国际标准制定标准的项目，还应报送国际标准原文和译文。

（五）审查阶段

审查阶段为技术委员会对标准送审稿进行审查并提出审查意见和结论的阶段。审查阶段的主要工作是技术委员会对标准送审稿组织会审（或函审），在审查协商一致的基础上形成标准报批稿和审查会议纪要（或函审结论）。

标准送审稿的审查，凡已成立技术委员会的，由技术委员会采用会议形式对标准送审稿开展技术审查，重点审查技术要求的科学性、合理性、适用性、规范性。审查会议应当提交全体委员表决，参加投票的委员不得少于 3/4。参加投票委员 2/3 以上赞成，且反对意见不超过参加投票委员的 1/4，方为通过。

未成立技术委员会的，由标准化主管部门或其委托的技术归口单位组织成立审查专家组采用会议形式开展技术审查。审查专家组成员应当具有代表性，由生产者、经营者、使用者、消费者、公共利益方等相关方组成，人数不得少于 15 人。审查专家应当熟悉本领域技术和标准情况。技术审查应当协商一致，如需表决，则参加表决者的 3/4 以上同意为通过。标准起草人员不得承担技术审查工作。

能源领域行业标准包括电力行业标准的审查，技术委员会审查或技术归口单位审查，都要求必须有全体代表的 3/4 以上同意方为通过。

审查会议应当形成会议纪要，并经与会全体专家签字。会议纪要应当真实反映审查情况，包括会议时间地点、会议议程、专家名单、具体的审查意见、审查结论等。

技术审查不通过的，应当根据审查意见修改后再次提交技术审查。如果需要延长制定周期，应向标准化主管部门提出延期申请。技术审查不通过且无法协调一致的，可以提出计划项目终止申请。如果申请被批准，则该项目终止。

1. 送审稿审查的基本要求

标准送审稿应符合或达到预定目的和要求，与有关法规或强制性标准的要求应一致，与有关国际标准应协调，应贯彻技术标准的措施和建议，以及技术标准实施的过渡办法等。送审稿的审查，实质上是对技术标准内容的协调和优选过程，要认真听取各方面意见，充分进行民主讨论和协商，特别是对反对意见必须慎重对待，即使是个别意见，只要有一定论据，也不要轻易否定，使技术标准能充分反映各方面利益，获得最大范围的拥护。

2. 会议审查的组织

会议审查时，组织者至少应在会议前 1 个月将会议通知、标准送审稿、编制说明及有关附件、意见汇总处理表等提交参加标准审查会议的部门、单位和人员。标准的起草人不能参加表决，其所在单位的代表不能超过参加表决者的 1/4。

会议审查，应写出会议纪要，并附参加审查会议的单位和人员名单及未参加审查会议的有关部门和单位名单。会议纪要应如实反映审查情况，包括审查结论。负责起草单位，应根据审查意见提出标准报批稿。标准报批稿和会议纪要应经与会代表审议通过。

3. 函审

函审时，组织者应在函审表决前 2 个月将函审通知、标准送审稿、编制说明及有关附件、意见汇总处理表、函审单提交给参加函审的部门、单位和人员。函审应写出函审结论，并附函审单。函审的表决要求与会审相同。

4. 报批阶段

标准送审稿通过审查后由标准起草工作组进一步完善形成标准报批稿（DS）。经技术委员会确认后，向标准化主管部门报送报批稿等相关材料。在国家标准制定程序中，如果全国专业标准化技术委员会由国务院有关行政主管部门或有关机构领导与管理，则应由国务院有关行政主管部门或有关机构对报批稿及相关工作文件进行审核，通过后方可进入批准阶段。

5. 报送相关材料

报批需提交的文件包括：

（1）标准报送公文；

（2）标准报批稿；

（3）编制说明；

（4）意见汇总处理表；

（5）审查会议纪要（或函审结论）；

（6）需要报送的其他材料（如采用国际、国外标准的原文和译文，涉及专利标准相关材料等）。

（六）批准阶段

批准阶段为标准化主管部门对标准报批稿及相关工作文件进行审核和批准的阶段。批准阶段的主要工作是委托标准专业审评机构审核报批稿及相关工作文件并提出审核意见，标准化主管部门做出是否批准发布的决定。

标准化主管部门委托标准专业审评机构对标准的报批材料进行审核。标准专业审评机构应当审核下列内容：

——标准制定程序、报批材料、标准编写质量是否符合相关要求；

——标准技术内容的科学性、合理性，标准之间的协调性，重大分歧意见处理情况；

——是否符合有关法律、行政法规、产业政策、公平竞争的规定。

1. 程序审查

根据《国家标准管理办法》《全国专业标准化技术委员会管理规定》等有关要求，对标准制修订过程是否符合程序要求进行判定。程序审查主要包括：征求意见的范围和意见处理情况；标准审查会参会代表情况；审查意见处理及投票表决情况；重要意见或重大分歧意见处理结果和依据等。

2. 标准内容审查

根据《国家标准管理办法》及 GB/T 1《标准化工作导则》、GB/T 20000《标准化工作指南》、GB/T 20001《标准编写规则》和 GB/T 20002《标准中特定内容的起草》等系列基础性标准，从标准化原则及规范等角度对标准报批稿的内容进行审查，对存在的问题提出修改意见。重点包括标准技术内容的科学性和合理性、标准的协调性、标准的规范性等。

3. 标准化主管部门批准

在批准阶段，标准化主管部门将做出下列决定之一：

——返回前期阶段。发现程序不符合规定或存在需要协调的问题，将报批稿及相关工作文件退回技术委员会，返回至前期阶段。

——终止项目。发现项目存在不宜继续的因素。

——进入发布/出版阶段。经审核，报批稿及相关工作文件满足制修订程序的要求，不存在重大原则性问题，不存在与当前国家政策不符或不同部门之间沟通协调不充分等问题，由标准化主管部门批准报批稿成为标准，给予标准编号后纳入标准批准发布公告。将标准发布稿转至标准出版机构。

（七）发布/出版阶段

获批准的标准，一般由标准化主管部门通过公告的形式进行发布。强制性国家标准由国务院批准发布或者授权标准化主管部门批准发布。

批准发布后的标准，统一由指定的出版机构负责编辑、出版和发行。出版阶段收到的文件为标准发布稿，出版阶段完成的文件为正式出版的标准。正式出版的标准应符合 GB/T 1.1《标准化工作导则　第 1 部分：标准化文件的结构和起草规则》

的规定。

标准发布后出版阶段的工作流程如图 4-4 所示。

图 4-4　出版阶段流程图

标准出版阶段主要包括标准交稿、审稿和编辑加工、发稿、版式设计和排版、校对、审读校样、复制印刷和发行等环节。

1. 标准交稿

标准批准发布后，需将标准发布稿（一般为最终报批稿）以及电子稿交至出版社。

标准最终报批稿的一般交稿要求是，按照 GB/T 1.1《标准化工作导则　第 1 部分：标准化文件的结构和起草规则》的要求和出版物相关管理规定，稿件字迹清晰，稿面整洁；语言文字、标点符号使用规范，数字、计量单位用法符合规定；引文、数据、规范性引用文件、参考文献正确引用；编写体例一致，内容协调。

2. 稿件三审和发稿

按照国家对出版工作的统一管理要求，对稿件坚持三级审稿制度（三审制），即责任编辑对稿件进行初审（一审），编辑室主任（副主任）或由社长、总编辑委托的编审、副编审进行复审（二审），社长、总编辑或其委托的编审、副编审进行终审（三审）。发稿是从稿件三审后进入后期出版阶段的环节。

3. 版式设计和排版

标准稿件发稿后，由设计人员按照标准出版的要求进行版式设计，并交由排版人员按体例格式要求进行排版。

4. 校对

校对人员根据标准原稿逐一核对校样，消除由于排版造成的文字、数字、符号、标点、计量单位、图表、公式、字体字号等方面的错误。在校对工作进行的同时，编辑人员为确保标准的准确无误，还需对校样进行审读。

5. 印刷

目前复制印刷主要有两种方式，一种是传统印刷方式，另一种是按需印刷方式。后者是一种将数字技术与印刷技术相结合的新型印刷工艺，它将标准内容数字化后，利用电子文件在专用的激光打印机上高速印刷，并通过专用设备完成折页、配页、装订工作。

无论采用哪种复制印刷方式，都需将预先装订的标准样书送出版社按照相关规定进行查验，查验合格后方可发行。

6. 发行

根据标准使用者的需要，提供标准的方式主要分为现货发行、预定发行和网上发行等。标准发行后，应遵循标准版权相关政策。

（1）标准版权的内涵。标准是科学技术和实践经验的总结，是集体智慧的结晶，具有创造性智力成果属性，依法受著作权法保护，这是国际通行规则。依据《保护文学和艺术作品伯尔尼公约》《世界版权公约》等国际性公约的精神，标准是智力成果的体现，属于国际法保护对象，国际、区域组织和大多数国家都制定了法律、规章等对标准版权予以保障。在我国，标准是科学领域内具有独创性并能以一定形式表现的智力成果，属于《中华人民共和国著作权法》保护范畴。标准版权是指标准制定主体可以依法获得的人身权和财产权，主要包括发表权、署名权、修改权、保护作品完整权、复制权、发行权、信息网络传播权、翻译权等权利。

（2）标准版权政策的主要内容。在强化知识产权保护、对接高标准国际市场规则的新形势下，结合我国不同类型标准的具体特征，建立科学、合理、全面的标准版权制度，对于鼓励标准创新发展，激励各相关方参与标准制定，更好地促进标准的推广应用具有重要意义。我国作为《保护文学和艺术作品伯尔尼公约》《世界版权公约》的缔约国，也是国际标准化组织（ISO）、国际电工委员会（IEC）和国际电信联盟（ITU）三大国际标准组织的成员，一贯重视标准版权保护工作，遵循国际惯例、履行国际义务，同时不断健全完善标准版权管理政策和机制，打击标准侵权盗版。

1997年，我国发布的《标准出版管理办法》，规定任何单位或个人不得以经营为目的，以各种形式复制标准的任何部分；任何单位或个人不得将标准的任何部分存入电子信息网络用于传播；出版单位出版标准汇编时，必须事先取得书面授权同意。1999年颁布的《最高人民法院知识产权审判庭关于中国标准出版社与中国劳动出版社著作权侵权纠纷案的答复》指出，推荐性国家标准属于自愿采用的技术性规范，不具有法规性质。由于推荐性标准在制定过程中需要付出创造性劳动，具有创造性智力成果的属性，如果符合作品的其他条件，应当确认属于著作权法保护的范围。2010年，我国发布了《关于进一步打击标准侵权盗版、加强标准版权保护工作的通知》等一系列打击标准侵权盗版行为的政策文件，使标准版权保护工作更加法治化、制度化、常态化。2016年，我国发布的《国家标准外文版管理办法》明确了国家标准外文版版权归国家标准化管理委员会所有。2019年，我国发布的《团体标准管理规定》第二十二条规定，社会团体应及时处理团体标准的著作权归属。2021年，我国发布的《国家标准化发展纲要》明确提出，要建立标准版权制度，加大标准版权保护力度。

（八）复审阶段

复审阶段为技术委员会对标准的适用性进行评估并做出复审结论的过程。复审阶段的主要工作是对标准进行再评估，并形成复审结论。标准的复审间隔周期一般为标准开始实施后 5 年之内。

复审阶段的工作流程如图 4-5 所示。

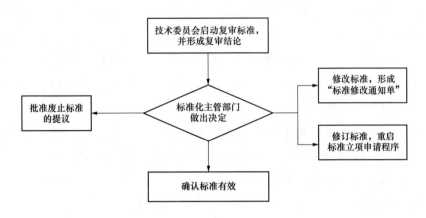

图 4-5　复审阶段工作流程图

1. 复审内容

技术委员会可以从以下方面考虑标准的适用性，对标准的内容进行复审：

——是否符合国家现行的法律法规；

——市场和企业是否需要，是否符合国家产业发展政策，对提高经济效益和社会效益是否有推动作用；

——是否符合国家大政方针、政策措施，是否对规范市场秩序有推动作用；

——采用国际标准制定的我国标准，是否需要与国际标准的变化情况保持一致；

——是否与其他标准有矛盾；

——内容和技术指标是否反映当前的技术水平和消费水平的要求；

——是否符合标准化主管部门提出的其他要求；

——实施过程中是否有了新的需要解决的问题。

技术委员会应依据复审内容通过评估做出下列复审结论：

——修改标准。标准中少量技术内容和表述需要修改。

——修订标准。标准中大量技术内容和表述需要做全面必要的更新。

——标准继续有效。标准中技术指标和内容不需要调整。

——废止标准。标准中规定的技术内容已不需要制定标准。

技术委员会应依据复审结论向标准化主管部门报送复审报告。复审报告应包括但不限于以下内容：

——复审阶段的工作简况；

——复审过程中提出的建议或意见的处理情况；

——复审结论。

2. 复审结果确认

标准化主管部门审查复审报告，并根据技术委员会的复审结论做出下列决定：

（1）修改标准。确认标准中有少量技术内容和表述需要修改或增减时，可采用"标准修改通知单"的方式发布修改内容。其中，"国家标准修改通知单"的报批程序和格式按照《国家标准管理办法》《国家标准修改单管理规定》的相关规定执行。"国家标准修改通知单"批准后以公告的形式发布。

（2）修订标准。确认标准中技术内容和表述需要做全面更新，则列为修订项目，应重新申请立项。技术委员会在报送复审结论时应当提出修订项目。

（3）标准继续有效。确认标准中技术指标和内容不需要调整，则宣布该标准继续有效。经确认继续有效的标准，其编号和年代号都不做改变。

（4）废止标准。确认标准的内容已不适应当前经济建设和科学技术发展的需要，则使相关的标准进入废止阶段。

3. 复审管理

标准的复审工作由负责标准制修订的技术委员会具体负责；标准的复审工作应纳入技术委员会或技术归口单位的正常工作计划；标准复审时应广泛征求技术委员会委员和相关使用方的意见；各技术委员会或技术归口单位应每年向标准化主管部门报送标准复审意见；标准化主管部门应对有关单位报送的复审意见进行审查、确认和批复；标准的确认有效、修订和修改的公告信息应及时向社会公布。

（九）废止阶段

废止阶段是对复审阶段决定为废止的标准予以公告。

复审阶段的结论为废止的，由标准化主管部门通过全国标准信息公共服务平台向社会公开征求意见，征求意见一般不少于 60 日。无重大分歧意见或者经协调一致的，由标准化主管部门以公告形式废止。

第二节　指导标准编制的相关标准

我国已经建立起较为完善的指导标准编制的系列国家标准。这些指导标准编制工作的系列基础性国家标准包括 GB/T 1《标准化工作导则》、GB/T 20000《标准化工作指南》、GB/T 20001《标准编写规则》、GB/T 20002《标准中特定内容的起草》、GB/T 20003《标准制定的特殊程序》等。各类电力标准的起草、编制工作也是以这些国家标准为基础和依据开展的。

一、相关标准列表

根据所编制标准的类型及具体的内容，指导标准编制应遵守的相关标准见表 4-3。

表 4-3 指导标准编制的相关标准

类别	标准编号	标准名称
导则	GB/T 1.1—2020	标准化工作导则 第 1 部分：标准化文件的结构和起草规则
	GB/T 1.2—2020	标准化工作导则 第 2 部分：以 ISO/IEC 标准化文件为基础的标准化文件起草规则
	GB/T 1.4	标准化工作导则 第 4 部分：标准化文件的制定程序
指南	GB/T 20000.1—2014	标准化工作指南 第 1 部分：标准化和相关活动的通用术语
	GB/T 20000.3—2014	标准化工作指南 第 3 部分：引用文件
	GB/T 20000.6—2024	标准化活动规则 第 6 部分：良好实践指南
	GB/T 20000.8—2014	标准化工作指南 第 8 部分：阶段代码系统的使用原则和指南
	GB/T 20000.10—2016	标准化工作指南 第 10 部分：国家标准的英文译本翻译通则
	GB/T 20000.11—2016	标准化工作指南 第 11 部分：国家标准的英文译本通用表述
编写规则	GB/T 20001.1—2024	标准起草规则 第 1 部分：术语
	GB/T 20001.2—2015	标准编写规则 第 2 部分：符号标准
	GB/T 20001.3—2015	标准编写规则 第 3 部分：分类标准
	GB/T 20001.4—2015	标准编写规则 第 4 部分：试验方法标准
	GB/T 20001.5—2017	标准编写规则 第 5 部分：规范标准
	GB/T 20001.6—2017	标准编写规则 第 6 部分：规程标准
	GB/T 20001.7—2017	标准编写规则 第 7 部分：指南标准
	GB/T 20001.8—2023	标准起草规则 第 8 部分：评价标准
	GB/T 20001.10—2014	标准编写规则 第 10 部分：产品标准
	GB/T 20001.11—2022	标准编写规则 第 11 部分：管理体系标准
特定内容的起草	GB/T 20002.1—2008	标准中特定内容的起草 第 1 部分：儿童安全
	GB/T 20002.2—2008	标准中特定内容的起草 第 2 部分：老年人和残疾人的需求
	GB/T 20002.3—2014	标准中特定内容的起草 第 3 部分：产品标准中涉及环境的内容
	GB/T 20002.4—2015	标准中特定内容的起草 第 4 部分：标准中涉及安全的内容
	GB/T 20002.5	标准中特定内容的编写指南 第 5 部分：涉及可持续性
	GB/T 20002.6—2022	标准中特定内容的编写指南 第 6 部分：涉及中小微型企业需求
特殊程序	GB/T 20003.1—2014	标准制定的特殊程序 第 1 部分：涉及专利的标准
团体标准化	GB/T 20004.1—2016	团体标准化 第 1 部分：良好行为指南
企业标准化	GB/T 35778—2017	企业标准化工作 指南

二、主要标准简介

1. 标准化工作导则

GB/T 1《标准化工作导则》是指导我国标准化活动的基础性和通用性标准，目的是确立适用于标准起草、制定和组织工作的准则。GB/T 1《标准化工作导则》计划由四个部分组成，其中 GB/T 1.1《标准化工作导则 第 1 部分：标准化文件的结构和起草规则》和 GB/T 1.2《标准化工作导则 第 2 部分：以 ISO/IEC 标准化文件为基础的标准化文件起草规则》于 2020 年发布并实施，GB/T 1.4《标准化工作导则 第 4 部分：标准化文件的制定程序》尚处于制定过程中。

GB/T 1.1《标准化工作导则 第 1 部分：标准化文件的结构和起草规则》是指导标准编写工作最基础的标准，编写除工程建设标准外的各类电力标准都应该遵守。工程建设标准的编写依据住房和城乡建设部发布的《工程建设标准编制指南》。

GB/T 1.2《标准化工作导则 第 2 部分：以 ISO/IEC 标准化文件为基础的标准化文件起草规则》是指导采用国际标准制定我国国家标准或行业标准的原则和要求，规定了采用国际标准的起草步骤和编制规则。

处于制定过程中的 GB/T 1.4《标准化工作导则 第 4 部分：标准化文件的制定程序》，是为标准的制定工作确立可操作、可追溯、可证实的程序，适用于标准的制修订及管理，拟修订并全部代替 GB/T 16733—1997《国家标准制定程序的阶段划分及代码》。

2. 标准化工作指南

GB/T 20000《标准化工作指南》是我国标准化活动的指导性标准，通过标准化及相关活动的通用术语、标准及其条款引用规则、标准化工作的良好行为规范、标准英文译本的翻译要求等指导标准化工作。

GB/T 20000.1《标准化工作指南 第 1 部分：标准化和相关活动的通用术语》界定了标准化和相关活动的通用术语及其定义，主要用于标准化及相关领域，也可为标准化基本理论研究和教学实践提供相应的基础。

在标准起草的过程中，如果有些内容已经包含在现行有效的其他标准中并且适用，或者包含在标准自身的其他条款中，一般使用提及标准编号和（或）内容编号（如章、条号，附录编号，图、表、公式编号等）的表述形式，引用、提示而不抄录（重复）所需要的内容。这样可避免造成标准间或标准条款间的不协调、标准篇幅过大以及抄录错误。其中，GB/T 20000.3《标准化工作指南 第 3 部分：引用文件》规定了引用文件的一般要求、方法及表述。

GB/T 20000.6《标准化活动规则 第 6 部分：良好实践指南》确立了开展标准化

活动的总体原则，提供了标准化机构的管理、文件的制定程序和起草，以及标准化活动的参与、与其他标准化机构的协调与合作等方面良好实践的指导和建议等。目的在于确立开展标准化活动的总体原则，提供指导、建议或给出有关信息，以便标准化活动有序、有效地开展。

为使标准机构利用数据库跟踪标准制定项目和标准机构之间进行标准项目的信息交换，GB/T 20000.8《标准化工作指南　第 8 部分：阶段代码系统的使用原则和指南》规定了标准项目数据库的协调一致的阶段代码系统的使用原则和指南。

2016 年，为进一步促进贸易、交流与技术合作，推进国家标准英文译本的翻译和出版，GB/T 20000《标准化工作指南》增加了第 10 部分和第 11 部分，即 GB/T 20000.10《标准化工作指南　第 10 部分：国家标准的英文译本翻译通则》和 GB/T 20000.11《标准化工作指南　第 11 部分：国家标准的英文译本通用表述》，分别规定了国家标准英文译本的翻译和格式要求，以及英文译本的通用表述方式和常用词汇。

为适应新的发展变化，严格遵守 ISO/IEC 规定的规则，避免版权纠纷，从指导我国标准编制的实际出发，GB/T 20000《标准化工作指南》的原第 2 部分和第 9 部分，于 2020 年整合修订为一个标准（即 GB/T 1.2《标准化工作导则　第 2 部分：以 ISO/IEC 标准化文件为基础的标准化文件起草规则》），对采用国标标准的要求重新进行了限定，依据的国际标准范围做了调整，并进一步调整、完善了结构和内容。

GB/T 20000《标准化工作指南》的原第 4 部分、第 5 部分和第 7 部分则分别调整修订为 GB/T 20002《标准中特定内容的起草》的第 4 部分、第 3 部分，以及 GB/T 20001《标准编写规则》的第 11 部分。

3. 标准编写规则

GB/T 20001《标准编写规则》是指导编写不同功能类型、对象类别的标准的系列基础性标准，给出了针对不同功能类型、对象类别的标准的内容结构及具体的编写、表述规则。

GB/T 20001.1《标准起草规则　第 1 部分：术语》规定了标准中术语条目的起草要求，确立了术语条目编制流程、术语条目及数据类目的组织和结构、术语条目内容及起草要求、索引要求，适用于标准中术语条目的编制、起草和管理，其他文件起草、术语工作参照使用。目的在于确立术语条目起草的总体原则和要求。

GB/T 20001.2《标准编写规则　第 2 部分：符号标准》规定了符号（包括文字符号、图形符号以及含有符号的标志）标准的结构、编写规则及符号表的编写细则等，非符号标准中含有符号内容的编写也可参照使用。目的在于为界定符号体系的标准确立起草规则，以便提供快速识别、有效交流的形象化表征概念的体系。

GB/T 20001.3《标准编写规则　第 3 部分：分类标准》规定了分类标准的结构、

分类原则，分类方法和命名、编码方法和代码内容的起草表述规则，以及分类表、代码表的编写细则，适用于各层次标准中产品、过程或服务等标准化对象的分类标准。

GB/T 20001.4《标准编写规则 第 4 部分：试验方法标准》规定了试验方法标准的结构以及原理、试验条件、试剂或材料、仪器设备、样品、试验步骤、试验数据处理、试验报告等内容的起草规则。目的在于为描述试验活动并得出结论的标准确立起草规则，以便对产品的性能、过程或服务的效能进行证实。

GB/T 20001.5《标准编写规则 第 5 部分：规范标准》规定了规范标准的结构以及标准名称、范围、要求和证实方法等必备要素的编写和表述规则，适用于以产品、过程、服务为标准化对象的规范标准的起草。目的在于为规定可证实的要求的标准确立起草规则，以便能判定产品、过程或服务是否符合标准中的规定。

GB/T 20001.6《标准编写规则 第 6 部分：规程标准》规定了规程标准的结构以及标准名称、范围、程序确立、程序指示和追溯/证实方法等必备要素的编写和表述规则，适用于以过程为标准化对象的规程标准的起草。目的在于为规定可追溯/可证实的过程/程序的标准确立起草规则，以便能证实规定的程序是否得到履行。

GB/T 20001.7《标准编写规则 第 7 部分：指南标准》规定了指南标准的结构以及标准名称、范围、总则、需考虑的因素和附录等要素的编写和表述规则，适用于以产品、过程、服务或系统为标准化对象的指南标准的起草，但不适用于提供指南的管理体系标准的起草。目的在于为提供普遍性、方向性指导的标准确立起草规则，以便能掌握某主题的发展规律，从而形成技术解决方案或标准。

GB/T 20001.8《标准起草规则 第 8 部分：评价标准》确立了评价标准的结构和起草的总体原则，规定了文件名称以及评价指标体系、取值规则、评价结果形成规则、评估活动的组织实施等要素的编写和表述规则，适用于以产品、过程、服务或系统为标准化对象的评价标准的起草。目的在于为规定可量化的评价指标体系的标准确立起草规则，以便能评价产品、过程、服务或系统并得出较全面的结果。

GB/T 20001.10《标准编写规则 第 10 部分：产品标准》规定了起草产品标准所遵循的原则、产品标准结构、要素的起草要求和表述规则以及数值的选择方法，适用于国家、行业、地方、团体和企业产品标准的编写，既适用于有形产品的标准，也可供无形产品的标准编写时参照使用。目的在于确定适用于起草产品标准需要遵守的总体原则和相关规则。

GB/T 20001.11《标准编写规则 第 11 部分：管理体系标准》确立了管理体系标准的类别和起草的总体原则，规定了起草管理体系标准的总体要求，以及标准名称、结构、要素的编写和管理体系标准正文中要素的核心内容。目的在于确定适用于起草管理体系标准需要遵守的总体原则和相关规则。

第三节　标准的编制

标准编制无论是在结构上，还是在条文表述等方面都是有明确要求的，本章第二节已经介绍了指导标准编制的各项标准，本节主要以 GB/T 1.1—2020《标准化工作导则　第 1 部分：标准化文件的结构和起草规则》为依据，重点介绍标准要素及其选择的要求、标准主要要素编写和常见内容的起草要求。另外，在标准制定的过程中应该遵循的基本编写原则，也是标准起草、审查等相关人员首先需要了解的。

一、标准编写的原则

1. 统一性

统一性是对标准编写及表达方式的最基本的要求，包括标准结构的统一、文体的统一、术语的统一和形式的统一四个方面，以此保证标准能够被使用者无歧义地理解、使用。

（1）结构的统一。标准体系中的每项标准（如技术监督标准）或一项标准的不同部分的结构及其章、条的编号应尽可能相同。在起草系列标准中的各项标准或起草分为多个部分的标准的各个部分时，应尽量做到各项标准或标准各部分之间的结构尽可能相同。各项标准或标准各部分中相同或相似内容的章、条编号应尽可能相同。

（2）文体的统一。标准体系中每项标准或系列标准（或一项标准的不同部分）内标准的文体应保持一致，类似的条款应使用类似的措辞来表述，相同的条款应使用相同的措辞来表述。

（3）术语的统一。每项标准或系列标准（或一项标准的不同部分）内标准的术语应保持一致，对于同一概念应使用统一术语，对于已定义的概念应避免使用同义词，每个选用的术语应尽可能只有唯一的含义。为了便于对外交流和对标，应尽可能选用国家标准、行业标准中已经定义或广泛使用的术语，以利于标准的实施，以及与上一级标准的配套贯彻执行。

（4）形式的统一。统一的形式有助于使用者对标准内容的查找和使用，GB/T 1.1—2020《标准化工作导则　第 1 部分：标准化文件的结构和起草规则》中对相关内容形式的统一做出了规定，在编制标准时，应予以遵守。

2. 协调性

标准的协调性是为了达到标准之间的整体协调统一，也就是标准体系内标准的整体协调。标准是构成体系的文件，各相关标准之间有着密切的联系，标准之间相互协调、相互作用才能发挥标准体系的系统功能，获得良好的系统效应。因此在编制标准时，首先要识别法律法规、行政规章适用的条款、相关标准的相关条款，然后进行编制。对于电力企业，技术标准、管理标准、岗位标准都应相互协调，包括但不限于以下几个方面：

（1）企业编制的标准应与法律法规、政府的政策，主管部门的规章制度相协调。

（2）企业编制的标准应与现行的国家标准、行业标准、团体标准、地方标准相协调。

（3）企业编制的标准应与上级公司的规定相协调。

（4）企业编制的标准应与企业现行的标准、制度相协调。

（5）企业编制的管理标准要与相关的技术标准相协调，编制的岗位标准应与企业的技术标准、管理标准相协调。

3. 规范性

起草高质量的标准，是标准化活动重要内容。国家标准和电力行业标准编写格式应符合 GB/T 1.1—2020《标准化工作导则　第 1 部分：标准化文件的结构和起草规则》的要求。电力企业标准的编制应执行 DL/T 800—2018《电力企业标准编写导则》，其给出了电力企业标准编写的基本要求、编号方法，以及技术标准、管理标准和岗位标准的编写原则和内容。企业的技术标准、管理标准、岗位标准应协调，应将技术标准的执行要求贯彻到管理标准、岗位标准，确保技术标准、管理标准的有效实施。电力企业标准体系应以技术标准为核心。

电力企业标准编写格式和条文表述可参考 GB/T 1.1—2020《标准化工作导则　第 1 部分：标准化文件的结构和起草规则》对本企业技术标准、管理标准、岗位标准的编写格式，结合本企业实际和需要进行规定，如标准名称、封面、格式、结构顺序、内容、编号规则等。在一个企业内所有的企业标准封面格式应一致，结构应基本一致，按规定的编号规则进行编号。

4. 适用性

适用性是指制定的标准要便于实施，并且容易被其他标准所引用的特性。标准的适用性是对标准本身质量的综合要求，制定标准必须结合实际，充分考虑标准的使用和实施时的需要。标准中的每个条款都应该是可操作的，便于直接使用或者被引用。

5. 完整性

标准的内容应是完整有界限的，标准描述的范围所规定的内容应力求完整，在范围内应将所需要的内容在该标准内规定完整，不应只规定一部分内容而另一部分内容却没有规定，或者规定在其他标准中，这样就破坏了标准的完整性，不利于标准的实施。编制标准一定要明确标准化的对象，界定标准范围的界限，需要什么就规定什么，需要多少就规定多少，并不是越多越好，将不需要的内容加以规定，同样也是不正确的。

6. 逻辑性

标准的条文表述应有很强的逻辑性，用词严禁模棱两可，防止不同的人从不同角度解读，对标准的内容产生不同的理解。每项标准的任何要求应十分准确，要给相应的验证确认提供依据。

二、标准要素及其选择

1. 标准的要素及表达形式

根据标准内容的功能，可将标准的内容划分成一个个相对独立的功能单元——要素。

要素的内容由条款和/或附加信息构成。规范性要素主要由条款构成，还可包括少量附加信息；资料性要素由附加信息构成。

条款分为要求、指示、推荐、允许和陈述五类。条款的表述应使标准的使用者能够清晰地识别出需要满足的要求或执行的指示，并能将这些要求或指示与其他可选择的条款（如推荐、允许或陈述）区分开来。附加信息的表述形式包括示例、注、脚注、图表脚注，以及"规范性引用文件"一章和参考文献中的标准清单和文献清单、目次列表和索引列表等。除了图表脚注外，附加信息宜表述为对事实的陈述，不包含要求或指示型条款，也不包含推荐或允许型条款。

构成要素的条款或附加信息通常的表述形式为条文。当需要使用标准自身其他位置的内容或其他标准中的内容时，可在标准中采取引用或提示的表述形式。为了便于文件结构的安排和内容理解，有些条文需要采取附录、图、表、数学公式等表述形式。表 4-4 给出了标准中要素的类别及其构成，以及要素所允许的表述形式。

表 4-4　　　　　　　　　　标准中要素的类别、构成及表达形式

要素	要素的类别		要素的构成	要素所允许的表述形式
	必备或可选	规范性或资料性		
封面	必备	资料性	附加信息	标明文件信息
目次	可选			列表（自动生成的内容）
前言	必备			条文、注、脚注、指明附录
引言	可选			条文、图、表、数学公式、注、脚注、指明附录

要素	要素的类别		要素的构成	要素所允许的表述形式
	必备或可选	规范性或资料性		
范围	必备	规范性	条款、附加信息	条文、表、注、脚注
规范性引用文件	必备/可选*	资料性	附加信息	清单、注、脚注
术语和定义	必备/可选*	规范性	条款、附加信息	条文、图、数学公式、示例、注、引用、提示
符号和缩略语	可选	规范性	条款、附加信息	条文、图、表、数学公式、示例、注、脚注、引用、提示、指明附录
分类和编码/系统构成	可选			
总体原则和/或总体要求	可选			
核心技术要素	必备			
其他技术要素	可选			
参考文献	可选	资料性	附加信息	清单、脚注
索引	可选			列表（自动生成的内容）

注：本表内容来源于 GB/T 1.1—2020《标准化工作导则　第 1 部分：标准化文件的结构和起草规则》。

* "规范性引用文件"和"术语和定义"这两个要素，其章编号和标题的设置是必备的，要素内容的有无根据具体情况进行选择。

2. 标准中要素的选择

规范性要素中范围、术语和定义、核心技术要素是必备要素，其他是可选要素。其中术语和定义虽然是必备的，但内容的有无是可根据具体情况进行选择的。规范性要素中的可选要素可根据所起草文件的具体情况在表 4-4 中选择，或者进行合并或拆分，要素的标题也可调整，还可设置其他技术要素。其他技术要素同样根据所起草文件的具体情况进行设置，主要包括试验条件、仪器设备、取样、标志、标签和包装、计算方法等。

核心技术要素是各种功能类型标准的标志性要素，它是表述标准特定功能的要素。不同功能类型的标准，其核心技术要素不同，表述核心要素使用的条款类型也会不同。各种功能类型标准所具有的核心技术要素以及所使用的条款类型见表 4-5。各种功能类型标准的核心技术要素的具体编写应遵守 GB/T 20001《标准编写规则》的规定。核心技术要素按技术内容的复杂程度可以分为多章来写。

表 4-5　　　各种功能类型标准的核心技术要素以及所使用的条款类型

标准功能类型	核心技术要素	使用的条款类型
术语标准	术语条目	界定术语的定义使用陈述型条款

标准功能类型	核心技术要素	使用的条款类型
符号标准	符号、标志及其含义	界定符号或标志的含义使用陈述型条款
分类标准	分类和/或编码	陈述、要求型条款
试验标准	试验步骤	指示、要求型条款
	试验数据处理	陈述、指示型条款
规范标准	要求	要求型条款
	证实方法	指示、陈述型条款
规程标准	程序确立	陈述型条款
	程序指示	指示、要求型条款
	追溯、证实方法	指示、陈述型条款
指南标准	需要考虑的因素	推荐、陈述型条款

注：本表内容来源于 GB/T 1.1—2020《标准化工作导则　第 1 部分：标准化文件的结构和起草规则》。

资料性要素中的封面、前言、规范性引用文件是必备要素，其他是可选要素。其中规范性引用文件虽然是必备的，但内容的有无是可根据具体情况进行选择的。资料性要素在文件中的位置、先后顺序以及标题均应与表 4-4 所呈现的相一致。

三、标准编写的要求

1. 标准封面的编写

标准封面一般是标准编制的最后一个环节，可参照 GB/T 1.1—2020《标准化工作导则　第 1 部分：标准化文件的结构和起草规则》中"8.1　封面"相关条款的规定进行模板（样式）编写，便于使用。所有标准的封面格式宜一致。

封面是一个必备的资料性要素。每项标准或者标准的每个部分都宜有封面，封面具有十分特殊的功能，需要标示的信息有标准名称及英文译名、标准的层次或类别（如中华人民共和国国家标准）、标准代号（如 GB、DL、NB 等）、标准编号、发布日期、实施日期、发布机构等。

另外，如果标准代替了一个或多个标准，封面还需标明被代替标准的编号。如果标准与相关国际标准有一致性对应关系，封面上还应标示一致性程度标识（代号）。

国内标准与对应国际标准的一致性程度分为等同（IDT）、修改（MOD）和非等效（NEQ）。一致性程度为等同（IDT）时，国内标准与对应的国际标准两者文本结构相同、技术内容相同；一致性程度为修改（MOD）时，国内标准与对应的国际标准相比，有结构上的调整，并且清楚地说明了所做的调整，或者存在技术差异并且清楚地说明了具体差异及其产生的原因。一致性程度为非等效（NEQ）时，国内标准与对应的国际标准相比，有结构上的调整但没有清楚地说明所做的调整，或者存在技术差异但没有清楚地说明具体差异及其产生的原因，或者只保留了数量较少或重要性较小的国际标准的条款。

例如，GB/T 20000.1—2014《标准化工作指南　第 1 部分：标准化和相关活动的通用术语》修改采用 ISO/IEC 指南 2：2004，其封面上标示的一致性程度标识如图 4-6 所示。

标准化工作指南
第 1 部分：标准化和相关活动的通用术语

Guidelines for standardization—
Part 1：Standardization and related actives—General vocabulary

（ISO/IEC Guide 2：2004，Standardization and related actives—
General vocabulary，MOD）

图 4-6　一致性程度标识示例

2. 标准前言的编写

前言是必备的资料性要素。在前言中不应包含要求、指示、推荐或允许性条款。前言可参照 GB/T 1.1—2020《标准化工作导则　第 1 部分：标准化文件的结构和起草规则》中"8.3　前言"相关条款的规定进行编写。在前言中依次给出下列相关信息：

（1）标准编制所依据的规则。一般应表述为"本文件按照 GB/T 1.1—2020《标准化工作导则　第 1 部分：标准化文件的结构和起草规则》的规定起草。"对于企业标准，若有其他规定，则按其具体规定表述。

（2）标准与其他文件的关系。一般需要说明两方面的内容：①与其他标准的关系；②在分为多个部分的标准的每个部分中，应列出所有已经发布的部分的名称。例如，GB/T 1《标准化工作导则》已经发布了两个部分，前言中的表述如图 4-7 所示。

（3）标准代替其他文件的全部或部分内容的说明。如果编制的标准是对现行标准的修订，或新标准的发布代替了其他标准，那么在标准的前言中需要说明两方面的内容：①指出与先前标准或其他标准的关系，给出被代替或废止的标准（含修改单）或其他标准的编号和名称，如代替多个标准，应逐一给出编号和名称；②说明与先前版本相比的主要技术变化，包括删除了先前版本中的某些技术内容、增加了新的技术内容、修改了先前版本中的技术内容三种情况，通常用"删除""增加""修改"来表述这三种情况。

（4）与国际文件关系的说明。如果所编制的标准与国际标准存在着一致性程度（等同、修改或非等效）的对应关系，则应按照 GB/T 1.2—2020《标准化工作导则 第2部分：以 ISO/IEC 标准化文件为基础的标准化文件起草规则》的规定，陈述与对应国际标准的关系。

前 言

本文件按照 GB/T 1.1—2020《标准化工作导则 第1部分：标准化文件的结构和起草规则》的规定起草。

GB/T 1《标准化工作导则》与 GB/T 20000《标准化工作指南》、GB/T 20001《标准编写规则》、GB/T 20002《标准中特定内容的起草》、GB/T 20003《标准制定的特殊程序》和 GB/T 20004《团体标准化》共同构成支撑标准制定工作的基础性国家标准体系。

本文件是 GB/T 1《标准化工作导则》的第2部分。GB/T 1 已经发布了以下部分：

——第1部分：标准化文件的结构和起草规则；

——第2部分：以 ISO/IEC 标准化文件为基础的标准化文件起草规则。

本文件代替 GB/T 20000.2—2009《标准化工作指南 第2部分：采用国际标准》和 GB/T 20000.9—2014《标准化工作指南 第9部分：采用其他国际标准化文件》。本文件以 GB/T 20000.2—2009 为主，整合了 GB/T 20000.9—2014 的内容。与 GB/T 20000.2—2009 相比，除结构调整和编辑性改动外，主要技术变化如下：

a) 更改了文件的适用范围，将适用的我国标准化文件严格限定为国家标准化文件，将依据的国际标准化文件确定为 ISO/IEC 标准化文件（见第1章，GB/T 20000.2—2009 的第1章）；

b) 增加了一致性程度为"等同"时"允许的结构调整"这一特殊情况（见 4.1.2.1）；

图4-7 分为多个部分的标准在前言中列出已发布的部分的名称示例

（5）有关专利情况的说明。如果编制过程中没有发现标准的内容涉及专利，前言中一般表述为"请注意本文件的某些内容可能涉及专利。本文件的发布机构不承担识别专利的责任。"如果编制过程中发现标准的内容涉及专利，则一般在引言中就具体情况进行说明。

（6）归口和起草信息的说明。对于全国专业标准化技术委员会提出或归口的文件，应在相应技术委员会名称之后给出其国内代号，一般使用以下表述形式：

"本文件由×××提出。

本文件由×××标准化技术委员会（SAC/TC ××、DL/TC ××）归口。"

标准的起草单位和主要起草人，一般使用以下表述形式：

"本文件起草单位：……。"

"本文件主要起草人：……。"

（7）标准及其所代替或废止标准的历次版本发布情况。如果所编写的标准的早期版本多于一版，需要在前言中说明所代替标准的历次版本发布情况。一个新标准与其历次版本的关系存在着各种情况，有的比较简单，有的却很复杂，无论哪种情况，都要力求通过各种形式准确地给出标准各版本发展变化的清晰轨迹。

此外，在前言编写中还应注意：不要将应纳入编制说明的内容放入前言；前言中不应包含标准范围的内容；不应规定配合使用的文件。

3. 标准引言的编写

引言是可选的资料性要素。引言不包含要求，不设章，引言只能有一个。引言的主要功能是说明与标准的背景、内容相关的信息，以便标准的使用者能更好地理解和执行标准。可参照 GB/T 1.1—2020《标准化工作导则　第 1 部分：标准化文件的结构和起草规则》中"8.4 引言"相关条款的规定进行编写，通常涉及的内容如下：

（1）编制该标准的原因、编制目的等事项的说明。如果是分多个部分的标准，一般还要说明分多个部分的原因以及各部分之间的关系。

（2）标准技术内容的特殊信息或说明，如涉及的专利信息等。

4. 标准名称的编写

标准名称也就是标准的标题，它是对标准所涵盖主题的清晰、简明的描述。标准名称直接反映标准化对象的范围和特征，是读者使用、收集和检索标准的主要判断依据。标准名称需要根据标准的内容、编制目的以及标准的功能类型等因素来确定，要避免无意中限制或扩大标准的范围。标准名称不必描述文件作为"标准"或"标准化指导性技术文件"的类别，一般不包含"……标准"或"……标准化指导性技术文件"等词语。标准名称组成由一般到特殊，最多包括三种元素（三段式），分别为引导元素、主体元素和补充元素，其中主体元素是必不可少的。引导元素是可选的，表示标准所属的领域；主体元素表示所属领域内该标准所涉及的标准化对象；补充元素也是可选的，表示标准化对象的特殊方面，或者给出与其他标准（或部分）之间的区分信息。

5. 范围的编写

范围是一个必备的规范性要素，它应是一系列事实的陈述，作为标准正文的第一章，是标准区别于其他技术文件的重要标志。这一要素的编写应简洁，以便能够作为内容提要使用。范围的功能是陈述标准所界定的标准化对象和所覆盖的各个方面，并划定标准的适用界限。范围能起到在标准名称之外提供标准的进一步信息的作用，并通过指出标准化对象、标准使用者及应用领域等，清晰地给出标准的界限。

范围通常包括两方面的内容：①阐述标准中"有什么内容"，即标准针对的标准化对象以及涉及的主要技术内容；②阐述这些内容"有什么用"，也就是说，要陈述标准技术内容的适用范围。通常需要陈述：在哪用（适用领域），给谁用（标准使用者）。必要时，补充陈述那些通常被认为可能涵盖，但实际上标准并不涉及的界限。

6. 规范性引用文件的编写

规范性引用文件指被引用文件的条款是标准整体不可分的组成部分，与标准文本中规范性要素具有同等的效力。遵守标准的各项条款时必然包括遵守规范性引用文件中被引用的条款。"规范性引用文件"是标准中一个必备的资料性要素，但其编号和标题的设置是固定格式。一般情况下都需要有"规范性引用文件"这一要素的编号和标题，即使没有需要列出的规范性引用文件，这章的内容为空也要设置这一章，在章标题下给出"本文件没有规范性引用文件。"的说明。

"规范性引用文件"这一要素的表达形式是相对固定的，即由引导语和文件清单组成。引导语的文字内容一般是固定的，但会随着 GB/T 1.1《标准化工作导则》版本的变化有所改动。GB/T 1.1—2020《标准化工作导则　第 1 部分：标准化文件的结构和起草规则》中，规定引导语的文字内容如下："下列文件中的内容通过文中的规范性引用而构成本文件必不可少的条件条款。其中，注日期的引用文件，仅该日期对应的版本适用于本文件；不注日期的引用文件，其最新版本（包括所有的修改单）适用于本文件。"

文件清单中应列出标准中规范性引用的每个文件，列出的文件不用给出序号。根据标准中引用文件的具体情况，文件清单中列出的引用文件的分类及顺序如下：国家标准、行业标准、地方标准（仅适用于地方标准的起草）、团体标准、国际标准（ISO、ISO/IEC 或 IEC 标准）、其他机构或组织的标准、其他文献。不同类别引用文件的排列规则是：国家标准、ISO 或 IEC 标准按标准的顺序号排列；行业标准、地方标准、团体标准、其他国际标准先按标准代号的拉丁字母和/或阿拉伯数字顺序排列，再按标准顺序号排列。

7. 术语和定义的起草与表述

术语标准化时，可以制定单独的术语标准，如词汇、术语集或多语种术语对照表，也可以在其他标准中编制"术语和定义"一章。除制定单独的术语标准外，一般应设"术语和定义"一章；如果没有需要界定的术语和定义，可在章标题下给出以下说明："本文件没有需要界定的术语和定义。"

"术语和定义"这一要素用来界定理解标准中某些术语所必需的定义，由引导语和术语条目组成。引导语的形式如下：

——"下列术语和定义适用于本文件。"

——"……界定的术语和定义适用于本文件。"（仅其他标准中界定的术语和定义适用时。在省略号处列出相关标准编号）

——"……界定的以及下列术语和定义适用于本文件。"（其他标准和该标准都有界定的术语和定义时）

术语的条目一般包含条目编号、术语、英文对应词、定义四项内容。根据需要还可增加其他内容，如符号、示例、注和来源等。

需定义术语的选择。标准中需要采用的术语只要在不同语境中有不同解释，或不是一看就懂的，尚无定义或者需要改写已有定义的，就应该通过定义有关概念予以明确。但应该限于标准范围所限定的领域内，限定领域之外的术语，不在这一章中界定，可在相关条文中以注的形式说明。也就是说，一项标准只定义该项标准中所使用的概念，以及帮助理解这些定义的附加概念及其术语。在对某个概念建立有关术语和定义时，要注意避免重复和矛盾。为此，先要查明在其他标准中该概念是否已有术语和定义。

定义的表述宜能在上下文中代替其术语，一般采取内涵定义的形式。定义要包括必要且充分的要素，使所表述的概念既易于理解，又界限分明。定义用于阐述概念而不包含任何要求，也不采用要求的形式，应该采用陈述的表达方式。

8. 抽样、试验方法和检验条文的起草

技术标准编制过程中，抽样、试验方法和检验可以作为标准中单独的章、标准的单独部分或单独的标准出现，但应注意的是在生产活动中它们是相互联系的要素，应统筹考虑。

需要标准化的试验方法。需要标准化的试验方法是与技术要求有关的方法。这些技术要求或是技术标准、技术规范、技术法规的规定，或是由供方确定的特性值，或是与电力生产过程和电力产品（如电能及其可靠性、汽、水等）质量有直接关系。如果各项试验间的次序可能会影响试验结果，则在标准中还需规定各项试验间的先后次序。如果标准规定的试验方法涉及使用危险的物品、仪器或过程，则该项标准中应包括一般警示用语或特殊警示用语。单独的试验方法标准所测试的样品、试剂或试验步骤，如对健康或环境可能有危险或可能造成伤害，应指明所需的注意事项，以引起试验方法标准使用者的警惕。表达警示要素的文字应使用黑体字。如果危险属于一般性的或来自所测试的样品，则应在正文首页标准名称下给出警示文字，例如："**警示——使用本文件的人员应有正规的实验室工作的实践经验。本文件并未指出所有可能的安全问题。使用者有责任采取适当的安全和健康措施，并保证符合国家有关法规规定的条件。**"或者："**注意——本文件规定的一些试验过程可能导致危险情况。**"如果危险来自特定的试剂或材料，则应在"试剂或材料"标题下给出警示文字；如果危险属于试验步骤所固有的，则应在"试验步骤"的开始给出警示文字。也可视情况在标准正文的相关条文之前加具体的警示陈述，例如："**危险——危险来自氟乙酸钠盐的使用，它是剧毒品。**"

对于一个特性，如果存在多种适用的试验方法，原则上在标准中只能列入一种试验方法。如果因为某种理由在标准中需要列出几种方法时，则应指明何种情况下采用何种对应的试验方法。标准中所选试验方法的准确度应能对所要评定的特性值是否处在规定的公差范围内做出明确判定。当考虑技术需要时，对每项试验方法都应列出其相应的准确度范围。因此，对标准中列入的各项试验方法并不意味着有实施这些试验的义务，而只是陈述了评定方法。当在同一项或其他标准中，或在法规中，或在合同文件中有要求和被提及时，才予以实施。标准中不能以正在使用的试验方法为由来拒绝使用更为普遍接受的方法。

对检验的标准化规定。标准中要根据电力生产特点和产品特点选择一类或多类检验。根据选定的检验类别，分别确定需要检验的项目（如电压合格率、供电可靠性、客户满意度等），并根据需要规定不同类型的抽样方案。具体方案需要根据有关的要素来确定，如考虑抽样方案类型、检查水平、合格质量水平、不合格分类等。

9. 对运输和储存的规定

对备品备件、设备、装置、材料等运输有特殊要求时，需规定运输要求；必要时，可规定设备、设施、备品备件的储存要求，如精密仪器，特别是对有毒、易腐、易燃、易爆等危险物品应规定相应的特殊要求。

10. 安全内容的起草

保障电力生产和供应过程中的安全是制定电力标准的最重要目的之一。电力生产过程复杂、技术要求严格，因此要按照"电力生产安全第一"的方针，优先考虑安全问题。

标准编制中，要通过把风险降低到可容许的程度来达到安全的要求。要通过寻求一种绝对安全的理想状态与企业、电力客户、社会、适用性、成本效益等因素之间的最佳平衡来判定可容许风险。

标准中应包括尽可能消除危险或在消除不了时降低风险的重要要求。这些要求应当作为防护措施进行规定而且能够验证。规定防护措施的要求时应使用准确、清楚和易于理解的语言并在技术上保持正确性。同时，对于验证是否满足要求而采用的方法，应清楚完整地做出规定。

标准中应规定生产过程中或服务相关的人员（如运行操作人员、施工安装人员、检修人员、试验人员等）安全使用所需的全部信息。

应对需要的警示进行规定，警示应醒目、清晰、耐久和易于理解，使用规范汉字，简洁和无歧义。警示的内容宜描述产品的危险，以及如果不遵守这些警示将导致的伤害和后果。有效的警示通过使用警示词（如危险、警告或注意）、安全警示标志和适合表示产品危险的有色字体来引起注意。在适当情况下，标准宜包含警示的位置和耐久性要求，如在产品上、在产品手册或在安全数据表中。

11. 环境内容的起草

电力生产过程和电能使用都会对环境带来影响。制定标准过程中要合理考虑环境影响的关系，要考虑采用防止污染、保护资源和其他减少不利环境影响的方法，还要考虑与其他因素的平衡，如生产过程中技术要求、安全与健康、成本、质量，更要考虑符合法律法规要求。由于技术更新较快，因此，当用新知识能显著减少不利环境影响时，应考虑对标准进行复审和修订。

对于生产过程中规定的所使用的材料（如绝缘油、六氟化硫气体、酸苯、油漆等），则应考虑使用规定材料产生的环境影响，包括废弃物。

标准中涉及环境的环节、活动等，要能使正在枯竭的资源（如煤、油、气等）消耗的越少越好，采纳包括减少排放源、采用替代材料、生产过程中的循环使用、用于减少公害和（或）排放量的污染预防处理方法，以及包括材料选择、能源效率、重新使用、维修性等相关因素的环境设计技术。

第四节　工程建设标准制定程序与编写

工程建设标准作为因我国行政管理部门分工职责不同而产生的特殊类别的标准，其制定程序和编制规则与一般标准有所不同。本节分别予以介绍。

一、工程建设标准的制定程序

以工程建设国家标准为例，根据《工程建设国家标准管理办法》，其制定程序主要分为计划、准备、征求意见、送审、报批、批准发布、复审与修订等阶段，工程建设行业标准的制定程序与国家标准的制定程序相类似。

1. 计划阶段

工程建设国家标准的计划分为五年计划和年度计划。五年计划是编制年度计划的依据；年度计划是确定工作任务和组织编制标准的依据。

五年计划由计划编制纲要和计划项目两部分组成。计划编制纲要包括计划编制的依据、指导思想、预期目标、工作重点和实施计划的主要措施等；计划项目的内容包括标准名称、制定或修订、适用范围及其主要技术内容、主编部门、主编单位和起始年限等。

年度计划由计划编制的简要说明和计划项目两部分组成。计划项目的内容包括标准名称、制定或修订、适用范围及其主要技术内容、主编部门和主编单位、参加单位、起止年限、进度要求等。年度计划应当在五年计划的基础上进行编制。项目在列入年度计划之前由主编单位做好年度计划的前期工作，并提出前期工作报告。前期工作报告应当包括国家标准项目名称、目的和作用、技术条件和成熟程度、与各类现行标准的关系、预期的经济效益和社会效益、建议参编单位和起止年限。

列入年度计划国家标准项目的主编单位应当按计划要求组织实施。在计划执行中遇有特殊情况，不能按原计划实施时，应当向主管部门提交申请变更计划的报告。各主管部门可根据实际情况提出调整计划的建议，经国务院工程建设行政主管部门批准后，按调整的计划组织实施。

2. 准备阶段

工程建设国家标准准备阶段的工作要求如下：

（1）主编单位根据年度计划的要求，进行编制国家标准的筹备工作。落实国家标准编制组成员，草拟制定国家标准的工作大纲。工作大纲包括国家标准的主要章节内容、需要调查研究的主要问题、必要的测试验证项目、工作进度计划及编制组成员分工等。

（2）主编单位筹备工作完成后，由主编部门或由主编部门委托主编单位主持召开编制组第一次工作会议。其内容包括宣布编制组成员、学习工程建设标准化工作的有关文件、讨论通过工作大纲和会议纪要。会议纪要印发国家标准的参编部门和单位，并报国务院工程建设行政主管部门备案。

3. 征求意见阶段

工程建设国家标准征求意见阶段的工作要求如下：

（1）编制组根据制定国家标准的工作大纲开展调查研究工作。调查对象应当具有代表性和典型性。调查研究工作结束后，应当及时提出调查研究报告，并将整理好的原始调查记录和收集到的国内外有关资料由编制组统一归档。

（2）测试验证工作在编制组统一计划下进行，落实负责单位、制定测试验证工作大纲、确定统一的测试验证方法等。测试验证结果，应当由项目的负责单位组织有关专家进行鉴定。鉴定成果及有关的原始资料由编制组统一归档。

（3）编制组对国家标准中的重大问题或有分歧的问题，应当根据需要召开专题会议。专题会议邀请有代表性和有经验的专家参加，并应当形成会议纪要。会议纪要及会议记录等由编制组统一归档。

（4）编制组在做好上述各项工作的基础上，编写标准征求意见稿及其条文说明。主编单位对标准征求意见稿及其条文说明的内容全面负责。

（5）主编部门对主编单位提出的征求意见稿及其条文说明根据制定标准的原则进行审核。审核的主要内容包括：国家标准的适用范围与技术内容协调一致；技术内容体现国家的技术经济政策；准确反映生产、建设的实践经验；标准的技术数据和参数有可靠的依据，并与相关标准相协调；对有分歧和争论的问题，编制组内取得一致意见；国家标准的编写符合工程建设国家标准编写的统一规定。

（6）征求意见稿及其条文说明应由主编单位印发国务院有关行政主管部门、各有关省（自治区、直辖市）工程建设行政主管部门和各单位征求意见。征求意见的期限一般为 60 天。必要时，对其中的重要问题，可以采取走访或召开专题会议的形式征求意见。

4. 送审阶段

工程建设国家标准送审阶段的工作要求如下：

（1）编制组将征求意见阶段收集到的意见，逐条归纳整理，在分析研究的基础上提出处理意见，形成国家标准送审稿及其条文说明。对其中有争议的重大问题可以视具体情况进行补充的调查研究、测试验证或召开专题会议，提出处理意见。

（2）当国家标准需要进行全面的综合技术经济比较时，编制组要按国家标准送审稿组织试设计或施工试用。试设计或施工试用应当选择有代表性的工程进行。试设计或施工试用结束后应当提出报告。

（3）国家标准送审的文件一般应当包括国家标准送审稿及其条文说明、送审报告、主要问题的专题报告、试设计或施工试用报告等。送审报告的内容主要包括制定标准任务的来源、制定标准过程中所做的主要工作、标准中重点内容确定的依据及其成熟程度、与国外相关标准水平的对比、标准实施后的经济效益和社会效益，以及对标准的初步总评价、标准中尚存在的主要问题和今后需要进行的主要工作等。

（4）国家标准送审文件应当在开会之前 45 天发至各主管部门和有关单位。

（5）国家标准送审稿的审查，一般采取召开审查会议的形式。经国务院工程建设行政主管部门同意后，也可以采取函审和小型审定会议的形式。

（6）审查会议应由主编部门主持召开。参加会议的代表应包括国务院有关行政主管部门的代表、有经验的专家代表、相关的国家标准编制组或管理组的代表。

审查会议可以成立会议领导小组，负责研究解决会议中提出的重大问题。会议由代表和编制组成员共同对标准送审稿进行审查，对其中重要的或有争议的问题应当进行充分讨论和协商，集中代表的正确意见；对有争议并不能取得一致意见的问题，应当提出倾向性审查意见。

审查会议应当形成会议纪要。其内容一般包括审查会议概况、标准送审稿中的重点内容及分歧较大问题的审查意见、对标准送审稿的评价、会议代表和领导小组成员名单等。

（7）采取函审和小型审定会议对标准送审稿进行审查时，由主编部门印发通知。参加函审的单位和专家，应经国务院工程建设行政主管部门审查同意、主编部门在函审的基础上主持召开小型审定会议，对标准中的重大问题和有分歧的问题提出审查意见，形成会议纪要，印发各有关部门和单位并报国务院工程建设行政主管部门。

5. 报批阶段

报批阶段的工作要求如下：

（1）编制组根据审查会议或函审和小型审定会议的审查意见，修改标准送审稿及其条文说明，形成标准报批稿及其条文说明。标准的报批文件经主编单位审查后报主编部门。报批文件一般包括标准报批稿及其条文说明、报批报告、审查或审定会议纪要、主要问题的专题报告、试设计或施工试用报告等。

（2）主编部门应当对标准报批文件进行全面审查，并会同国务院工程建设行政主管部门共同对标准报批稿进行审核。主编部门将共同确认的标准报批文件一式三份报国务院工程建设行政主管部门审批。

6. 批准发布阶段

工程建设国家标准由国务院工程建设行政主管部门审查批准，由国务院标准化行政主管部门统一编号，国务院标准化行政主管部门和国务院工程建设行政主管部门联合发布。

工程建设国家标准的编号格式与一般国家标准的相同，其标准的顺序号为 50000以上。

工程建设国家标准发布后的出版由国务院工程建设行政主管部门负责组织，出版印刷应当符合工程建设标准出版印刷的统一要求。

7. 复审与修订阶段

工程建设国家标准复审的具体工作由标准的管理单位负责。复审可以采取函审或会议审查，一般由参加过该标准编制或审查的单位或个人参加。标准复审后，标准的管理单位应当提出其继续有效或者予以修订、废止的意见，经该标准的主管部门确认后报国务院工程建设行政主管部门批准。

对确认继续有效的工程建设国家标准，当再版或汇编时，应在其封面或扉页上的标准编号下方增加"××××年××月确认继续有效"。对确认继续有效或予以废止的工程建设国家标准，由国务院工程建设行政主管部门公布。

对需要全面修订的工程建设国家标准，由其管理单位做好前期工作。属下列情况之一的工程建设国家标准应当进行局部修订：标准的部分规定已制约了科学技术新成果的推广应用；标准的部分规定经修订后可取得明显的经济效益、社会效益、环境效益；标准的部分规定有明显缺陷或与相关的标准相抵触；需要对现行的标准做局部补充规定。工程建设国家标准进行局部修订时工程程序应适当简化。

二、工程建设标准的编写

工程建设标准主要根据住房和城乡建设部印发的《工程建设标准编制指南》进行编写，其多个方面的要求与其他标准有一定的差别，在编制这类标准时需加以注意。

（一）标准的构成

工程建设标准一般由前引部分、正文部分和补充部分构成。前引部分包括封面、扉页、公告、前言和目次；正文部分包括总则、术语和符号、技术内容；补充部分包括附录、标准用词说明和引用标准名录。其中扉页、公告、标准用词说明是一般标准中没有的，引用标准名录与其他标准中"规范性引用文件"一章类似，但位置不同。

另外，工程建设标准一般都编写条文说明。条文说明附在标准之后，是相对独立的一个部分。条文说明部分包括封面页、制定（或修订）说明、目次，以及按章、节、条组织的对条文进行说明的内容。在一般标准中，不附条文说明。

（二）前引部分的编写

1. 封面

工程建设标准的封面应包括标准类别、检索代号、分类符号、标准编号、标准名称、英文译名、发布日期、实施日期、发布机构等要素。从形式上看封面与一般标准相似，但一般标准的封面上没有分类符号。工程建设类标准的分类符号是"P"。

2. 公告

标准发布公告应包括标题及公告号、标准名称和编号、标准实施日期、强制性条文情况、修订情况（被替代标准的名称、编号和废止日期）等内容。

3. 前言

工程建设标准的前言应包括下列内容：

——制定（修订）标准的任务来源。

——概述标准编制的主要工作和主要技术内容；对修订的标准，还应简述主要技术内容的变更情况。

——当标准中有强制性条文时，应采用"本标准（规范、规程）中以黑体字标志的条文为强制性条文，必须严格执行"的典型用语，予以说明；同时还应说明强制性条文管理、解释的负责部门。

——标准的管理部门、日常管理机构，以及具体技术内容解释单位名称、邮编和通信地址。

——标准的主编单位、参编单位、主要起草人和主要审查人员名单。必要时，还可包括参加单位名单。

4. 目次

工程建设标准的正文目次包括中文目次和英文目次，并应编排在前言之后。目次的编排从第1章开始依次列出章名、节名、附录名、标准用词说明、引用标准名录、条文说明及其起始页码。

在其他标准中，没有英文目次，且目次排在前言之前。

（三）正文部分的编写

1. 总则

总则是工程建设标准的第 1 章，应按下列内容和顺序编写：

——制定标准的目的。应概括地阐明制定标准的理由和依据。

——标准的适用范围。适用范围应与标准的名称及其规定的技术内容相一致。在规定的范围中，当有不适用的内容时，应指明标准的不适用范围。标准的适用范围不应规定参照执行的范围。对标准的适用范围（或不适用范围）一般用"本标准（规范、规程）适用于（或不适用于）……"来表述。

——标准的共性要求。共性要求应为涉及整个标准的基本原则，或是与大部分章、节有关的基本要求。当共性要求内容较多时，可独立成章，章名一般用"基本规定"。

——执行相关标准的要求。一般采用"……，除应符合本标准（规范、规程）外，尚应符合国家现行有关标准的规定"的表述形式。

2. 术语和符号

工程建设标准中采用的术语和符号（代号、缩略语），当现行标准中尚无统一规定，且需要给出定义或含义时，可独立成章，集中列出。当内容少时，可不设此章。标准中只有术语或只有符号时，章名为"术语"或"符号"。当同时存在术语和符号时，分节编写。每个术语需编写为一条，其内容包括中文名称、英文名称（英文对应词）、术语的定义。符号内容包括符号及其含义，符号与含义之间加破折号。符号可不编号，但应按字母顺序排列，性质相同的多个符号可归为一条。

3. 技术内容

工程建设标准中技术内容的编写，要求符合下列原则：

——规定需要遵守的准则和达到的技术要求以及采取的技术措施，不叙述其目的或理由。

——定性和定量应准确，并应有充分的依据。

——纳入标准的技术内容，应成熟且行之有效。凡能用文字阐述的，不用图作规定。

——标准之间不应相互抵触，相关的标准条文应协调一致。不将其他标准（规范、规程）的正文或附录作为本标准（规范、规程）的正文或附录。

——章节构成应合理，层次划分应清楚，编排格式符合统一要求。

——技术内容表达应准确无误，文字表达逻辑严谨、简练明确、通俗易懂，不模棱两可。

——表示严格程度的用词应恰当，并符合标准用词说明的规定。

——同一术语或符号应始终表达同一概念,同一概念应始终采用同一术语或符号。

——公式应只给出最后的表达式,不列出推导过程。在公式符号的解释中,可包括简单的参数取值规定,不作其他技术性规定。

(四)补充部分的编写

1. 附录

附录应与正文有关,并为正文条文所引用。附录属于标准的组成部分,其内容具有与标准正文同等的效力。附录按在正文中出现的先后顺序依次编排。

2. 标准用词说明

标准中表示严格程度的用词应采用规定的典型用词。标准用词说明要单独列出,编排在正文之后,有附录时排在附录之后。标准用词说明一般采用图4-8所示的格式。

本标准(规范、规程)用词说明

1 为便于在执行本标准(规范、规程)条文时区别对待,对要求严格程度不同的用词说明如下:

1)表示很严格,非这样做不可的:

正面词采用"必须",反面词采用"严禁";

2)表示严格,在正常情况下均应这样做的:

正面词采用"应",反面词采用"不应"或"不得";

3)表示允许稍有选择,在条件许可时首先应这样做的:

正面词采用"宜",反面词采用"不宜";

4)表示有选择,在一定条件下可以这样做的,采用"可"。

2 条文中指明应按其他有关标准执行的写法为:"应符合……的规定"或"应按……执行"。

图4-8 标准用词说明格式

3. 引用标准名录

引用标准名录的编写要求如下:

——引用标准名录应是标准正文所引用过的标准或参照采纳的国际标准、国外标准,其内容包括标准名称及编号,标准编号应与正文的引用方式一致。

——按照国家标准、行业标准、地方标准等国内标准及参照采纳的国际标准或国外标准的层次,依次列出。

——当每个层次有多个标准时,按先工程建设标准、后产品标准的顺序,依标准编号顺序排列。

——参照采纳的国际标准或国外标准按先国际标准、后国外标准的顺序，依标准编号顺序排列。

（五）层次划分及编号

工程建设标准的层次划分及编号与一般标准的表示方式不同。在一般标准中，层次分为章、条、段、列项，没有"节"的概念。其中条可以进一步细分，即带标题的条又可分为多个条，最多可分到第五层次。列项也可以进一步细分为分项。

工程建设标准的正文按章、节、条、款、项划分层次。章是标准的分类单元，节是标准的分组单元，条是标准的基本单元。条应表达一个具体内容，当其层次较多时，可细分为款，款可再分成项。当某节内容较多或内容较复杂时，可在该节增加次分组单元，但所属节的条文编号应连续；次分组单元的编号采用大写罗马数字顺序编号。

工程建设标准的章、节、条编号采用阿拉伯数字，层次之间加下角圆点。章的编号在同一标准内自始至终连续，节的编号在所属章内连续，条的编号应在所属的节内连续。当章内不分节时，条的编号中对应节的编号采用"0"表示。例如，"总则"一章不分节，条的编号为1.0.1、1.0.2等。款的编号采用阿拉伯数字，在所属的条内连续；项的编号采用带右半括号的阿拉伯数字，在所属的款内连续。当章或节的内容仅有一条时，也要编号。

图、表、公式的编号。工程建设标准中出现的图、表、公式按条号编号，当同一个条文中有多个表时，在条号后加图、表、公式的顺序号。例如：第3.2.5条的两个表，其表编号应分别为"表3.2.5-1""表3.2.5-2"。其中公式的编号，还要加圆括号，如公式（3.2.5）。在一般标准中，图、表、公式的编号是以阿拉伯数字顺序编号的，如图1、图2等。其中一个图中有分图时，分图编号为a)、b)等，而工程建设标准中分图的编号为（a）、（b）等。

工程建设标准中附录的层次划分和编号方法与正文相同。附录的编号采用大写正体英文字母，从"A"起连续编号，但附录号不采用"I""O""X"这三个字母。例如：附录A；A.2；A.2.1等。附录中图、表、公式的编号方法与正文中的编号方法一致。但当一个附录中的内容仅为一个图（或表）时，不编节、条号，在附录号前加"图（或表）"字编号。例如，附录C为一个表，其编号为"表C"。而在一般标准中，一个附录中的内容仅为一个图（或表）时，仍需正常编号，并由引出语引出，例如：……如图A.1所示。

（六）引用标准的要求

工程建设标准中，国家标准、行业标准可以引用国家标准或行业标准，不引用团体标准、地方标准、企业标准。地方标准可以引用国家标准、行业标准或地方标准。被引用的行业标准或地方标准必须是经备案的标准。

当工程建设标准采用国际标准或国外标准的有关内容时，不引用其名称和编号，而是将采纳的相关内容结合标准编写的实际，作为标准的正式条文列出。

当标准中涉及的内容在国内有关的标准中已有规定时，一般采用引用这些标准的形式，来代替其详细规定，不重复被引用标准中相关条文的内容。

对工程建设标准条文中引用的标准在其修订后不再适用，需指明被引用标准的名称、代号、顺序号、年号，如《×××××》GB 50×××—2006；对标准条文中被引用的标准在其修订后仍然适用，指明被引用标准的名称、代号和顺序号，不写年号，如《×××××》GB 50×××。在一般标准中，引用标准的方式有所不同，条文中引用时不需要加标准名称，规范性引用文件清单中标准编号在前，名称在后。另外，当引用标准中的具体内容时，在引用时需在带年号的标准编号之后提及章、条、图、表、附录等的编号。

工程建设标准的强制性条文中引用其他标准，仅表示在执行该强制性条文时，必须同时执行被引用标准的有关规定。强制性条文中不应引用本标准（规范、规程）中非强制性条文的内容。

（七）条文说明的编写

条文说明的编写原则如下：

——标准正文中的条文可编写相应的条文说明；当正文条文简单明了、易于理解无需解释时，可不作说明。

——强制性条文必须编写条文说明，且必须表述作为强制性条文的理由。

——条文说明不应对标准正文的内容作补充规定或加以引申。

——条文说明不能写入涉及国家规定的保密内容。

——条文说明不能写入有损公平、公正原则的内容。

条文说明的封面页包括标准类别、标准名称、标准编号以及"条文说明"字样。制定（或修订）说明应简述标准编制遵循的主要原则、编制工作概况、重要问题说明以及尚需深入研究的有关问题。对修订标准，还应包括上次标准内容变化的主要情况及编制单位、主要人员名单。条文说明的目次根据条文说明的实际章节按顺序列出章名、节名及页码。条文说明的章节标题和编号与正文一致。

条文说明内容的编写要求如下：

（1）按标准的章、节、条顺序，以条为基础进行说明。需对术语、符号说明时，可按章或节为基础进行说明。

（2）条文说明应主要说明正文规定的目的、理由、主要依据及注意事项等，对引用的重要数据和图表还应说明出处。

（3）条文说明的表述应严谨明确、简练易懂，具有较强的针对性。

（4）内容相近的相邻条文可合写说明，其编号可简写，如 3.2.2～3.2.6。

（5）对修订或局部修订的标准，其修改条文的说明应作相应修改，并应对新旧条文进行对比说明。未修改的条文保留原条文说明，也可根据需要重新进行说明。

（6）条文说明的图、表、公式的编号，采用阿拉伯数字按章编排，如表 4-1 等。

（7）条文说明的内容不应再采用注释。

（8）当条文说明与正文合订出版时，其页码与正文连续编排，其中封面页为暗码。

第五章

电力标准实施监督评价

标准化是现代企业管理体系的重要组成部分。《中华人民共和国标准化法》（简称《标准化法》）第三条明确"标准化工作的任务是制定标准、组织实施标准以及对标准的制定、实施进行监督"。但在标准化领域长期存在"重制定、轻实施"问题，导致标准价值难以充分体现。标准是电力企业各项业务活动开展的基础保障，标准有效实施应用有利于企业发展战略落地实施、企业业务活动协调统一及科技创新链条有效延伸，对电力安全生产具有十分重要的作用。本章对电力标准的实施和实施监督评价工作进行介绍，共分四节，第一节主要阐述标准实施监督评价基本概念，第二节主要介绍具有代表性的电力标准实施监督评价"七步法"，第三节以案例形式介绍电力标准实施监督评价的方法和步骤，第四节主要介绍标准实施效益评价的全链条价值分解法和实践案例。

第一节　标准实施监督评价基本概念

标准实施监督评价是标准化工作的核心内容，是企业管理的重要组成部分。本节主要就标准实施监督评价的基本概念，以及标准实施监督评价的两种典型模式进行介绍。

一、标准实施应用方面

标准主要应用在生产活动、服务活动、贸易活动、政府管理和社会治理等方面，可通过宣传贯彻、试点示范、反馈评价等方式促使标准的实施应用。

1. 生产活动中应用标准

产品的设计、制造和检验都与标准的实施应用密切相关。在产品设计阶段，运用标准明确设计规范要求，确认原材料、零部件、接口等是否满足设计规范。在产品的制造阶段，通过实施应用标准规划、布置和组织生产过程的程序、阶段和环节等，管理者应用标准规定的追溯和证实方法监督制造过程是否严格执行了相关要求。在生产完成、产品出厂或交付前，可按照标准规定的试验方法和证实方法，检验产品是否符合标准中规定的性能要求。

2. 服务活动中应用标准

在服务活动中，标准主要应用于服务的接待与受理、服务提供、质量控制和评价等环节。在接待与受理环节、服务提供环节、质量控制环节和评价环节中，企业依托标准中对与服务对象的沟通态度/使用语言/响应时间、对服务提供者的行为/能力、对服务对象投诉/不合格服务的纠正、对服务满意度测评方法等方面的规定，建立内部规范和操作流程等，并依据标准进行培训和考核。

3. 贸易活动中应用标准

买卖双方在贸易活动合同中约定产品或服务的质量标准，标准成为评估产品质量和服务质量的重要依据。贸易活动通过开展合格评定及检验检测保证所提供的产品或服务符合相关标准。产品或服务供给方依据产品或服务规范、标准等检验与评估产品或服务的质量，符合规范、标准要求的作出符合性声明，为产品或服务销售提供依据或基础。需求方将标准作为产品或服务的采购依据，实现采购流程简化、采购成本降低。国际性、区域性的标准化组织通过使用通用标准，实现贸易流程简化，降低贸易技术壁垒。

4. 政府管理中应用标准

标准作为各方协商一致制定的文件，具有内容上的科学合理性和市场上的广泛接受性，政府在宏观调控、产业推进、行业管理、市场准入和质量监管中面对产品、服务、生产等方面的技术性问题时，通常采取法规引用标准和政策实施配套标准两种方式应用标准，提高法规政策的可操作性、可验证性。法规应用标准制度是指通过特定的表述形式在法规文本中引用标准的制度，从而发挥标准对法规的技术支撑作用，同时借助法规的强制效力推动标准实施。政策实施配套标准制度是在政策文件中引用配套标准的相关制度，通过应用具体标准促进政策有效落地实施。

5. 社会治理中应用标准

在社会治理领域应用标准的目的是实现治理要素和治理事项结构化、数据化，以此为基础建设完善网格化治理、精细化服务和信息化支撑的治理平台。通过实施标准实现对治理流程和治理模式的复制推广，提升治理规范性和协调性，促进政策精准落地、实现社会风险的精准研判、社会需求的精准回应、社会矛盾的精准调控。

二、标准实施的监督

开展对标准实施监督，目的是监督检查标准执行的准确性，以及对标准实施中遇到的问题进行处理。强制性标准执行是一项明确的法定义务，由标准化行政主管部门和有关行业行政主管部门监督执行；对推荐性标准及市场自主制定标准的实施监督，由标准相关方共同实现。

1. 强制性标准的实施监督

《强制性国家标准管理办法》规定，县级以上人民政府标准化行政主管部门和有关行业行政主管部门依据法定职责，对强制性国家标准的实施进行监督检查。强制性国家标准实施的监督方式主要有：

（1）通过产品质量监督、强制性产品认证管理和认证后监督、监管执法等检查产品、过程或服务是否符合标准要求，对于不符合的可按照有关法律法规进行处理。

（2）调查强制性国家标准的执行情况和存在的问题，评估实施效果，促进标准实施。

（3）接收社会公众、企业事业单位、社会团体的举报投诉、舆情监测等，掌握标准实施中遇到的问题和困难。

2. 推荐性标准及市场自主制定标准的实施监督

推荐性标准及市场自主制定的标准一般是自愿使用，约束力来源于引用标准的法律法规、合同文本、企业内部规章等，监督方式包括自我监督、合同相对人的监管、社会监督和政府监督等。

三、标准实施监督模式

通过上述内容可知，标准实施与实施监督是一个完整的过程，根据标准的内容及其实施对象、实施背景和场合不同导致标准实施模式存在差异。本部分主要介绍两种常见的实施模式，即以企业为中心的标准实施模式和以产品为中心的标准实施模式。

（一）以企业为中心的标准实施模式

以企业为中心的标准实施模式主要适用于三种情况：①相关法规或上级单位要求企业适用实施有关标准；②根据装备使用需要，实施新标准可解决产品使用中的故障和质量问题；③根据生产和技术改造需要实施新标准。

针对企业发展需要，以企业为中心的标准实施模式划分为分析阶段、方案制定阶段、准备阶段、实施阶段、检查总结阶段等，模式程序图如图 5-1 所示。

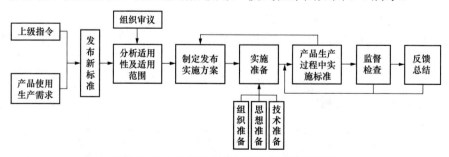

图 5-1　以企业为中心的标准实施模式程序图

1. 分析阶段

（1）标准的主题内容和适用范围是否与本企业有关，实施这些标准能否解决本企业或者有关产品的问题。

（2）实施的这些标准可行性、时机和条件是否成熟，有什么困难和问题。

（3）实施这些标准对企业现有生产条件、生产秩序带来什么影响，将付出什么代价。

（4）需要什么样的技术准备，什么样的仪器设备，工作量的大小和周期的长短。

（5）投资和预期效果。

2. 方案制定阶段

该阶段是在分析阶段的基础上，按预定目标和现有条件进行策划，提出实施方案。应尽量提出几个符合边界条件的可行方案，并对不同方案的利弊得失进行对比，由领导层决策后再执行。

3. 准备阶段

（1）组织准备。当某些标准实施工作复杂、涉及单位和技术面广时，应成立相应组织，必要时成立办公室或工作组，由企业有关负责人领导、标准化职能部门组织、有关单位指定专人参加。

（2）思想准备。主要是通过各种形式和渠道对企业领导和各级管理及技术人员宣传实施标准的意义，提高认识，以便员工能够自觉参与标准实施工作。

（3）技术准备。包括资料准备，如标准文本、差异对照、宣讲材料；举办各种宣讲学习班；组织技术难点的攻关等。

4. 实施阶段

由于各种标准千差万别，具体实施时，工作内容也不相同，应注意处理好以下问题：

（1）检查准备工作和工作内容的适用性。

（2）协调和处理标准中不明确、不适用的问题。

（3）协调和处理偏离标准问题。

（4）进行技术状态纪实。

5. 检查总结阶段

包括监督检查和反馈总结两个环节。在标准实施过程中进行阶段性的检查和小结，以便弥补前期的不足，改进下一阶段的工作。检查形式有检查有关图样资料和原始记录；对现场进行了解和抽查；组织标准实施的评审等。

（二）以产品为中心的标准实施模式

以产品为中心的标准实施模式主要适用于新产品研制和生产，标准实施涉及领域和内容非常广泛。新产品研制和生产全过程涉及设计、制造、试验样机、生产等诸多标准，覆盖设备、零部件、原材料、元器件等，内容从基础标准到产品性能、质量要求、试验方法、验收规范等。标准作为优化设计和制造的技术手段，对新产品生产提供了科学技术支持。

以产品为中心的标准实施模式根据产品生产环节可划分为方案确定阶段的标准实施、产品研制阶段的标准实施、设计定型阶段的标准实施和生产制造阶段的标准实施，模式程序图如图5-2所示。

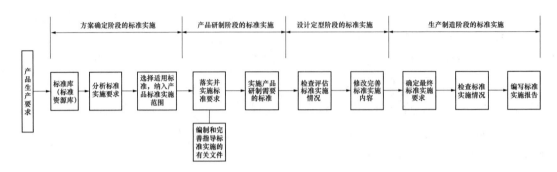

图 5-2　以产品为中心的标准实施模式程序图

1．方案确定阶段的标准实施

（1）根据产品研制目标选用和要求实施的标准，必要时开展标准论证，增强实施标准的针对性。

（2）分析需求方提出的标准实施要求，逐项进行分析，确认其可行性。对于不适用的标准内容提出意见和建议。

（3）与产品性能相匹配的标准纳入产品可实施标准范围。

2．产品研制阶段的标准实施

产品研制阶段主要是根据标准进行样机设计和试验，通过编制图样和技术文件实施标准。该阶段将标准实施要求落实到图样和技术文件中，同时根据样机选用和实施标准。

（1）落实并实施标准要求。开展产品设计并编制技术文件，作为加工、试验的依据，推动标准实施的要求应具有可操作性。例如，环境试验要求，需明确做哪些试验项目、试验的具体量值、试验的程序等一系列详细要求。

（2）编制和完善指导标准实施的有关文件。根据样机设计、制造和试验的进展，逐步完善实施标准的要求，编制标准化作业指导文件。

（3）优化选择和实施产品研制需要的标准。在研制过程中，根据样机设计、制造和试验的需要，选择、实施相关标准。

3．设计定型阶段的标准实施

该阶段主要是对产品的性能进行检测，确认其达到标准或合同的要求，并对标准的选择给出最终意见。

（1）检查标准实施情况。根据标准或合同、研制方案等检查产品性能是否达到了规定的要求，同时也检查选用的标准是否科学、合理。

（2）修改完善标准实施内容。根据标准实施情况，对于执行标准的适用性做出评价，针对存在的问题进行修改。

4. 生产制造阶段的标准实施

该阶段主要是根据标准实施要求进行试生产或批量生产。

（1）确定最终标准实施要求。根据产品或合同生产要求，选择合适的标准，确定技术参数、生产程序等。

（2）检查标准实施情况。根据标准开展产品生产，同步检查标准的适用性等。

（3）编写标准实施报告。对标准实施的实际情况、取得效果、存在的问题以及今后的改进措施进行总结和报告。

第二节　标准实施监督评价方法

根据多年实践经验总结，国家电网有限公司提出了一套适合电力企业特点的标准实施监督评价方法，简称标准实施监督评价"七步法"。"七步法"由体系维护、标准辨识、宣贯培训、标准执行、监督检查、结果评价、改进提升七个步骤构成，在实际中通过灵活掌握和科学应用，已成为固化业务应用与标准实施的重要路径。

一、标准实施监督评价基本原则

开展标准实施与监督评价应遵循以下基本原则：

（1）目标一致原则。确保标准实施与监督评价与企业总体目标保持一致，支撑企业目标的实现。

（2）过程管控原则。企业标准实施与监督评价工作应全方位覆盖标准管理全生命周期，强调对各关键环节的监督，确保全面有效的管控。

（3）职责清晰原则。明确企业内部"统一领导、归口管理、专业负责、专家支撑"的基本分工，明确各环节管理人员的定位和职责。

（4）分级实施原则。鉴于不同层级单位工作任务，以及对标准需求的差异性，各层级单位在标准实施与监督评价全过程各环节上应上下贯通、有机衔接。

（5）完整闭环原则。标准实施与监督评价应形成包含宣贯培训、结果评价和改进提升在内的完整闭环。

（6）持续提升原则。坚持对标准实施中的问题进行深入分析和及时纠正，促进标准自身质量和企业标准化治理能力持续提升。

二、标准实施监督评价"七步法"

"七步法"是指通过灵活应用体系维护、标准辨识、宣贯培训、标准执行、监督检查、结果评价、改进提升七个步骤（见图5-3）实现标准价值，是电力企业固化业务应用与标准实施的重要路径。

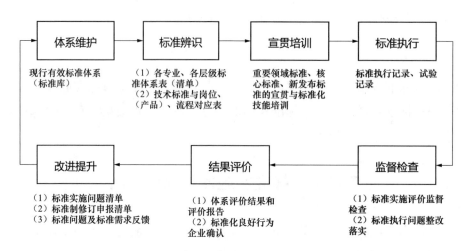

图 5-3 标准实施监督评价"七步法"

1. 体系维护

体系维护是标准实施监督评价工作的首要步骤,旨在确保当前标准体系的有效性,并为下一步的标准辨识与实施打好基础。只有现行有效的标准才有资格被"辨识"。企业标准归口管理部门通过公示、采标等各种渠道收到发布/废止标准的通知文件后,应在指定期限内将其转发给相关业务管理部门、单位；相关业务管理部门、单位在收到标准的发布或废止通知后,应在规定期限内将新发布标准纳入本部门、单位业务管理范围内应执行的标准清单,删除已废止的标准,并及时通知相应执行部门或单位。标准体系维护过程见图5-4。体系维护通常有新标准纳入、替换原标准或废止原标准三种结果。

体系维护通常有以下四种方式：

（1）自行定期复审现行标准，确定其是否仍然有效、是否需要修订或废止。

（2）根据技术发展变化情况，不定期审查企业标准有效性，确定其是否仍然有效、是否需要修订或废止。

（3）持续监测新发布/废止的国际标准、国家标准、行业标准、团体标准等公示信息以获取最新标准发布/废止情况。

（4）企业标准制定、修订或废止后，由企业相关部门在内部管理平台上发布相关通知。

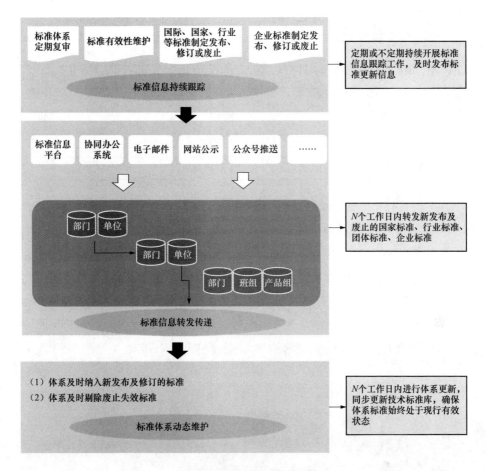

图 5-4 标准体系维护过程

2. 标准辨识

选用标准的过程即为标准辨识，是评估标准适用性的关键环节，目的是实现标准与适用岗位的对接。标准使用者应基于业务和生产需求选择恰当的标准，形成标准体系表（清单），避免误用或过度使用和欠使用。如有需要，可编制作业指导书等标准化作业指导文件，以确保标准与业务需求、操作流程的精确匹配。针对涉及大量标准的业务或产品，应审慎选择标准，确保满足研制、生产、试验等需求的同时最大限度地减少标准数量，以核心标准为主，合理限制非必需范围内的标准选用。企业标准体系表（模板）见表 5-1。

表 5-1   企业标准体系表（模板）

序号	分类号	标准号	标准名称（中文）	责任部门	分类
1					
2					

续表

序号	分类号	标准号	标准名称（中文）	责任部门	分类
3					
4					
5					
6					
7					
...					

标准辨识以业务流程线或经营过程线为主线，以岗位、班组、部门为基本单元开展。在标准辨识过程中，主要围绕专业要求、岗位职责和业务需要辨识选用标准，形成以岗位为基本单元的岗位标准清单。一般采用"自上而下"与"自下而上"同步的标准辨识方法，"自上而下"指按照一级、二级、三级企业的顺序逐级开展标准辨识，"自下而上"指按照岗位、班组、部门、企业顺序开展标准辨识。"自上而下"与"自下而上"两者相互补充，共同确保标准辨识工作的全面、准确（见图5-5）。

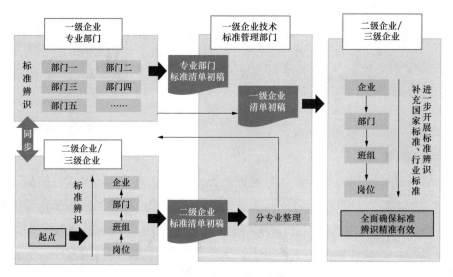

图 5-5　"自上而下"与"自下而上"相结合的标准辨识方法

需要注意的是，标准辨识中有一项非常重要的配套工作，就是技术标准差异协调统一工作，目的是加强源头管控，协调解决国家标准、行业标准、团体标准、企业标准制修订过程中可能存在的条款交叉矛盾问题。该工作由电力企业总部统一组织开展并给出执行标准的指导意见，其他各级单位遵照执行，避免各级单位辨识标准的不一致。

3. 宣贯培训

宣贯培训一般由标准使用单位（标准实施主体）负责，企业通过多种途径、模式与方法，深化对关键核心标准、重要领域标准的普及与知识传授，确保员工对标准的内涵、原理、方法和目的有深入认识。企业结合自身业务，建立常态化宣贯培训机制，采用视频教学、网络大学、空中课堂、专题学习等多种方法，对核心标准或新发布的标准进行及时宣贯；也可通过岗位技术培训、岗位技能考试等形式，定期对班组进行技能培训，确保标准、作业指导书与专业技能融合并提升班组的业务能力。标准宣贯，应根据实际业务需求进行，避免不必要的集中宣贯。

4. 标准执行

标准从技术层面和管理层面上为法律法规提供了支撑。标准一旦被法律法规采纳并融为其组成部分，就必须严格执行。在实施标准时，标准使用者必须严格遵守涉及人身安全、卫生、环保、保密等法律法规的规定。在执行标准时，应做好完备的标准执行记录，对于执行过程中出现的标准不匹配、冲突或遗漏等问题需及时记录。本单位的业务管理部门和标准管理部门负责对标准问题进行整理、汇总、评审，并逐级向上反馈。

为促进标准在企业末端的实施，各专业和岗位需明确其业务流程中应执行的标准，确保标准与业务流程、岗位要求紧密结合；全面推行标准化作业指导书（卡）等标准化作业指导文件在实际工作中的使用（见表5-2），要求各工作现场严格按要求执行；通过岗位自查，检查标准执行的有效性，形成"岗位应直接执行标准是否有效执行证明材料"和"岗位应执行标准监督检查表"，发现执行过程中标准不适用、标准交叉矛盾、标准缺失等问题，从而实现过程有记录、执行有效果、内容持续改进的有效标准执行循环。岗位执行标准自查内容见图5-6。

表 5-2　　　　　　　　　　　标准与作业指导书对照表（模板）

作业指导书名称	作业内容简介	应用的标准编号	标准名称	班组	岗位	标准执行证明材料名称

5. 监督检查

企业结合日常业务管理工作，以发现标准执行中的问题为重点，对业务范围内应执行标准的执行情况进行监督检查，对执行过程中发现的违反和不符合标准的问题进行记录。

监督检查的方式可采取综合监督、专业监督、岗位日常监督等方式。

（1）综合监督主要是指由更高层级的标准管理部门联合业务管理部门组织实施，针对基层单位监督检查标准的实施与应用情况，指导基层单位运用"七步法"推进标准的落地，收集各单位的标准反馈意见，检查督导标准实施。

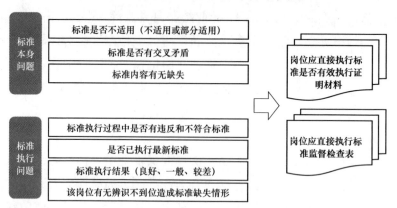

图 5-6　岗位执行标准自查内容

（2）专业监督是以业务管理部门为主体，在质量检查、安全检查、技术监督及试验检测等日常业务管理工作中，检查标准执行情况，对标准应用不到位或错误应用的情况以及标准更新、标准辨识存在的问题及时发现并予以整改。

（3）岗位监督是指基层单位结合日常业务工作独立开展的关键岗位标准实施监督。岗位日常监督检查表（模板）见表 5-3。

表 5-3　　　　　　　　　　　岗位日常监督检查表（模板）

问题类型	标准不适用□　标准缺失□　标准交叉矛盾□　标准执行问题□		
标准名称	×××		
标准编号	×××		
提出部门/单位	×××	提出时间	××年××月××日
联系人	××	联系方式	××
问题描述	附录 A 中，配电自动化系统有关运行指标和计算公式中……		
建议内容	×××		
业务部门	×××	负责人	××
技术标准管理部门	×××	负责人	××
备注			

6. 结果评价

结果评价通常采用以下三种方式：

（1）企业自行组织开展的自评价。企业对照标准实施监督评价工作要求进行自评价，标准对实施情况及实施效果以定性、定量相结合的方式进行评价，深入分析存在的问题并进行改进，形成评价结果。

（2）上级单位组织开展的评价。可以结合专业监督和综合监督同步开展，也可以独立开展。需要建立统一的评价细则。

（3）通过第三方对标准实施结果进行评价。例如，按照行业标准化工作要求开展电力企业"标准化良好行为企业"创建，确认企业标准化良好行为结果，进一步深化标准实施监督评价。

7. 改进提升

对于在标准执行和监督检查中发现的问题，如标准不适用、交叉矛盾、缺失等，需通过反馈机制及时向上反馈，并将标准问题反馈至对应的标准管理机构或技术组织，同时将标准实施反馈意见、监督检查结果与标准制修订工作相结合，积极向国家、行业标准化管理机构、企业总部等申报标准制修订项目，推动标准质量的持续提升。

在标准实施过程中，各单位针对发现的标准不适用、交叉矛盾、缺失等问题，形成本单位标准问题清单，通过标准管理线和专业部门管理线自下而上进行反馈。标准主管部门组织对标准问题进行审查并给出审查意见，对于无效问题和建议答复问题提出单位，对有效问题和建议经研究和验证后进行处理。对于国家标准、行业标准和团体标准的相对反馈应及时传达至相关标准化技术组织或管理机构；对于企业标准意见的反馈，应组织专家进行评估，并及时纳入企业标准制修订计划。技术标准反馈问题解决过程见图5-7，标准实施发现问题及改进提升建议表（模板）见表5-4。

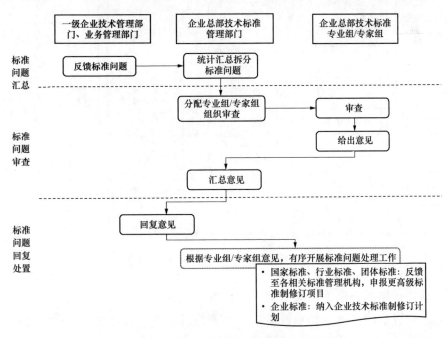

图 5-7　技术标准反馈问题解决过程

表 5-4 标准实施发现问题及改进提升建议表（模板）

部门/单位	分类号	标准编号	标准名称	标准有何问题	意见建议	备注

三、标准实施监督评价体系的建立

以"七步法"实施为主线，依据"*N* 个层级、*N* 个环节、*N* 个项目、*N* 个评价对象、*N* 个关键问题"设计标准实施监督评价体系，明确详细的评价内容、评价对象、评价方法和证明材料,确保各层级单位标准实施监督评价工作的目标和内容保持一致。

1. 评价内容

标准实施监督评价体系涵盖标准实施监督评价"七步法"的 7 个环节以及领导作用，形成 8 个评价项目，即领导作用、体系维护、标准辨识、宣贯培训、标准执行、监督检查、结果评价和改进提升（见图 5-8）。在此基础上，以标准实施的 *N* 个关键问题细化评价内容，作为标准实施监督评价的依据。

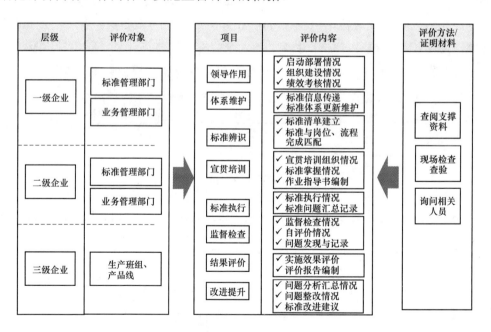

图 5-8 标准实施监督评价体系结构示意

（1）领导作用。各单位主要负责人在标准实施监督评价工作中应发挥领导作用，包括动员、推进、检查等各种推进活动，部署资源配置，安排相关工作，明确职责分工及进度安排等。领导作用非常关键。

（2）体系维护。及时跟踪并传达新发布/废止的企业标准通知文件和国家标准、行业标准、团体标准公示信息，及时更新维护本单位的标准清单，移除替代/废止标准。

（3）标准辨识。各业务管理部门与基层单位以专业、岗位为主线，同步推进标准辨识工作，围绕自身业务，精确辨识各部门和班组应执行的标准，实现标准全面覆盖且与业务流程精确对接。

（4）宣贯培训。建立常态化宣贯机制，通过多形式、多层次、多专业的标准宣贯培训，培养全员标准化意识，确保员工熟知并掌握业务范围内应执行的标准，从而提升各级人员的业务技能。

（5）标准执行。标准执行单位需检查记录各类标准的实际执行情况，检查本部门应直接执行的标准是否得到有效执行，执行过程中发现的标准不适用、交叉矛盾、缺失等问题是否得到记录，是否对下级单位反馈的标准不适用、交叉矛盾、缺失等问题进行收集汇总。

（6）监督检查。在日常业务管理工作中纳入标准监督，定期对下级单位的标准实施工作进行有效性评价，定期对本单位标准实施进行自评价，记录其中发现的标准不适用、交叉矛盾、缺失等问题，形成建议。

（7）结果评价。根据标准实施监督评价相关细则，对本单位和各部门的标准实施监督情况进行评价，形成评价结果和评价报告。

（8）改进提升。建立标准实施监督评价反馈机制，对标准辨识、宣贯培训、标准执行、监督检查过程中发现的标准不适用、交叉矛盾、缺失等问题进行汇总分析，针对问题提出标准修订、废止、补充立项等建议，配合上级单位标准化管理机构进行整改，形成整改报告。

2. 评价对象

企业标准实施监督评价体系自上而下分为企业总部、一级企业、二级企业、三级企业4个层级，根据评价对象在标准实施环节中的职责和任务，评价其执行情况和效果。

在领导作用上，以各单位主要负责人为评价对象，评价其在标准实施启动和实施过程各阶段，动员组织、资源配置、职责分工、建立工作机制等方面发挥的领导作用。

在体系维护上，以各单位标准管理部门、业务管理部门为评价对象，评价其在体系维护工作中，标准更新转发工作的有效性和及时性。

在标准辨识上，以各单位标准管理部门、业务管理部门和生产班组、产品线为评价对象，评价其在标准辨识工作中，标准选取的全面性以及标准与岗位及业务流程对接的准确性等方面。

在宣贯培训上，以各单位标准管理部门、业务管理部门和生产班组、产品线为评价对象，评价其在标准宣贯培训环节中，确保相关人员掌握标准内容，并编制标准化作业指导文件以促进标准与业务流程精准对接等培训成果。标准宣贯培训，要掌握适度适量原则，并非所有标准都需要宣贯。

在标准执行上，以各单位标准管理部门、业务管理部门和生产班组、产品线为评价对象，评价其在标准执行过程中，促进标准有效执行，记录标准执行过程中发现的问题并予以反馈处理等工作成果。

在监督检查上，以各单位标准管理部门、业务管理部门和生产班组、产品线为评价对象，评价其在监督检查过程中，组织监督检查、自评价、记录问题等工作成果。

在结果评价上，以一级企业和二级企业标准管理部门、业务管理部门为评价对象，评价其在结果评价过程中，组织标准实施效果自评价，形成自评价报告等工作成效。

在改进提升上，以各单位标准管理部门、业务管理部门和生产班组、产品线为评价对象，评价其在改进提升过程中，促进其发现标准实施过程中的标准不适用、交叉矛盾、缺失等问题及完成问题整改等工作成效。

3. 评价方法

针对实施监督评价中 N 个关键问题，就过程检查和结果检查两方面设计相应的评价方法和证明材料。过程检查中需针对每项检查内容，现场抽查过程文件，检查每一个关键控制点的证明材料是否齐全、准确，评估该检查环节是否执行到位，并询问相关人员对该环节工作要求的掌握与实际执行情况；结果评价中需针对每一项检查内容，核查成果文件的完整性与准确性，并做好评价过程记录，得出评价结果。企业标准实施监督评价细则是各单位评价工作的依据，评价人员应按照细则要求逐项对评价对象进行检查，查阅相关材料，询问相关人员，形成工作监督检查记录，并跟进整改情况，最终形成评价报告。

四、标准实施监督评价"七步法"的实施

针对电力企业层级多、链条长的特点，本部分以具有总部、一级企业、二级企业、三级企业组织架构的企业为例，从流程和角色角度阐述如何实施标准体系维护、标准辨识、宣贯培训、标准执行、监督检查、结果评价和改进提升"七步法"。

1. 体系维护

企业总部标准管理部门组织业务管理部门定期审查各业务领域内的标准有效性，针对国际标准、国家标准、行业标准、团体标准和企业标准，统一进行新增与修订情况，纳入新增标准，剔除废止标准，发布更新后的企业标准体系表，形成企业标准库。一级企业标准管理部门和业务管理部门针对新增和废止标准，通过标准转发机制及时将信息逐级传达到二级企业，确保各单位将最新标准信息及时更新至本单位标准库。二级企业标准管理部门和业务管理部门应及时将标准更新信息及时传达至三级企业，

各单位应及时更新本单位标准库。三级企业标准管理部门和业务管理部门应及时更新本单位标准库，纳入新标准，剔除废止标准。

2. 标准辨识

根据最新的企业标准库，企业总部业务管理部门辨识并形成业务领域内标准清单，形成企业总部标准体系表。一级企业业务管理部门根据企业总部标准体系表和辨识工作要求，进行本单位业务管理部门标准辨识工作，并将标准与业务流程对接，形成各业务管理部门的标准清单，建立一级企业标准体系表。二级企业业务管理部门根据一级企业及总部标准体系表和标准辨识工作要求，进行标准辨识工作，并完成标准与业务流程对接，形成本单位应执行的标准（清单）。三级企业的生产班组或产品线依据上级单位标准清单，辨识并形成本单位应执行的标准（清单），将标准与业务流程对接，形成标准与作业项目对照表。

3. 宣贯培训

企业总部标准管理部门组织重要标准的宣贯培训并进行记录。企业总部业务管理部门组织业务范围内重要领域标准、核心标准的宣贯培训并进行记录，反馈至企业总部标准管理部门。一级企业标准管理部门组织重要标准的宣贯培训并进行记录，反馈至企业总部标准管理部门，企业业务管理部门组织业务范围内重要领域标准、核心标准的宣贯并进行记录，组织标准的自学习，并反馈至上级单位标准管理部门。二级企业标准管理部门和业务管理部门参加上级单位组织的宣贯培训，并组织开展标准的自学习。三级企业参加上级单位组织的宣贯培训，开展标准的自学习，并编制作业指导书等标准化作业指导文件。

4. 标准执行

企业总部标准管理部门是标准实施的归口管理部门，负责标准实施的统筹与全程监督。一级企业、二级企业、三级企业业务管理部门均需对标准的执行情况及标准执行中发现的标准自身问题进行记录，并汇总反馈至本单位标准管理部门。针对业务管理部门反馈的标准执行情况和标准自身问题，一级企业、二级企业、三级企业标准管理部门需进行收集汇总，将发现的重大问题反馈给上级单位标准管理部门和业务管理部门。

5. 监督检查

企业总部标准管理部门提出标准实施的监督检查总体要求，组织开展监督检查。在企业总部标准管理部门的组织下，企业总部业务管理部门成立标准实施监督检查工作组，制定工作方案，并参与各级业务管理部门及生产班组/产品线的标准实施监督检查工作。一级企业标准管理部门组织、协调本单位标准实施的监督检查工作，一级企业业务管理部门开展本业务范围内标准执行情况的检查工作。二级企业标准管理部门协助、协调本单位标准实施的监督检查工作，二级企业业务管理部门开展本业务范围内标准执行情况的检查工作。三级企业执行本单位标准执行情况的监督检查工作。

6. 结果评价

企业总部标准管理部门统筹各层级单位的标准实施监督评价考核工作，汇总一级企业的标准实施监督评价报告，并编制企业总体标准实施监督评价报告。一级企业业务管理部门开展评价考核，提出总结评价；一级企业标准管理部门开展评价考核，并根据业务部门的总结评价，形成一级企业的标准实施监督评价报告。二级企业业务管理部门在上级部门组织下，开展评价考核，提出总结评价；二级企业标准管理部门在上级部门的组织下，开展评价考核，并根据业务部门的总结评价，形成二级企业的标准实施监督评价报告。三级企业在上级部门的组织下，开展评价考核，形成报告。

7. 改进提升

企业总部标准管理部门汇总分析企业总部业务管理部门反馈的问题和建议，评估标准实施监督评价情况并通报对应业务管理部门；对企业业务管理部门提出的意见和建议提出改进指导，并反馈给一、二级企业标准管理部门。一级企业标准管理部门汇总分析标准执行中的问题及标准自身的问题，反馈至企业总部标准管理部门并提出建议；根据企业总部标准管理部门及本单位业务管理部门提出的意见建议，结合本单位的标准执行问题和标准自身问题，制定本单位标准实施改进方案并组织实施。二级企业标准管理部门汇总分析标准执行中的问题及标准自身的问题，反馈至一级企业标准管理部门并提出建议；根据一级企业标准管理部门及本单位业务管理部门提出的意见建议，结合标准执行问题和标准自身问题，制定本单位的标准实施的改进方案并组织实施。三级企业将标准执行中的问题进行汇总分析，提出问题和建议并反馈至上级单位业务管理部门；根据上级单位标准管理部门提出的改进方案，并在上级单位标准管理部门的组织下，推进标准实施的改进工作。

需要说明的是，随着标准数字化转型不断深化，标准实施监督管理也将发生根本性变化，标准实施监督"七步法"也必将优化调整。

第三节　标准实施监督评价实践案例

本节以国家电网有限公司为例，从保障体系建设、实施体系建设、评价体系建设等方面讲述标准实施与监督评价实践。

一、保障体系建设

国家电网有限公司高度重视标准实施与实施监督评价工作，在制度建设、组织体系及职责分工、工作机制方面得到了保证。其中，国家电网有限公司根据国家政策文件、本公司规章制度，制定标准实施与监督有关的各种文件，层层递进，使标准实施与监督评价具有可操作性。例如，根据《标准化法》《国家电网有限公司技术标准管理办法》和其他相关规定，制定了《国家电网有限公司技术标准实施监督评价管理办法》，明确规定了公司技术标准实施监督评价工作的归口部门、分工负责部门、具体实施部门（机构）的主要职责，以及标准体系的建立、标准实施与监督、结果评价与改进等方面的管理办法。

二、实施体系建设

本部分主要从体系维护、标准辨识、宣贯培训、标准执行、监督检查维度讲述标准实施的实践经验。

1. 体系维护

国家电网有限公司定期组织维护技术标准体系，逐年滚动修编发布《国家电网有限公司技术标准体系表》，确保公司技术标准的先进性、有效性、适用性；各基层单位执行标准更新转发机制，及时转发技术标准更新信息，实时纳入新标准、剔除废止标准。同时，每月更新的《电力标准月报》，及时汇总整理在国家标准化管理委员会、国家能源局、中国电力企业联合会以及各省（区、市）市场监督管理局等标准发布机构公布新发布标准和替代标准，内容涵盖输电、变电、配电、用电、火力发电、水力发电、核能发电、风力发电、太阳能发电、生物质能发电、储能、电动交通、调度与交易、安全等方面。截至 2023 年年底，累计发布《电力标准月报》11 期，电力相关标准 1023 条，为标准体系的维护，提供了及时准确的信息支撑。

2. 标准辨识

国家电网有限公司下属各省电力公司及其下属单位依据《国家电网有限公司技术标准体系表》，按照各省电力公司、地市供电公司、县供电公司的顺序，以岗位为基础，"自上而下"与"自下而上"相结合有序开展标准辨识。标准辨识涵盖规划设计、工程建设、设备材料、调度与交易、运行检修、试验与计量、安全与环保、技术监督、信息与通信技术、售电市场与营销、新能源共 11 个专业大类和 104 个专业小类，通过辨识其职责范围内应实施的技术标准，推动技术标准落实到各专业、各班组、各岗位，各省电力公司及下属单位建立《技术标准体系表》，各部门、各班组、各岗位建立《技术标准清单》。

各省电力公司技术标准体系表包含标准号、标准名称、标准分类号等信息。标准分类号直观反映标准对应的公司技术标准体系中专业分类；"责任部门"体现"谁应用谁负责、管专业必管标准"的原则；"核心标准/参考标准"体现与专业紧密程度、标准重要性；"分类"表达该标准属于企业标准、行业标准、国家标准还是国际标准。岗位技术标准清单主要是以岗位为基础，辨识该岗位所需的技术标准，明确标准号、标准名称、实施日期等信息。

通过逐年滚动标准辨识新增、替代或废止标准，各省电力公司技术标准体系始终处于全面、有效、适用状态，同时通过标准与岗位、业务事项准确对接，对业务活动和岗位工作支撑更加精准到位。

3. 宣贯培训

标准实施的重中之重是标准执行的准确性、有效性，尤其是重要领域技术标准、核心标准的高效应用，因此对重要标准进行宣贯是必要的。国家电网有限公司宣贯培训贯穿技术标准实施监督评价的全过程。除了重要标准宣贯之外，各所属单位还适时组织标准化专项知识培训。针对业务范围内的重要领域技术标准、核心标准，举办技术标准培训班，定期开展各单位负责人、技术骨干、标准使用人员的现场集中培训；积极推行培训课堂"走出去"，组织人员到现场模拟查勘，找问题、提建议，促进共同提高；融合技术竞赛、技术培训、技能考试、班组晨会、现场微课堂等形式，定期开展班组技能培训，推进技术标准、作业指导书与专业技能的结合；依托网络大学、新型电力系统国家标准创新基地微信公众号中的"标准大讲堂"等积极开发技术标准课件和考题、案例、微课等培训资源，增强技术标准培训的便捷性和标准化程度，取得了良好的成效。例如，新型电力系统国家标准创新基地公众号中的"标准大讲堂"，对GB/T 31464—2022《电网运行准则》进行宣贯直播，截至目前达到了 15.2 万以上的观看人次。

4. 标准执行

为确保技术标准和各业务活动的有效对接，国家电网有限公司及所属各单位根据实际需要，依据应用技术标准编制作业指导书（卡）、工作细则、指导意见等标准化作业指导文件并组织实施。

针对标准化程度高、重复性高的技术标准，国家电网有限公司所属各省电力公司按照作业项目组织编制标准化作业指导文件，其中，省电力公司负责编制或者修订作业指导书（或模板），二级单位编制或者修订作业指导卡。各岗位在工作中严格落实标准各项规定，记录标准执行资料，填报"岗位应直接执行技术标准是否有效执行证明材料表"。

通过强化标准执行和监督检查工作，班组参与率、班组作业与技术标准（作业指导书）对应准确率显著提高，标准得到有效执行和有效监督，形成"岗位应直接执行技术标准是否有效执行证明材料表"和"岗位应直接执行技术标准监督检查表"。

在标准实施过程中，国家电网有限公司下属各级单位发现标准不适用、交叉矛盾和缺失等问题应及时反馈，为相关标准体系优化及标准制修订提供参考依据。国家电网有限公司开发有多种线上和线下渠道反馈标准实施问题，线下渠道如各业务管理部门定期走进基层收集标准实施问题；线上渠道如各业务管理平台（内网）、i 国网、中国电力百科网、新型电力系统国家标准创新基地微信公众号（见图 5-9）等。

图 5-9　新型电力系统国家标准创新基地微信公众号标准实施反馈渠道

5. 监督检查

国家电网有限公司标准实施监督评价实行自上而下逐级分解实施、逐级监督评价的工作机制。国家电网有限公司总部、各级单位分专业逐级开展标准实施与监督工作。各级标准管理部门负责总体组织、协调、监督和评价。

国家电网有限公司标准实施监督按照总部、各级单位逐级开展，各级标准管理部门对本级各业务管理部门以及下级单位工作情况进行综合监督，各级业务管理部门对下级单位对应工作进行专业监督。原则上综合监督每年至少开展一次，专业监督每半年至少开展一次，必要时可跨级检查。

国家电网有限公司标准实施监督主要采取综合监督、专业监督、岗位监督方式，倡导结合其他管理事项和专业工作联合开展，提高工作效率。其中，综合监督是由各级单位标准管理部门组织实施，针对各单位整体工作开展的监督检查；专业监督是由各级单位业务管理部门组织实施，针对本专业工作开展的监督检查；岗位监督是由专业岗位工作人员结合日常工作自行开展。

国家电网有限公司标准实施监督的对象主要包括：公司总部标准管理部门和业务管理部门有关负责人、各单位及其所属各级单位主要负责人、各单位标准管理部门和业务管理部门具体负责人、关键业务岗位及相关人员，以关键业务岗位为重点。

国家电网有限公司标准实施监督的内容主要包括：领导重视程度、组织工作有效性，标准实施监督评价工作的及时性、有效性、准确性、时效性、参与度、完成度等，并形成了省级电力公司、产业单位标准实施监督评价细则，限于篇幅有限，细则内容略。重点检查技术标准、标准化作业指导文件等结合业务工作的执行和应用情况，重点评价技术标准实施成效。对于重要核心标准，组织专门监督检查工作。

三、评价体系建设情况

本部分从结果评价、改进提升维度讲述国家电网有限公司标准实施评价的实践经验。

1. 结果评价

在结果评价环节，国家电网有限公司发布《标准实施评价细则》，明确评价内容和评价方法，省电力公司在细则基础上进一步制定评价方案、细化评价内容。通过结果评价形成体系评价结果和评价报告，评价结果纳入各基层单位、各部门业绩考核范畴。同时，按照国家和行业标准化工作相关要求，由国家电网有限公司统一组织，优选部分地市级供电单位或省级公司二级支撑机构，结合技术标准实施评价工作，组织开展电力企业"标准化良好行为企业"创建工作。

2. 改进提升

国家电网有限公司鼓励各单位和个人对各级标准体系建设提出意见，积极发现标准执行中的有关问题并反馈。对于提出有效意见建议的单位（个人）并被采纳的，在安排公司标准化科研项目、标准制修订项目参与单位（完成人）时将予以优先考虑，并向相关标准化技术组织推荐。

国家电网有限公司标准实施反馈渠道反馈的标准实施问题经过汇总和初步筛选整理，形成初稿，根据专家审查意见修改后的标准实施意见（见表5-5），发送至各标准所对应的标准化技术委员会、公司各技术标准专业工作组，由标准化技术委员会或技术标准专业工作组对标准实施反馈问题进行回复，给出采纳或解释等意见（见表5-6），再由标准实施反馈管理人员反馈给问题提出单位或个人，同时，将标准实施反馈统计情况上报至国家电网有限公司科技创新部。标准实施反馈统计情况包含标准实施反馈意见收集总体情况、标准实施反馈问题分析、涉及标准分析、反馈单位分布情况等［见拓展阅读：标准实施反馈意见统计（2023年11月）］。国家电网有限公司由此对标准实施反馈形成了完全闭环管理，将标准实施效果评价结论作为标准制修订计划项目立项的参考依据，提升了标准制修订和复审论证的客观性。

表 5-5   标准实施意见（节选）

标准编号	标准名称	严重性	说明	建议说明
DL/T 664 —2016	带电设备红外诊断应用规范	严重	对于电流致热型的缺陷，当发热温度较低，但是相对温差较大时，就可能同时满足一般缺陷及严重缺陷甚至危急缺陷的标准，对负载率也没有明确的规定，应判定为严重缺陷还是一般缺陷？如果判定为严重缺陷，几十度的温度对导流部位也不会产生多大的危害，根据缺陷管理规定，严重缺陷要在 1 个月内停电处理，应如何处置？	严重性：一般属于标准修订建议
GB/T 29328 —2018	重要电力用户供电电源及自备应急电源配置技术规范	严重	7.2　自备应急电源配置原则，建议增加：对不愿意配置自备应急电源的存量重要用户，建议明确政府、企业职责界面，由政府监管部门牵头督导整改，拒不整改的停产整顿等相关要求	严重性：一般属于标准修订建议
Q/GDW 12167 —2021	沟（管）道光缆工程典型设计规范	严重	该规范附录 A（规范性）指出，"工程典型设计示意图，隧道内光缆均是敷设在最上层支架"。由于隧道内一次电缆较重，考虑操作维护方便，应将重的线缆置于下方，轻的线缆置于上方	严重性：一般属于标准修订建议

表 5-6   标准化技术委员会或专业工作组审核意见（节选）

ID	标准编号	标准名称	发布日期	问题类型	说明	审核意见
1	Q/GDW 10115 —2022	110kV～1000kV 架空输电线路施工及验收规范	2022-10-14	标准编写质量问题	针对规范性引用文件中的 GB/T 18046，该标准 GB/T 18046—2017 的名称为《用于水泥、砂浆和混凝土中的粒化高炉矿渣粉》，GB/T 18046—2008 的名称是《用于水泥和混凝土中的粒化高炉矿渣粉》。此企标 Q/GDW 10115—2022，发布于 2022 年，因此，在规范性引用文件中应采用的名称为《用于水泥、砂浆和混凝土中的粒化高炉矿渣粉》，而不是《用于水泥和混凝土中的粒化高炉矿渣粉》	采纳
2	Q/GDW 10115 —2022	110kV～1000kV 架空输电线路施工及验收规范	2022-10-14	技术参数指标问题	10.5.9　悬垂线夹安装后悬垂绝缘子串应竖直，其顺线路方向与竖直位置的偏移角不应超过 5°，且最大偏移值不应超过 200mm（±800kV、1000kV 线路在高山大岭 300mm）。连续上（下）山坡处铁塔上的悬垂线夹的安装位置应符合设计规定。验收规范中只规定了绝缘子顺线路方向的偏移，未规定横线路方向的偏移量及验收标准。运行中大量存在因基础移位导致的绝缘子横线路方向偏移，需加上此数据	采纳（设计过程中可能会考虑部分塔位需要横、顺线路位移，如直转塔或者八字形悬垂串，因此修改内容需要加上"除设计要求偏移"相关定语）
3	Q/GDW 1512 —2014	电力电缆及通道运维规程	2014-11-20	标准表述问题	5　运维技术要求中，建议补充终端站终端塔杆 T 接平台技术要求，对终端塔检修平台高度上限作出规定	不采纳。2022 年修订时几次会议讨论过该内容，因各地差异较大最终未对此项内容作出规定，由各单位自行把握

拓展阅读：

标准实施反馈意见统计
（2023 年 11 月）

一、标准实施反馈意见收集总体情况

英大传媒集团利用新型电力系统国家标准创新基地微信公众号面向国家电网有限公司系统内单位开展标准实施反馈意见收集工作，2023 年 11 月共收集各单位提交的标准实施反馈意见 297 条，其中有效反馈 291 条（具体内容见附件），无效反馈 6 条，反馈意见有效率为 98%，如下图所示。

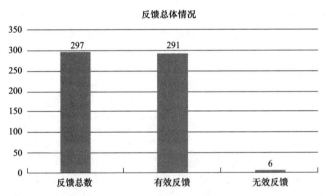

实施反馈意见中，严重问题 13 项，一般问题 278 项。严重问题如下（节选）。

标准编号	标准名称	严重性	说明
DL/T 5044 —2014	电力工程直流电源系统设计技术规程	严重	2.0.13 中，对于经常负荷的定义"在直流电源系统正常和事故工况下均应可靠供电的负荷"，应该是直流系统在交流系统正常和事故下均应可靠供电，所以应改为"在交流电源系统正常和事故工况下均应可靠供电的负荷"
DL/T 5044 —2014	电力工程直流电源系统设计技术规程	严重	表 E.2-2 中对于断路器合闸回路允许压降计算，与交流不间断电源回路表述一致，表述错误。 根据 6.3.4-2 中表述应按直流母线最低电压值和高压断路器允许最低合闸电压值之差选取，同时不宜大于标称电压的 6.5%
DL/T 961 —2020	电网调度规范用语	严重	"4.1.5 光伏电站并网点""并网点也称为接入点"，文中，对光伏电站并网点与接入点定义混淆
GB/T 17394.1 —2014	金属材料 里氏硬度试验 第 1 部分：试验方法	严重	6.2 厚度和质量对于采用 D\DC\DL\D+15\S\E 型冲击装置测试的里氏硬度计，试样的最小厚度要求为 25mm。里氏硬度测试多用于现场检测，以发电厂金属部件为例，很大一部分再热蒸汽管、高温集箱的厚度不足 25mm，但是又有现场测试的要求，因此在检测过程中处于没有标准可执行的情况。 1. 建议目前的试样质量、厚度范围进行补充条款； 2. 对于大型部件，壁厚不足但是刚度、强度较好的情况，进行补充约定

续表

标准编号	标准名称	严重性	说明
GB 50229—2019	火力发电厂与变电站设计防火标准	严重	11.7.1 2 消防供电、应急照明：变电站内的火灾自动报警系统和消防联动控制器，当本身带有不停电源装置时，应由站用电源供电。描述错误：应改为"变电站内的火灾报警控制器和消防联动控制器，当本身带有不停电源装置时，应由站用电源供电"
DL/T 687—2010	微机型防止电气误操作系统通用技术条件	严重	6.6 "编码锁"的 6.6.1 a）仅规定了"机械编码锁在闭锁状态时应能将锁栓保持在锁定位置"；防误技术应实现：许可的正确操作应能将"编码锁"开锁，实施操作，误操作则强制闭锁，阻止操作。机械防误具中大部分为挂锁，但挂锁在开锁后必须挂回原位，若在挂回时出现误挂、漏挂、不锁，将失去后续操作的防误闭锁功能，带来安全生产隐患。建议在标准中增加条款，避免挂锁在开锁后挂回时，出现误挂、漏挂、不锁

二、标准实施反馈问题分析

标准实施反馈问题类型包括标准表述问题、标准不适用问题、标准缺失问题、标准参数指标问题、标准编写质量问题、交叉重复矛盾问题等，以下为各类型问题的数量和占比。

序号	问题类型	问题数量（项）	占比
1	标准表述问题	195	67%
2	技术参数指标问题	28	10%
3	标准缺失问题	20	7%
4	交叉重复矛盾问题	19	6%
5	标准不适用问题	8	3%
6	标准编写质量问题	5	2%
7	其他	16	5%

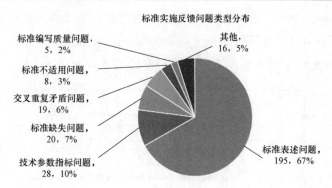

标准实施反馈问题类型分布

首先，标准表述问题占比最高，共 195 项，占比 67%。例如，国网湖南省电力有限公司超高压变电公司针对 Q/GDW 1799.1—2013《电力安全工作规程 变电部分》

159

提出："16.1.2 变电站（生产用房）内外工作场所的井、坑、孔、洞或沟道，应覆以与地面齐平而坚固的盖板。在检修工作中如需将盖板取下，应设临时围栏。临时打的孔、洞，施工结束后，应恢复原状。由于对于变电站内基建等大型检修工作，所开挖的孔洞、沟道因涉及面较广，难以做到全面覆盖，建议对于超过一定标准的孔洞及沟道，以永久性围栏作为安全措施，不需加盖板。"国网河南省电力公司濮阳市供电公司针对 DL/T 252—2012《高压直流输电系统用换流变压器保护装置通用技术条件》提出："文件中正常工作大气条件最高温度为 55℃，4.4.4 的贮存极限环境温度最高为 55℃，建议同最低温度要求一样调整为比 55℃要求高，这样才能更好地保证满足工作大气条件的要求，刚好 55℃临界值可能出现问题。"

其次是技术参数指标问题，共 28 项，占比 10%。例如，国网河南省电力公司社旗县供电公司针对 Q/GDW 1799.1—2013《电力安全工作规程 变电部分》提出："在 3.1 "术语和定义"的描述中，"低压是指用于配电的交流系统中 1000V 及以下的电压等级。"但并未解释为何低压包含 1000V，该规定是否有依据出处。如果有，建议在本页，用小字注明该规定的依据。

再次是标准缺失问题，共 20 项，占比 7%。例如，国网冀北电力有限公司针对 DL/T 741—2019《架空输电线路运行规程》提出："附录 B 中对架设在地面上的输送易燃易爆物品的特殊管道与输电线路相对关系进行了相关约束，但对埋设在地面以下的输送易燃易爆物品的特殊管道与输电线路相对关系未做相关要求，为保障输电线路及钻越管道安全运行，建议明确相关要求。"

另外，交叉重复矛盾问题 19 项，标准不适用问题 8 项，标准编写质量问题 5 项，其他问题 16 项。

三、涉及标准分析

本期标准实施反馈共涉及 160 项标准，其中 54 项标准收到 2 条或 2 条以上的反馈意见，例如 Q/GDW 1799.1—2013《电力安全工作规程 变电部分》收集到 13 条反馈意见，DL/T 5044—2014《电力工程直流电源系统设计技术规程》收集到 12 条反馈意见，下表为反馈意见数量在 2 条或 2 条以上的标准列表（节选）。

标准编号	标准名称	反馈意见数量（条）
Q/GDW 1799.1—2013	电力安全工作规程 变电部分	13
DL/T 5044—2014	电力工程直流电源系统设计技术规程	12
GB/T 50065—2011	交流电气装置的接地设计规范	11
DL/T 1102—2021	配电变压器运行规程	7
DL/T 1036—2021	变电设备巡检系统	6

续表

标准编号	标准名称	反馈意见数量（条）
DL/T 252—2012	高压直流输电系统用换流变压器保护装置通用技术条件	6
DL/T 547—2020	电力系统光纤通信运行管理规程	6
Q/GDW 11205—2018	电网调度自动化系统软件通用测试规范	6
DL/T 596—2021	电力设备预防性试验规程	5
DL/T 741—2019	架空输电线路运行规程	5
DL/T 2512—2022	输电线路高空救援技术导则	4
DL/T 393—2021	输变电设备状态检修试验规程	4
DL/T 560—2022	电力安全工作规程 高压实验室部分	4
Q/GDW 10520—2016	10kV 配网不停电作业规范	4
Q/GDW 12152—2021	输变电工程建设施工安全风险管理规程	4
DL/T 2209—2021	架空输电线路雷电防护导则	3
DL/T 2392—2021	10kV 配网一次电力设备交接试验规程	3
DL/T 360—2010	7.2kV～12kV 预装式户外开关站运行及维护规程	3
DL/T 5119—2021	农村变电站设计技术规程	3
DL/T 721—2013	配电自动化远方终端	3

四、反馈单位分布情况

对反馈人所在单位（网省公司级别）进行统计，其中提交反馈意见最多的是国网河南省电力公司，共反馈208条意见，其次是国网湖南省电力有限公司、国网冀北电力有限公司等。

序号	单位	有效反馈意见数量（条）	总反馈意见数量（条）	反馈意见有效率
1	国网河南省电力公司	202	208	97%
2	国网湖南省电力有限公司	38	38	100%
3	国网冀北电力有限公司	32	32	100%
4	国网安徽省电力有限公司	12	12	100%
5	国网四川省电力公司	4	4	100%
6	国网智能电网研究院有限公司	2	2	100%
7	国网山西省电力公司	1	1	100%

注 该表中对单位的统计仅到网省公司一级。

附件：（节选）

标准实施反馈意见总表（291 条反馈意见）

序号	标准编号	标准名称	问题类型	严重性	说明	单位	专业
1	Q/GDW 1799.1—2013	电力安全工作规程 变电部分	标准表述问题	一般	根据条款 8.1 规定，线路停电时，应先将线路可能来电的所有断路器、线路侧隔离开关、母线侧隔离开关全部拉开，但拉开断路器及线路侧隔离开关后已有明显断开点，为减少倒闸操作量、降低 AIS 设备动作频次，可考虑不拉开母线侧隔离开关。 建议：无需拉开母线侧隔离开关	国网湖南省电力有限公司超高压公司	变电
2	Q/GDW 1799.1—2013	电力安全工作规程 变电部分	标准表述问题	一般	16.1.2 变电站（生产用房）内外工作场所的井、坑、孔、洞或沟道，应覆以与地面齐平而坚固的盖板。在检修工作中如需将盖板取下，应设临时围栏。临时打的孔、洞，施工结束后，应恢复原状。 对于变电站内基建等大型检修工作，所开挖的孔洞、沟道因涉及面较广，难以做到全面覆盖，建议对于超过一定标准的孔洞及沟道，以永久性围栏作为安全措施，不需加盖板	国网湖南省电力有限公司超高压公司	变电
3	DL/T 5044—2014	电力工程直流电源系统设计技术规程	技术参数指标问题	一般	附录 E 的 E.1.1 中，电阻系数铜导体为 0.0184，铝导体为 0.031，在 GB 50217—2018《电力工程电缆设计标准》的附录 E 中已修改	国网河南省电力公司三门峡供电公司	数字化
4	GB/T 50065—2011	交流电气装置的接地设计规范	标准表述问题	一般	公式（4.2.2-4）表述错误，与前述 4.2.2-1 节描述不一致，U_t 应为 U_s	国网河南省电力公司漯河供电公司	电气二次
5	GB/T 50065—2011	交流电气装置的接地设计规范	标准表述问题	一般	A.0.4 对公式定义描述矛盾，没有给出 r 的定义，最后的解释 R 应改为 r	国网河南省电力公司漯河供电公司	电气二次
6	GB/T 50065—2011	交流电气装置的接地设计规范	标准表述问题	一般	结合正文描述，公式（10）中 U_s 应为 U_t，该段描述中两个概念用同一个符号表示	国网河南省电力公司漯河供电公司	电气二次

第四节 标准实施效益评价方法

通过开展企业标准实施效益评价研究，得出客观、科学的数据结论，可以激发企业对标准化工作的积极性，推进标准化成为企业高质量发展的重要抓手，进而成为整个行业和国家高质量发展的强大动力。另外，加强标准实施效益评价结果运用，将评价结果及时反馈到标准立项、起草、复审和标准化技术组织管理等工作中，可推动形成标准化工作的良性循环，推动标准质量持续提升。

一、技术标准实施效益评价概述

1. 概念与内涵

标准化活动将产生有益的经济效益、社会效益及其他效益。根据 GB/T 3533.1—2017《标准化效益评价　第 1 部分：经济效益评价通则》，标准化经济效益是针对标准制定与标准实施标准化工作，通过标准化有用效果与标准化劳动耗费的差计算得出。根据 GB/T 3533.2—2017《标准化效益评价　第 2 部分：社会效益评价通则》，标准化社会效益评价则主要针对的是标准实施标准化工作，是指实施标准对社会发展及节能环保所起的积极作用或产生的有益效果。综上，标准实施效益评价是指对标准实施情况进行评定，评定标准是否实现了预期目标及标准的产出、效果（效益）和影响。

2. 标准实施效益分类

（1）经济效益。GB/T 3533.1—2017《标准化效益评价　第 1 部分：经济效益评价通则》中标准化经济效益定义为标准化有用效果与标准化劳动耗费的差，标准化有用效果是指制定与实施标准所获得的节约和有益结果，如产品质量的提高、采购/生产和交易成本的降低、市场规模的扩大、生产和工程效率的提高和各种活动时间的减少等；标准化劳动耗费是指制定与实施标准所付出的劳动与物化劳动耗费的综合，即标准化投资。

标准实施的经济效益可采用价值链分析法、生产函数法、模糊综合评价法等方法通过将评价年与基准年的经济效益指标做比较，计算实施标准获得的经济效益。

（2）社会效益。GB/T 3533.2—2017《标准化效益评价　第 2 部分：社会效益评价通则》中标准化社会效益是指实施标准对社会发展及节能环保所起的积极作用或产生的有益效果。

二、国内外技术标准实施效益评价方法简介

标准实施的效益评价是一个世界性难题。国内外专家学者从 20 世纪 60 年代便开始启动对该领域的研究工作，目前已经取得一系列研究和实践成果。

1. 价值链分析法

价值链分析法是通过将企业内部结构分解为基本活动以及相关的辅助活动方式来

分析组织盈利模式的方法。该方法由美国哈佛商学院教授迈克尔波特（Michael E.Porter）提出来的，是一种寻求确定企业竞争优势的工具，即运用系统性方法来考察企业各项活动和相互关系，从而寻找具有竞争优势的资源。价值链分析法适用于企业和行业层面的标准化经济效益评价。目前国内在 GB/T 3533.1—2017《标准化效益评价　第1部分：经济效益评价通则》中对价值链分析法给出了具体的应用说明，同时国际标准化组织（ISO）也对价值链分析法做出了解释。

2. 模糊综合评价法

模糊综合评价法是一种基于模糊数学理论的综合评价方法。该方法根据模糊数学的隶属度理论把定性评价转化为定量评价，即用模糊数学对受到多种因素影响的事物或对象作出一个总体的评价。模糊综合评价法在建立标准化经济效益评估指标体系基础上，采用层次分析法（analytic hierarchy process，AHP）确定权重，并根据调查问卷所得到的数据进行模糊综合评价。模糊综合评价法具有结果清晰、系统性强的特点，可以较好地解决难以量化的、模糊的问题，适合各种非确定性问题的解决。

3. 其他评价方法

技术标准体系化实施效益评价本身是一个系统工程，可借用系统评价的方法进行研究。从概念上说，系统评价方法属于系统科学研究评价理论的一个重要分支。它是通过科学的方法和手段，对系统的目标、结构、环境、输入与输出、功能等要素构建指标体系，并建立评价模型。经过计算和分析，对系统的经济性、社会性、技术性、可持续性等进行综合评价，从而为决策提供科学的依据。系统评价方法的研究对象通常是自然、社会、经济等领域中的同类系统或同一系统在不同时期的表现。系统评价方法有很多种，如功能系数法、专家咨询法、经济分析法，以及多指标综合评价法等。

三、国内外研究与实践的经验启示

综合总结国内外技术标准实施效益评价的研究和实践成果，虽然国内外在标准对国民经济的贡献、标准实施效果评价方法研究等方面取得了一定成果，但仍存在一些局限和不足，主要体现在以下4个方面：

（1）对于标准实施效益的研究大多聚焦于经济效益，而对于社会效益的评价研究较少。现有研究大多集中在标准的经济功能分析，例如，如何通过标准激励技术创新与技术进步行为进而促进经济增长，或通过促进规模效益进而降低产品成本等。但对于电力企业而言，技术标准的实施效益除了关注经济效益外，还需关注标准产生的社会效益，如节能减排、持续发展等。

（2）既有理论研究方法多以单项标准实施效益评价作为研究对象，以标准体系化实施效益评价为对象的研究目前尚未见公开发布。既有文献的研究具有范围局限性，大多数是以单项标准实施效益评价作为研究对象，针对标准体系化实施的效益及标准实施对企业整体的效益评价研究尚未见公开发布，对业务分工复杂、流程工序众多、技术标准体系庞大的电力企业或行业的来说，现有研究成果难以提供充分的理论指导。

（3）标准实施效益评价指标体系有待丰富完善，亟需建立适合大中型企业和行业特点的综合评价指标体系。我国虽然已经建立了一些领域的标准实施评价指标体系，但是指标内容相对简单，指标定量化存在难度，定性指标评价时存在主观性。只有合理地选取评价指标，通过科学的方法对指标进行量化并确定权值，才能够对技术标准体系实施绩效有一个准确的评估。

（4）在标准实施效益的评价方法方面，难以找到具有普适性的实施效益评价方法，需要结合企业的业务实际开展评价。广泛应用于绩效评价的方法主要有主成分分析法、层次分析法、灰色关联度法、数据包络分析法等，均有各自的特点和适用范围，由于企业性质、规模与研究目的的不同，即使同一方法在不同企业应用也会造成不同的难度。评价方法选择的不当必将影响标准体系实施效果的客观反馈，无法保障对标准体系实施绩效的有效监管。因此，对于企业的标准化效益研究迫切需要建立完善的理论基础，改进标准化效益的计算方法，并做好充分的数据准备。

四、技术标准实施效益评价全链条价值分解法

大型企业的标准实施效益评价涉及企业主营业务的价值链全过程。基于国家"技术标准实施示范"项目成果，国家电网有限公司研究提出了一套适用于大型企业的技术标准体系化实施效益评价方法——全链条价值分解法。该方法重点突出了标准在企业各业务活动实施中的"体系化"特点，对整个标准体系或一簇标准的实施效益进行评价。这是因为任何一项标准只有与其他相关标准共同作用于业务活动才能产生价值，很难将单项标准的贡献分离出来。

1. 总体思路

全链条价值分解法是以企业主营业务的整体价值链为基础，通过标准对各级业务效益影响的分解、判定和剥离，最终计算出技术标准实施对企业主营业务的贡献率，从而实现对技术标准体系化实施效益进行综合评价的方法。全链条价值分解法总体思路见图 5-10。

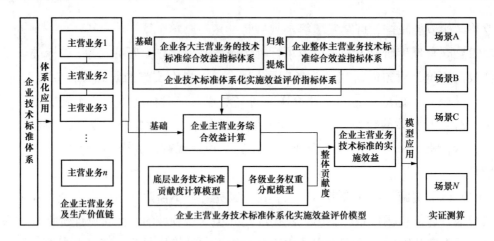

图 5-10 全链条价值分解法总体思路

全链条价值分解法的具体思路为：①系统梳理企业主营业务的价值链构成，梳理标准在企业主营业务各生产环节中的应用实施情况；②全面分析企业主营业务通过标准应用而产生的综合效益，明确标准对主营业务效益的影响框架，系统构建企业主营业务的标准实施综合效益指标体系；③基于企业主营业务标准实施效益的评价指标体系，根据标准对基层业务活动的贡献，对标准体系化实施效益进行剥离；④基于标准对基层业务活动贡献率，通过各级业务的层层归集传递，得到标准体系化实施对主营业务的总体贡献率；⑤将标准体系化实施效益评价模型，在不同的应用场景中进行实证。

全链条价值分解法与 ISO 价值链分析法基本思路相一致，同时又在 ISO 理论框架的基础上进行了拓展，具有较强的可操作性和实践性，是对 ISO 理论方法的落地和深化。

2. 技术标准体系化实施效益评价框架

由全链条价值分解法的基本思路可知，企业技术标准体系化实施效益评价有两个关键环节：①根据技术标准对基层业务活动的贡献，对技术标准体系化实施效益进行剥离；②通过各级业务的层层归集传递，得到技术标准体系化实施对主营业务的总体贡献率。

针对这两个关键环节，国家电网有限公司基于"流程+模块"（value stream and modules，VS+M）的理念，构建了适用于大型企业的技术标准体系化实施效益综合评价模型。其中，"流程"即主营业务的业务流程，以电网企业为例，既包括从电网规划设计到营销服务的全业务流程，也包括各主营业务内部的各级业务活动的生产流程；"模块"即主营业务流程中的每一个业务单元，既包括本级业务流程中的业务单元，也包括每一个下级业务流程中的业务单元。该模型设计的核心思想就是通过对企业主营业务的层层分解，搭建起从标准到效益的传递桥梁。技术标准体系化实施效益综合评价模型的整体框架见图5-11。

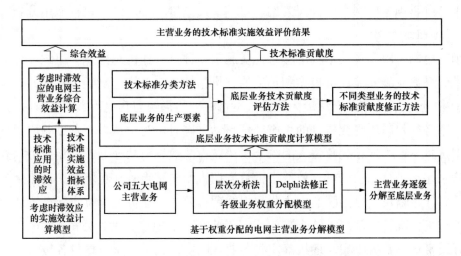

图5-11 技术标准体系化实施效益综合评价模型的整体框架图

技术标准体系化实施效益综合评价模型共包括3个子模型，分别为基于权重分配的主营业务分解模型、底层业务技术标准贡献度测算模型、考虑时滞效应的综合效益计算模型。

（1）基于权重分配的电网主营业务分解模型的主要功能是将企业主营业务按照下层业务对上层业务的重要程度或支撑程度，细分为二级业务、三级业务等，直至分解到技术标准直接发挥作用的具体业务活动，即"最底层业务"。下层业务对上层业务的重要程度或支撑程度可基于层次分析法和德尔菲（Delphi）专家法进行权重分配。

（2）底层业务技术标准贡献度计算模型的主要功能是计算最底层业务单元对应的技术标准簇对该项业务活动的支撑作用，主要目的是通过最底层业务中技术标准的贡献层层传递推导出技术标准实施对整个主营业务效益的贡献。底层业务技术标准贡献度需要结合技术标准的分类和底层业务的驱动要素两个重要因素，基于对生产过程的数据采集和调查分析计算才能得出。由于每项具体底层业务的驱动因素不同，因此不同类型的底层业务还需对技术标准贡献度进行相应的修正计算。

（3）考虑时滞效应的电网主营业务综合效益计算模型的主要功能是计算主营业务技术标准产生的综合效益，需要结合主营业务实施效益指标体系及技术标准的效用发挥时段进行综合计算。由于技术标准从发布到实际应用产生实施效益需要一定时间，标准实施效益主要产生于标准全生命周期的后半期，因此在计算技术标准实施效益时需要针对技术标准的时滞效应进行相应处理。

五、技术标准实施效益评价实践案例

本部分以国家电网有限公司为例，对"全链条价值分解法"进行应用分析。

（一）组织管理

国家电网有限公司技术标准体系化实施效益评价工作由总部统一组织，建立了技术标准体系化实施效益评价模型和相应的评价指标体系，构建影响因素池，数据采集采用专家调查法。专家调查法最大的挑战是将标准的影响与其他因素的影响区分开来，因此专家必须熟悉所研究范围的生产经营活动。同时，为了从多个角度获取评估的原始数据，将企业内部相关负责人的单个访谈获得的数据与从产业或者相似公司获得的信息联系起来进行比较分析。效益指标数据调查面向试点省（直辖市、自治区）电力公司；省（直辖市、自治区）电力公司根据项目要求、业务及岗位实际设置情况，组织相关技术标准管理部门（科技部）、业务管理部门、地市县供电公司、供电所等各级单位开展资料、数据收集，逐级落实到各业务的实操人员。试点单位各级组织者应确保问卷及表单填写人熟知相关业务细节，并掌握相关技术标准与业务间的对应情况及作用机理，保证调查结果的可靠性。

围绕国家电网有限公司技术标准体系化实施效益评价目的，制定了涵盖实施阶段、重点工作、牵头部门、配合责任部门、工作内容等详细信息的工作流程表，见表5-7。

表5-7 技术标准体系化实施效益评价工作

试点阶段	重点工作	牵头部门、单位	责任部门、单位
启动部署	技术标准体系化实施效益评价试点启动	国家电网有限公司科技创新部	试点省公司科技、业务管理部门
宣贯培训	公司技术标准体系化实施效益评价试点工作宣贯培训	国家电网有限公司科技创新部	试点省公司科技、业务管理部门
数据调查	各单位调查问卷下发及填写	省公司科技、业务管理部门	试点省公司各单位及所属二级单位、县供电公司
数据回收	各单位调查问卷、效益指标数据回收	省公司科技、业务管理部门	试点省公司各级业务管理部门、财务部门
分析评价	公司技术标准体系化实施效益数据分析及评价结果计算	国家电网有限公司科技创新部	试点省公司及其科技、业务管理部门
改进提升	分析结果，凝练提出改进提升建议	国家电网有限公司科技创新部	试点省公司及试点省公司科技、业务管理部门

（二）基础数据采集

由于国家电网有限公司各主营业务体系庞大、种类繁多，各省（直辖市、自治区）电力公司业务管理部门及下属单位的业务及岗位划分存在差异，基层单位还可能存在

"一岗多责"的情况，数据采集难度较高。

针对上述难题，采取根据效益评价模型数据需求设计技术标准贡献度调查分析表的方式予以解决。该调查分析表由熟悉业务的实操人员填写，填写者根据业务及岗位自行分配，可有效解决"一岗多责"问题。若调查分析表填写者负责多项业务，则根据其负责业务项数填写相应问卷。调查分析表采取专家评估的方式，填写者对提供的多个影响业务开展的因素综合考虑其重要性后打分，每个影响因素的打分区间相同，填写者根据其业务经验对每个影响因素自由打分，各影响因素的分值比反映其影响强度比。

通过建立电网五大主营业务的影响因素池，针对每项业务，从影响因素池中选取相关性较强的影响因素进行调查分析表打分，经过计算后可获得技术标准体系化实施对最底层细分业务贡献的权重分，并进一步转化为相对贡献率。

（三）案例计算分析

以国家电网有限公司某试点省电力公司为例，对技术标准体系化实施的总体效益进行计算分析。

1. 底层业务技术标准贡献度

对某省电力公司调查数据预处理后得到"规划设计"专业底层业务技术标准贡献度，见表5-8。

表5-8　　　　某省电力公司"规划设计"专业底层业务技术标准贡献度

专业	底层业务	技术标准贡献度
规划设计	电力负荷预测	7.62%
	主网规划	9.10%
	能源发展规划	8.39%
	智能化规划（输电网规划）	8.70%
	配电网规划	9.56%
	项目可行性研究管理	7.41%
	智能化规划（配电网规划）	8.70%
	电源（用户）接入管理	9.12%
	项目可行性研究、选址、选线工作	8.71%
	电网项目可行性研究评审（内审）管理	8.19%
规划设计	电网项目可行性研究质量评价	8.28%
	统计指标管理（可靠性指标）	7.49%

续表

专业	底层业务	技术标准贡献度
规划设计	电网发展诊断分析	8.21%
	投资项目后评价	7.45%
	线损与节能减排管理	8.05%
	电力市场分析预测管理	8.02%

对某省电力公司调查数据预处理后得到"工程建设"专业底层业务技术标准贡献度，见表5-9。

表5-9　　　　某省电力公司"工程建设"专业底层业务技术标准贡献度

专业	底层业务	技术标准贡献度
工程建设	进度计划管理	7.08%
	工程设计管理	8.70%
	新技术管理	7.59%
工程建设	通用设计、通用设备管理	8.51%
	基建安全管理	8.04%
	施工质量管理	7.56%
	工程造价管理	7.32%

对某省电力公司调查数据预处理后得到"电网运行"专业底层业务技术标准贡献度，见表5-10。

表5-10　　　　某省电力公司"电网运行"专业底层业务技术标准贡献度

专业	底层业务	技术标准贡献度
电网运行	调度运行管理	8.89%
	设备集中监控	8.55%
	设备监控信息管理	7.40%
	设备监控运行管理	8.62%
	调度计划管理	8.09%
	负荷预测管理	7.70%
	并网调度协议管理	8.50%
	水电调度管理	8.90%
	新能源发电调度管理	8.87%

专业	底层业务	技术标准贡献度
电网运行	输变电工程启动管理	8.00%
	电网稳定管理	7.60%
	电网运行方式管理	9.07%
	无功电压管理	8.33%
	机网协调管理	8.10%
	继电保护装置运行管理	8.33%
	继电保护设备管理	7.49%
	继电保护整定计算及定值管理	8.33%
	调度自动化运行管理	7.75%
	调度自动化系统建设管理	7.90%
	调度数据网络	7.60%
	调度自动化设备管理	8.10%
	电量主站系统运行管理	7.80%
	电量主站系统建设管理	7.90%
	安全防护体系	8.20%
	网络安全检测	8.37%
	配网抢修指挥管理	8.20%

对某省电力公司调查数据预处理后得到"设备管理"专业底层业务技术标准贡献度,见表5-11。

表5-11 　　　　某省电力公司"设备管理"专业底层业务技术标准贡献度

专业	底层业务	技术标准贡献度
设备管理	变电检修管理	9.25%
	变电运维管理	10.04%
	输电线路检修管理	8.55%
	输电线路运维管理	8.39%
	电缆及通道运维	7.90%
	电缆检修管理	7.90%
	配电检修管理	8.70%
	配电运维管理	7.78%
	电压与电能质量管理	7.80%
	输变电设备状态检修管理	7.84%
	电力设施保护管理	7.70%

续表

专业	底层业务	技术标准贡献度
设备管理	技术监督管理	7.42%
	防灾减灾及应急抢修管理	8.17%
	运检绩效管理	7.80%
	电网设备供电保障管理	7.63%
	电网生产业务外包管理	7.70%
	电网实物资产管理	8.20%
	设备备品备件管理	7.90%
	生产服务用车管理	7.60%
	运检装备配置管理	8.15%
	设备月度生产计划管理	7.60%
	生产性大修（项目前期）	7.33%
	生产性大修（项目实施）	7.75%
	生产性大修（竣工管理）	7.50%
	生产性技改（项目前期）	7.50%
	生产性技术改造（项目实施）	7.97%
	生产性技术改造（竣工管理）	8.14%
	生产性技性改造（项目后评价管理）	8.14%

对某省电力公司调查数据预处理后得到"电力营销"专业底层业务技术标准贡献度，见表 5-12。

表 5-12　　　某省电力公司"电力营销"专业底层业务技术标准贡献度

专业	底层业务	技术标准贡献度
电力营销	市场拓展	7.11%
	大客户经理	7.73%
	智能用电	8.86%
	营业	7.46%
	高压用电检查	8.63%
	低压用电检查	8.80%
	反窃电	7.29%
	抄表	8.70%
	电费核算	7.48%
	电费账务	7.18%

续表

专业	底层业务	技术标准贡献度
电力营销	检测检验	9.12%
	采集及运维	9.77%
	资产	7.44%
	装表接电	9.58%
	标准量值传递	9.60%
	现场技术支持	7.50%
	装表接电支持	8.30%
	服务质量监控	7.50%
	服务调度指挥	7.90%
	运营管理	7.60%
	95598客户服务	7.29%
	技术支持	8.39%
	大客户服务	7.18%

2. 效益指标

效益指标数据共包含经济效益、社会效益、专业水平三个维度29类指标，收集汇总2012年及2017年两个时间节点的数据，以某省电力公司6个典型效益指标为例，其数据收集情况见表5-13。

表5-13　　　　　某省电力公司2012年及2017年效益指标数据

类型	一级指标	二级指标	2012年	2017年	差值	单位
经济效益	公司经营收益	售电量	1219.89	1519.04	299.15	亿kWh
社会效益	清洁能源	清洁能源消纳电量	621.57	849.02	227.45	亿kWh
	供电质量	城网供电电压合格率	99.875	99.998	0.123	%
		农网供电电压合格率	98.427	99.763	1.336	%
专业水平	规划设计	容载比（500kV）	1.890	1.901	0.011	%
	营销服务	用电信息采集覆盖率	28.90	99.07	70.17	%

3. 各级业务权重计算

针对传统权重确定方法"主观性强""准确度不高"等诸多问题，应用前述"德尔菲—层次分析法"的组合赋权法计算各级业务权重。该方法能够对各因素的影响程度进行一致性校验，同时能够对大量难以采用技术方法进行定量分析的因素做出合理估算，避免了由于个别专家主观引导带来的数据偏离，便于得出更加稳定、客观的结果。

经计算"规划设计"专业各级业务权重结果见表 5-14。

表 5-14　　　　　　　　　"规划设计"专业各级业务权重计算结果

一级业务	二级业务权重值	二级业务	三级业务权重值	三级业务
规划设计	0.38	输电网规划	0.18	电力负荷预测
			0.36	主网规划
			0.28	能源发展规划
			0.18	智能化规划
	0.31	配电网规划	0.36	配电网规划
			0.28	项目可行性研究管理
			0.09	智能化规划
			0.27	电源（用户）接入管理
	0.09	前期管理	0.40	项目可行性研究、选址、选线工作
			0.30	电网项目可行性研究评审（内审）管理
			0.30	电网项目可行性研究质量评价
	0.03	统计分析管理	1.00	统计指标管理（可靠性指标）
	0.06	投资管理	0.60	电网发展诊断分析
			0.40	投资项目后评价
	0.13	综合计划管理	0.60	线损与节能减排管理
			0.40	电力市场分析预测管理

经计算"工程建设"专业各级业务权重结果见表 5-15。

表 5-15　　　　　　　　　"工程建设"专业各级业务权重计算结果

一级业务	二级业务权重值	二级业务	三级业务权重值	三级业务
工程建设	0.20	工程计划管理	1.00	进度计划管理
	0.20	工程技术管理	0.25	工程设计管理
			0.25	新技术管理
			0.50	通用设计、通用设备管理
	0.20	工程安全管理	1.00	基建安全管理
	0.20	工程质量管理	1.00	施工质量管理
	0.20	工程造价管理	1.00	工程造价管理

经计算"调度运行"专业各级业务权重结果见表 5-16。

表 5-16   "调度运行"专业各级业务权重计算结果

一级业务	二级业务权重值	二级业务	三级业务权重值	三级业务
电网运行	0.13	调控运行	0.80	调度运行管理
			0.20	设备集中监控
	0.06	设备监控管理	0.50	设备监控信息管理
			0.50	设备监控运行管理
	0.12	调度计划	0.60	调度计划管理
			0.30	负荷预测管理
			0.10	并网调度协议管理
	0.12	水电新能源调度	0.50	水电调度管理
			0.50	新能源发电调度管理
	0.13	系统运行	0.10	输变电工程启动管理
			0.30	电网稳定管理
			0.30	电网运行方式管理
			0.20	无功电压管理
			0.10	机网协调管理
	0.13	继电保护	0.30	继电保护装置运行管理
			0.30	继电保护设备管理
			0.40	继电保护整定计算及定值管理
	0.13	自动化	0.25	调度自动化运行管理
			0.25	调度自动化系统建设管理
			0.10	调度数据网络
电网运行	0.13	自动化	0.20	调度自动化设备管理
			0.10	电量主站系统运行管理
			0.10	电量主站系统建设管理
	0.12	电力监控系统网络安全	0.50	安全防护体系
			0.50	网络安全检测
	0.06	配网抢修指挥	1.00	配网抢修指挥管理

经计算"设备管理"专业各级业务权重结果见表 5-17。

表 5-17   "设备管理"专业各级业务权重计算结果

一级业务	二级业务权重值	二级业务	三级业务权重值	三级业务
设备管理	0.20	变电管理	0.50	变电检修管理
			0.50	变电运维管理
	0.15	输电管理	0.50	输电线路检修管理
			0.50	输电线路运维管理
	0.05	电缆管理	0.50	电缆及通道运维管理
			0.50	电缆检修管理
	0.20	配电管理	0.50	配电检修管理
			0.50	配电运维管理
	0.20	设备技术管理	0.20	电压与电能质量管理
			0.15	输变电设备状态检修管理
			0.15	电力设施保护管理
			0.20	技术监督管理
			0.20	防灾减灾及应急抢修管理
			0.10	运检绩效管理
	0.05	设备综合管理	0.20	电网设备供电保障管理
			0.20	电网生产业务外包管理
			0.20	电网实物资产管理
			0.15	设备备品备件管理
			0.10	生产服务用车管理
			0.15	运检装备配置管理
设备管理	0.03	生产计划	1.00	设备月度生产计划管理
	0.06	生产性大修	0.20	生产性大修（项目前期）
			0.50	生产性大修（项目实施）
			0.30	生产性大修（竣工管理）
	0.06	生产性技术改造	0.20	生产性技术改造（项目前期）
			0.40	生产性技术改造（项目实施）
			0.20	生产性技术改造（竣工管理）
			0.20	生产性技术改造（项目后评价管理）

经计算"电力营销"专业各级业务权重结果见表 5-18。

表 5-18 　　　　　　　　　"电力营销"专业各级业务权重计算结果

一级业务	二级业务权重值	二级业务	三级业务权重值	三级业务
电力营销	0.25	市场及大客户	0.45	市场拓展
			0.20	大客户经理
			0.35	智能用电
	0.25	营业及电费	0.30	营业
			0.10	高压用电检查
			0.10	低压用电检查
			0.20	反窃电
			0.10	抄表
			0.15	电费核算
			0.05	电费账务
	0.25	计量	0.25	检测检验
			0.25	采集及运维
			0.10	资产
			0.05	装表接电
			0.20	标准量值传递
			0.15	现场技术支持
	0.25	综合技术	0.25	装表接电支持
			0.20	服务质量管控
电力营销	0.25	综合技术	0.10	服务调度指挥
			0.20	运营管理
			0.05	95598 客户服务
			0.15	技术支持
			0.05	大客户服务

4. 实施效益计算

（1）某级业务技术标准贡献度计算。

由某层级的次级业务技术标准贡献度、次级业务权重值计算上级业务技术标准贡献度，具体计算方法为

某级业务技术标准贡献度 $= \sum$(次级技术标准贡献度×次级业务权重值)

某省电力公司一级业务和二级业务技术标准贡献度的计算结果见表 5-19。其中，二级业务技术标准贡献度由二级业务下各三级业务技术标准贡献度按照三级业务指标权重加权后得到，同理，也可以得到各一级业务技术标准贡献度。在表 5-19 中，一级

业务"规划设计"的技术标准贡献度是由二级业务"输电网规划""配电网规划""前期管理""统计分析管理""投资管理"和"综合计划管理"的技术标准贡献度按照各二级业务的权重值加权后得到。

"规划设计"一级业务技术标准贡献度计算示例：

"规划设计"一级业务技术标准贡献度=输电网规划技术标准贡献度×输电网规划业务权重+配电网规划技术标准贡献度×配电网规划业务权重+前期管理标准贡献度×前期管理业务权重+统计分析管理技术标准贡献度×统计分析管理业务权重+投资管理技术标准贡献度×投资管理业务权重+综合计划管理技术标准贡献度×综合计划管理业务权重，即

8.56%×0.38+8.76%×0.31+8.43%×0.09+7.49%×0.03+7.91%×0.06+8.04%×0.13=8.47%

表 5-19　　　某省电力公司专业（一级）、二级业务技术标准贡献度计算结果

一级业务	一级业务技术标准贡献度	二级业务	二级业务技术标准贡献度
规划设计	8.47%	输电网规划	8.56%
		配电网规划	8.76%
		前期管理	8.43%
		统计分析管理	7.49%
		投资管理	7.91%
		综合计划管理	8.04%
工程建设	7.67%	工程计划管理	7.08%
		工程技术管理	8.33%
		工程安全管理	8.04%
		工程质量管理	7.56%
		工程造价管理	7.32%
电网运行	8.29%	调控运行	8.82%
		设备监控管理	8.01%
		调度计划	8.01%
		水电新能源调度	8.89%
		系统运行	8.28%
		继电保护	8.08%
		自动化	7.86%
		电力监控系统网络安全	8.29%
		配网抢修指挥	8.20%

续表

一级业务	一级业务 技术标准贡献度	二级业务	二级业务 技术标准贡献度
设备管理	8.35%	变电管理	9.65%
		输电管理	8.47%
设备管理	8.35%	电缆管理	7.90%
		配电管理	8.24%
		设备技术管理	7.79%
		设备综合管理	7.87%
		生产计划	7.60%
		生产性大修	7.59%
		生产性技改	7.94%
电力营销	8.12%	市场及大客户	7.85%
		营业及电费	7.79%
		计量	8.99%
		综合技术	7.87%

（2）省电力公司技术标准贡献度计算。

由于省电力公司技术标准整体实施效益评价指标体系中，由技术标准产生的经济效益和社会效益并不是由某一个专业的技术标准产生，而是由五大专业共同作用产生，按照上述方法的计算思路，由各专业技术标准贡献度、各专业权重值可计算省电力公司技术标准贡献度，计算方法为

省电力公司技术标准贡献度 = $\sum$(专业技术标准贡献度×专业权重值)

省电力公司整体效益评价指标体系中，每一个效益指标均可通过前述"德尔菲—层次分析法"的组合赋权法计算出五大主营业务权重，在本算例中假设各效益评价指标对应的五大主营业务权重相同，即各权重值均为0.2，故计算得到某省电力公司整体效益评价指标体系中各项效益评价指标的技术标准总体贡献率均为8.18%。

以某省电力公司售电量指标的技术标准总体贡献率计算为例，取表5-19中一级业务技术标准贡献度均乘以权重0.2，即可得到技术标准对该项效益评价指标的总体贡献率，具体计算公式为

售电量指标的技术标准总体贡献率="规划设计"一级业务技术标准贡献度×"规划设计"业务权重+"工程建设"一级业务技术标准贡献度×"工程建设"业务权重+"电网运行"一级业务技术标准贡献度×"电网运行"业务贡献度+"设备管理"一级业务技术标准贡献度×"设备管理"业务权重+"电力营销"一级业务技术标准贡献度×"电力营销"业务权重，即

$$8.47\%\times0.2+7.67\%\times0.2+8.29\%\times0.2+8.35\%\times0.2+8.12\%\times0.2=8.18\%$$

某省电力公司技术标准体系化实施后产生经济效益和社会效益计算方法为

技术标准体系化实施下的经济（社会）效益

=省电力公司某项效益指标的技术标准总体贡献度

×经济（社会）效益指标差值

仍然以某省电力公司 2012—2017 年数据为例，最终计算结果见表 5-20。

标准体系化实施下的经济效益 2012—2017 年以售电量指标计算示例为

标准体系化实施效益=售电量指标的技术标准总体贡献率×售电量差值=

8.18%×299.15（表 5-13 中数据）=24.47（亿 kWh）

表 5-20   某省电力公司技术标准体系化实施效益计算结果

类型	一级指标	二级指标	单位	技术标准体系化实施效益
经济效益	公司经营收益	售电量	亿 kWh	24.47
社会效益	清洁能源	清洁能源消纳电量	亿 kWh	18.61
	供电质量	城网供电电压合格率	%	0.010
		农网供电电压合格率	%	0.109
专业水平	规划设计	容载比（500kV）	%	0.0009
	营销服务	用电信息采集覆盖率	%	5.74

若要计算某专业版块技术标准实施对专业水平提升的贡献率，则可采取相似的算法，即

技术标准体系化实施专业化水平效益=专业技术标准贡献度×专业性指标差值

本节以某省电力公司为例，对前述技术标准体系化实施效益评价方法进行了实际应用。结果表明，所述方法在电网企业是可行的，对于具有类似管理模式的企业，也具有一定的参考价值。

第六章

电力标准试验验证

标准验证是标准化活动的重要组成部分，也是提升标准制定质量和实施效能的关键措施之一。电力标准的内容是否具有先进性、试验方法是否科学、技术指标是否合理以及是否具备可操作性，这些因素直接影响了标准的质量。因此，在标准研制和实施过程中有必要开展标准的核心参数、关键指标、试验方法等的验证。本章主要对标准验证的基本概念、相关政策、总体设计以及典型案例进行介绍。

第一节　标准验证的基本概念

标准验证是在国际标准、国家标准、行业标准、团体标准、企业标准等各类标准研制和实施过程中，对标准核心参数、关键指标、试验和检验方法等开展验证，以提高标准科学性、合理性及适用性的标准化活动，是标准化工作体系的重要组成部分。本节针对标准验证的目的和意义、对象、常用方法以及标准验证的时机进行介绍。

一、标准验证的目的和意义

标准验证目的包括验证确认标准条款的科学性、标准规定方法的可行性、标准测试系统的适用性。

（1）验证标准条款的科学性。验证标准规定技术参数的科学合理性，是否符合标准对象的客观实际，是否符合自然规律、科学原理，是否符合其他常规法则和基本运算规则等。

（2）验证标准规定方法的可行性。通过实际测试过程，验证标准规定的测试流程的可行性，主要验证标准中提出的操作方法是否易于实施，是否符合实际情况，是否具有可操作性。

（3）验证标准测试系统的适用性。通过测试系统的实际使用，验证测试系统对标准要求的相关试验项目进行测试的适用性。

电力行业开展标准验证工作对于确保标准质量，支撑新型电力系统建设、助力构建现代能源体系、推动能源电力高质量发展具有重大意义。

（1）解决标准制定和实施中的重大分歧。"双碳"目标背景下，新能源呈现跃升发展新态势。包括新能源在内的新型电力系统相关产业链条长、涉及部门多，相关利益主体立场不同，在部分技术标准的核心指标上时有重大分歧。统筹开展核心参数、关键指标、试验和检验方法的验证工作，将是公平、公正解决分歧的权威有效手段。

（2）促进能源电力多领域交叉融合。随着全球新一轮科技革命和产业变革的加速演进，云计算、大数据、物联网、人工智能、5G 通信等数字化技术更快融入新型电力系统建设各环节，传统电力行业业务向数字化、智能化转型加速，跨领域标准融合需求强烈，不同领域的标准融合或者跨领域的标准制定亟需标准验证工作的有力支撑。

（3）确保国际标准采标的技术适用性。随着国际能源电力合作日趋深入，国际标准的应用范围越来越广。但是各国电力系统情况各有特点，差异显著。在采用国际标准的过程中，不能机械采用、全盘照搬，必须对关键技术标准在我国的适用性进行分析。开展标准验证工作可以对关键技术参数进行有效验证，确保国际标准在我国的技术适用性。

二、标准验证的对象

标准验证的对象包括国际标准、国家标准、行业标准、团体标准、企业标准等各类标准，涵盖标准的资料性要素和规范性要素的具体条款。重点内容包括：

（1）标准研制（包括预研）过程中，首次提出的核心参数、关键指标、试验方法，技术参数指标有重大变化的标准项目，相关单位和专家在标准研制过程中提出的重大技术质疑，以及有关主管机构认为应开展验证的技术内容。

（2）标准实施过程中，发现的标准条款矛盾、适用范围不准确等争议问题；标准实施的环境、技术、装备发生变化，造成标准不适用的问题；国际标准采标过程中存在差异的核心参数、关键指标、试验方法等。

（3）相关技术领域涉及不同体系的标准之间关键技术条款、指标的差异化分析及适用性、可操作性验证。

三、标准验证的常用方法

标准验证的常用方法包括真型试验、模拟仿真、追溯比对等，应根据实际情况选择一种方法或多种方法进行验证。

1. 真型试验法

通过实验室测试或者直接实地测试，对于标准核心参数、关键指标、试验方法等进行验证，这是开展标准验证最主要、最有效的方法。

验证时，需要结合标准对象、应用范围等，考虑选择有代表性的样品，搭建符合标准要求的试验环境。为保证结果的可重复性，宜采取在同一实验室环境中进行多个样品重复测试，或者同一样品在相同资质的不同实验室进行验证。根据需要，验证工作可在工程现场进行。

2. 模拟仿真法

通过计算机建模方式反映试验对象的关键特性，模拟试验条件、过程和对象参数变化，实现对标准核心参数、关键指标、试验方法等的试验验证。在电力行业往往通过电磁仿真、机电仿真等方式开展标准验证工作，可以大大提高验证效率。

3. 追溯比对法

将标准中的技术内容与已颁布标准的技术成熟的标准条款进行对比，通过专家的经验进行判断加以验证等。

四、标准验证的时机

标准验证可贯穿标准全生命周期中的申报立项、制修订以及标准实施、复审各个环节。

1. 申报立项阶段

在标准申报、立项环节广泛征集标准验证需求，确定标准计划项目的验证内容，包括需进行验证的核心参数、关键指标和试验方法等，起草并论证标准验证计划，经论证通过后下达标准验证计划。

2. 制修订阶段

在标准制修订环节，根据标准验证需求确定标准验证的范围和目标，合理配置验证资源，科学制定验证方案，对标准征求意见稿、送审稿、报批稿中参数和指标的科学性、完整性、正确性和可操作性进行验证，给出详细的验证报告，为标准制修订提供建议。

3. 实施、复审阶段

在标准实施、复审环节，对产品或服务的指标是否满足标准的指标参数要求进行判定，同时验证标准是否科学适用，提出完善建议。复审阶段还需针对不同类别标准的相同项目进行验证，确认合理指标，避免差异化要求。

第二节 国家政策与标准验证总体设计

为了加强标准验证工作，提升标准编制质量，保障标准实施效果，国家有关主管部门先后出台了多项政策，支持开展标准验证工作。本节主要介绍国家关于标准验证的相关政策以及国家标准验证点的建设要求。

一、标准验证相关政策

为增强标准的科学性、合理性、可操作性，保障标准的实施效果，自20世纪开始我国在标准制修订工作中就对标准验证提出了要求，在军工、电力、药品等领域得到了较好的应用。但在全国范围来看，对标准验证的重视程度仍旧不高，没有形成统一的标准验证工作机制。近年来，随着标准化工作越来越受到重视，标准验证体系也逐步得到建立。

2015年3月，国务院印发《深化标准化工作改革方案》，指出现行标准存在缺失老化、交叉重复矛盾、整体水平不高等问题。这种现状既造成企业执行标准困难，也造成政府部门制定标准的资源浪费和执法尺度不一。国务院由此提出要改革标准体系和标准化管理体制，改进标准制定工作机制，强化标准的实施与监督。

2015年12月，国务院办公厅印发《国家标准化体系建设发展规划（2016—2020年）》，提出要加强对标准技术指标的验证。要求加强标准验证能力建设，培育一批标准验证检验检测机构，提高标准技术指标的先进性、准确性和可靠性。同时要提升标准化服务能力，为企业制定标准提供关键技术指标试验验证等专业化服务。

2016年，原国家质量监督检验检疫总局印发《质检科技创新"十三五"规划》，提出要建设国家级标准验证检验检测点。主要是以现有检验检测机构、重点实验室、工程（技术）中心为依托，开展标准验证检验检测工作，为强制性国家标准和重要基础通用推荐性国家标准研制提供试验验证等技术支撑。

2017年，国家标准化管理委员会办公室下达第一批国家级标准验证检验检测点试点，包括中国电力科学研究院有限公司在内的20家单位被列为第一批试点单位，试点验证服务范围包括：政府主导制定的强制性国家标准，推荐性国家标准、行业标准和地方标准，我国采用的国际标准和国外先进标准，我国主导制定的国际标准，以及市场自主制定的团体标准和企业标准。

2019年，中共中央、国务院印发《国家标准化发展纲要》，要求建设若干国家级质量标准实验室、国家标准验证点和国家产品质量检验检测中心，提升标准化技术支撑水平。

2020年，国家市场监督管理总局发布《强制性国家标准管理办法》，提出强制性国家标准中技术要求的试验验证要求。规定强制性国家标准中的技术要求应可验证、可操作，有关技术要求需要进行试验验证的，应当委托具有相应能力的技术单位开展，并且要求在编制说明中说明标准主要技术要求的依据（包括验证报告、统计数据等）及理由等内容。

2022年，国家市场监督管理总局发布新修订的《国家标准管理办法》，进一步明确增设国家标准验证工作制度。要求在标准立项、起草、征求意见等活动过程中，根据需要对国家标准的技术要求、试验检验方法等开展验证，将其作为提升技术标准质量的重要基础。

2022 年 2 月，国家标准化管理委员会印发《关于加强国家标准验证点建设的指导意见》，作出建设国家标准验证点部署，提出验证点功能定位和管理要求。经过组织申报和评审论证，2023 年 12 月国家标准化管理委员会正式批准设立第一批国家标准验证点（见表 6-1）。

表 6-1　　　　　　　　　　国家标准验证点名单（第一批）

序号	名　　称	承担单位
1	国家标准验证点（新能源汽车与智能网联汽车）	中国汽车技术研究中心有限公司
2	国家标准验证点（机器人）	中国科学院沈阳自动化研究所
3	国家标准验证点（新型电力系统和储能）	中国电力科学研究院有限公司
4	国家标准验证点（高技术船舶与海工装备智能制造）	中国船舶集团有限公司综合技术经济研究院
5	国家标准验证点（数控机床）	通用技术集团沈阳机床有限责任公司
6	国家标准验证点（航空核心基础零部件）	中国航空综合技术研究所
7	国家标准验证点（航天器总装与试验）	北京卫星环境工程研究所
8	国家标准验证点（纳米材料）	国家纳米科学中心
9	国家标准验证点（稀土材料）	包头稀土研究院
10	国家标准验证点（网络安全）	国家计算机网络与信息安全管理中心
11	国家标准验证点（物联网）	青岛海尔质量检测有限公司
12	国家标准验证点（能效水效）	中国标准化研究院
13	国家标准验证点（信息基础设施）	中国信息通信研究院
14	国家标准验证点（工控安全）	中国电子技术标准化研究院
15	国家标准验证点（智能交通）	交通运输部公路科学研究所
16	国家标准验证点（智能家电）	中国电器科学研究院股份有限公司
17	国家标准验证点（智能家居）	上海市质量监督检验技术研究院
18	国家标准验证点（钢铁新材料）	钢研纳克检测技术股份有限公司
19	国家标准验证点（有色金属新材料）	国标（北京）检验认证有限公司
20	国家标准验证点（硅基新材料）	新疆新特新能材料检测中心有限公司
21	国家标准验证点（轨道交通车辆装备）	中车青岛四方机车车辆股份有限公司
22	国家标准验证点（承压设备及流体机械）	合肥通用机械研究院有限公司
23	国家标准验证点（桥梁智能建造）	中交第二航务工程局有限公司/ 湖北省标准化与质量研究院（联合）
24	国家标准验证点（疏浚工程装备）	中交疏浚（集团）股份有限公司

序号	名　称	承担单位
25	国家标准验证点（船舶与海洋工程动力机电装备）	中国船舶集团有限公司第七〇四研究所
26	国家标准验证点（机械核心基础零部件）	中机生产力促进中心有限公司
27	国家标准验证点（大型铸锻件）	二重（德阳）重型装备有限公司
28	国家标准验证点（输配电装备）	西安高压电器研究院股份有限公司
29	国家标准验证点（风电）	新疆金风科技股份有限公司
30	国家标准验证点（智能网联汽车）	中国汽车工程研究院股份有限公司
31	国家标准验证点（新能源汽车）	襄阳达安汽车检测中心有限公司
32	国家标准验证点（绿色低碳建材）	中国国检测试控股集团股份有限公司
33	国家标准验证点（建筑用钢铁环保低碳）	中冶建筑研究总院有限公司
34	国家标准验证点（固体燃料清洁高效利用）	煤炭科学技术研究院有限公司
35	国家标准验证点（制冷设备节能）	珠海格力电器股份有限公司
36	国家标准验证点（火电机组）	西安热工研究院有限公司
37	国家标准验证点（天然气）	中国石油天然气股份有限公司 西南油气田分公司天然气研究院
38	国家标准综合实验验证中心	中国计量科学研究院、国家标准技术审评中心

二、国家标准验证点建设要求

根据《关于加强国家标准验证点建设的指导意见》，国家标准验证点定位为标准化服务体系的重要组成部分，对标准技术要求、核心指标、试验和检验方法等开展验证，全面服务于国家标准、行业标准和地方标准制修订全过程管理，提高标准科学性、合理性及适用性。

国家标准验证点分为综合性和领域类两种类型。综合性国家标准验证点，重点围绕基础通用、跨行业多学科交叉融合等领域开展标准验证工作，作为标准验证点工作体系的核心支撑，依托国家最高测量能力和国家量值溯源体系源头以及国家级权威的全域标准技术审评能力，建设国家标准实验验证中心和国家标准评估验证中心。领域类国家标准验证点作为综合性国家标准验证点的延伸，开展各领域内标准验证工作，是国家标准验证点工作体系的重要组成部分。

国家标准验证点建设的基本原则是：①坚持系统规划。聚焦提高标准质量，兼顾各类标准验证需要，以综合性标准验证点建设为重点，稳步发展领域类标准验证点，提高建设布局的科学性。②坚持改革创新。着力建立健全标准验证制度机制，完善工作要求，不断强化标准与科技的互动支撑。探索以市场需求为导向的标准验证服务模式，激发标准验证工作活力。③坚持开放融合。充分利用各方技术力量，鼓励社会相关各方参与标准验证工作，推动资源的共享共用。学习借鉴国际和国外标准验证先进技术和经验，积极参与国际标准验证。④坚持注重实效。紧密支撑和服务标准制修订过程管理、重大技术标准和新兴领域标准研制、转化国际标准或国外先进标准等需要，发挥标准验证作用，强化标准质量监督。

在功能定位上，国家标准验证点将主要承担建设标准验证技术体系、建立协同高效工作机制、提升各类政府颁布标准质量、融通验证资源创新市场服务、推动验证技术国际交流合作五大任务。

（1）建设标准验证技术体系。适应新技术、新产业、新业态、新模式对提升标准水平的要求，以基础通用、关键共性领域为重点，开展标准验证前沿技术和评估方法研究，研发先进标准验证工具和设备。构建透明可信、安全可控、创新融合的标准验证数据库，探索大数据、人工智能等新一代信息技术在标准验证工作中的应用。加强标准验证条件和环境建设，夯实标准验证技术基础。

（2）建立协同高效工作机制。建立规范的工作机制，与标准化现有工作机制衔接配套，充分发挥标准验证的技术支撑作用，根据有关行政主管部门、标准化技术组织、标准起草单位、标准使用方等相关方需要，推动形成系统配套、相互支撑、科学权威的标准验证点工作体系。

（3）提升各类政府颁布标准质量。全面服务于国家标准、行业标准和地方标准制修订全过程管理，结合标准立项评估、报批审查、实施效果评估等实际需要，积极提供标准验证技术支持，重点解决标准研制实施各阶段出现的重大分歧、多领域交叉融合的难点问题、国际标准和国外先进标准在我国转化运用的适用性问题以及国家标准与国际标准关键技术指标的一致性程度等问题，提高标准质量水平，促进标准化治理效能提升。

（4）融通验证资源创新市场服务。充分发挥标准验证点聚合作用，加强与企事业单位等方面交流合作，集聚科技研发、测量测试、检验检测、认证认可等各方优势资源，促进优势互补和融合共享，激发各方投入标准验证工作的积极性，持续提升标准验证能力。面向有标准验证需求的各类市场主体，提供标准验证服务，围绕标准关键技术指标确证、标准实施效果评估验证等服务内容，探索标准验证点市场化运行模式，开展全方位、多元化标准验证服务，满足各方对标准验证的需求。

（5）推动验证技术国际交流合作。积极开展国内国际标准数据有效性、标准体系兼容性、标准适用性等方面验证技术的交流与研讨。围绕新兴领域和我国优势领域，参与国际标准验证。结合推进"一带一路"国际标准化合作需要，积极为中外标准体系兼容和互认提供有力支撑，推动我国标准制度型开放。

在建设管理上，由国家标准化管理委员会对国家标准验证点进行业务指导，重点是建立健全标准验证程序等验证工作制度，规范标准验证点开展的国际标准、国家标准、行业标准、地方标准、团体标准、企业标准验证服务，强化标准验证结果的应用，将标准验证结果作为标准制定和实施效果评估等工作的重要依据，推动标准验证工作有序开展。

第三节　电力行业标准验证案例

电力行业长期密切跟踪并积极参与国家标准验证工作。为交流分享电力行业标准验证工作成果，本文遴选了新能源并网、电动汽车充电和电力储能领域的三个典型标准验证案例，介绍标准验证的原理和过程。

一、电力行业开展标准验证实践

2017年，国家电网有限公司支持其直属科研单位中国电力科学研究院承担并完成首批国家级标准验证检验检测点试点任务。通过试点，探索建立了标准验证运行机制和管理模式，提出构建标准验证三级组织架构的基本原则，明确三级架构的定位和职责，规范计划内和计划外标准验证项目的验证工作流程。通过建立开放的运行机制，促进行业内沟通、交流、合作及资源整合，实现标准验证结果的及时反馈，确保标准验证工作的有效闭环；通过设立科学的管理模式，促进标准验证工作系统、有序、准确开展，实现标准验证结果有效采信，确保标准验证成果真正服务于标准全生命周期管理。

在试点工作基础上，国家电网有限公司持续加强标准验证资源整合与能力提升，将技术标准试验验证工作纳入日常标准化工作范畴，建成62个公司级技术标准验证实验室，稳步推动标准验证工作。近5年累计完成标准验证400多项，覆盖国际标准、国家标准、行业标准、团体标准以及企业标准，显著提升了新型电力系统重要技术领域和产业方向技术标准的科学性与合理性。

二、典型标准验证案例

（一）标准验证案例——GB/T 19963.1—2021《风电场接入电力系统技术规定　第1部分：陆上风电》

与常规电源相比，风电机组具有低抗扰性和弱支撑性。通过制定风电并网标准，规范风电并网性能，是支撑大规模风电友好并网、保障风电高效消纳的重要举措。GB/T 19963《风电场接入电力系统技术规定》于2011年发布后，以该标准为核心，制定了涵盖风电生产各环节的系列标准，初步建成了完善的风电并网标准体系，解决了风电发展早期大规模脱网问题，促进了风电行业技术进步和装备国产化进程。

随着风电并网容量的持续快速增加，在电力系统中装机占比稳步提升，已由补充性电源发展为主力型电源。大规模风电并网对电力系统安全稳定的影响日益凸显，需要通过修订并网标准来提升风电并网性能。2018年，GB/T 19963《风电场接入电力系统技术规定》修订工作正式启动，分为陆上风电和海上风电两部分。作为我国基础性风电并网标准，其修订工作引起了有关行业行政主管部门、电网企业、发电集团和风电机组制造商等相关方的广泛关注，一些关键指标需要通过标准验证工作确定。

1. 验证内容

与 GB/T 19963—2011《风电场接入电力系统技术规定》相比，拟修订形成的 GB/T 19963.1《风电场接入电力系统技术规定 第 1 部分：陆上风电》，将修改风电场低电压穿越过程中有功功率恢复能力的要求，提高了风电场有功功率恢复速度；增加风电场高电压穿越的要求，要求风电场具备一定的高电压穿越能力，并能够提供相应的动态无功电流支撑。通过对比标准修订前后的技术要求变化，选择低电压穿越能力和高电压穿越能力的关键技术指标进行验证，通过开展风电机组真型试验的方法验证标准技术指标的科学合理性。选定的标准验证技术指标见表 6-2。

表 6-2 标准验证技术指标

验证项目	标准验证技术指标	
	有功功率	动态无功电流上升时间
低电压穿越能力	风电场自故障清除时刻开始，以至少 20% 额定功率/秒的功率变化率恢复至故障前的值	自电压跌落出现的时刻起，动态无功电流上升时间不大于 60ms
高电压穿越能力	并网点电压升高至标称电压的 125%～130%之间时，风电场内的风电机组应保证不脱网连续运行 500ms	自电压升高出现的时刻起，动态无功电流上升时间不大于 40ms

2. 国内外现状

风电场低电压穿越是指当电力系统故障或扰动引起并网点电压跌落时，在一定的电压跌落范围和时间间隔内，风电场能够不脱网连续运行。不同国家的风电并网标准规定的电压跌落幅值和持续时间等指标存在差异，德国 VDE-AR-N 4120:2018《接入高压电网的电气装置并网与运行技术要求》（Technical requirements for the connection and operation of customer installations to the high voltage network）标准要求风电具备零电压穿越要求。我国风电并网标准规定电压跌落最低幅值为 $0.2U_n$（U_n 为标称电压），持续 625ms。这是由我国电力系统特点和保护配置要求所决定的，同时考虑了风电设备的成本增加可接受程度。

风电场高电压穿越是指当电力系统故障或扰动引起并网点电压升高时，在一定的电压升高范围和时间间隔内，风电场能够不脱网连续运行。澳大利亚并网标准要求当系统电压升高至 $1.3U_n$ 时，风电机组需维持 60ms 不脱网连续运行；德国 VDE-AR-N4120:2018《接入高压电网的电气装置并网与运行技术要求》（Technical requirements for the connection and operation of customer installations to the high voltage network）标准要求在系统电压升至 $1.3U_n$ 时风电机组能够维持并网运行 100ms。我国风电并网标准规定电压升高幅值为 $1.3U_n$，持续 500ms。同样是安全性和经济性综合考量的结果。

3. 标准验证过程

（1）验证方案。为保障标准验证工作的顺利开展，国家电网有限公司新能源及储能并网检测技术标准验证实验室成立了标准验证工作组，制定了详细的试验验证工作方案。由于风电场并网容量远超过测试装置容量，国内外通用的方法是依据并网标准的要求，选取风电场内的风电机组进行真型试验。本次标准验证工作选取国内主流制造商的 5MW 风电机组，依据 GB/T 36995—2018《风力发电机组 故障电压穿越能力测试规程》进行现场测试。选定的故障电压测试规格见表 6-3。

表 6-3　　　　　　　　　　　故障电压测试规格

故障类型	故障电压幅值（标幺值）	故障电压持续时间（ms）	故障电压波形
电压跌落	0.85～0.90	2000±20	
	0.75±0.05	1705±20	
	0.50±0.05	1214±20	
	0.35±0.05	920±20	
	0.20±0.05	625±20	
电压暂升	1.20±0.03	10000±20	
	1.25±0.03	1000±20	
	1.30±0.03	500±20	

（2）验证平台。验证平台的核心设备是系统电压故障模拟装置，其由限流阻抗、升压/短路开关和升压/短路阻抗组成。图 6-1 和图 6-2 分别为装置原理图及实物图。图 6-1 中 Z_{sr} 为限流阻抗，用于限制电压故障对风电场内其他机组的影响。在电压故障发生前后，限流阻抗可利用旁路开关 CB1 短接。Z_{sc} 为短路阻抗，闭合短路开关 CB2，将短路阻抗进行三相或两相连接，可在风电机组机端产生要求的电压跌落。C_L 为升压

支路电容，R_d 为升压支路电阻，闭合升压开关 CB3，将升压阻容进行三相或两相连接，可在风电机组机端产生要求的电压暂升。

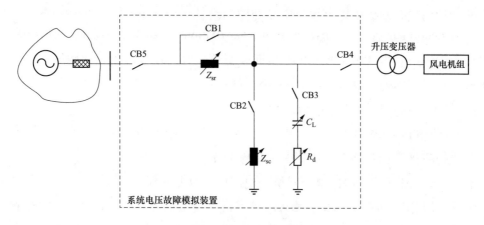

图 6-1 系统电压故障模拟装置原理图

(a) (b) (c)

图 6-2 系统电压故障模拟装置部件实物图

(a) 限流阻抗；(b) 升压/短路开关；(c) 升压/短路阻抗

风电机组故障电压穿越能力现场测试流程包括空载测试、负载测试和结果判定三个阶段，具体操作流程如下：

1）空载测试。空载测试时风电机组处于离网状态，通过空载测试确定产生的故障电压满足 GB/T 36995—2018《风力发电机组 故障电压穿越能力测试规程》的要求，操作步骤如下：

a. 断开连接开关 CB4，闭合连接开关 CB5；

b. 断开旁路开关，投入限流阻抗；

c. 闭合升压/短路开关，投入升压/短路阻抗，产生故障电压；

d. 断开升压/短路开关，退出升压/短路阻抗；

e. 闭合旁路开关，退出限流阻抗，电网电压恢复正常。

2）负载测试。空载测试结束后，闭合连接开关 CB4，启动测试风电机组，使其正常并网运行，负载测试的操作步骤如下：

a. 断开旁路开关，投入限流阻抗；

b. 闭合升压/短路开关，投入升压/短路阻抗，产生故障电压；

c. 断开升压/短路开关，退出升压/短路阻抗；

d. 闭合旁路开关，退出限流阻抗，电网电压恢复正常。

3）结果判定。负载测试结束后，对风电机组真型试验数据进行处理，并对测试结果进行判定，判定原则如下：

a. 对每种类型的电压故障，风电机组需要连续通过两次负载测试。

b. 测试时风电机组故障电压穿越能力的判定内容为风电机组的有功功率恢复和无功电流注入情况；

c. 有功功率恢复时间为电压开始恢复时刻至风电机组输出实际风况下对应输出功率的时刻。

d. 风电机组连续通过所有电压故障的负载测试时，判定风电机组具备标准要求的故障电压穿越能力。

（3）数据采集。

1）低电压穿越能力测试结果。对风电机组按照上述测试流程开展真型试验，测试结果见表 6-4 和表 6-5。由表 6-4 可以看出，风电机组功率恢复时间均小于 5s，风电机组可以满足电压恢复正常后以 20%额定功率/秒的功率变化率恢复的要求。由表 6-5 可以看出，三相对称故障情况下，风电机组的动态无功电流上升时间均低于 60ms。测试风电机组可以满足 GB/T 19963.1《风电场接入电力系统技术规定　第 1 部分：陆上风电》拟对无功电流上升时间的要求。

表 6-4　　　　　　　　　　低电压穿越能力测试结果

故障类型	故障前机组输出功率（标幺值）	空载测试电压幅值（标幺值）	负载测试电压幅值（标幺值）	故障持续时间（s）	功率恢复时间（s）
三相跌落	0.21	0.884	0.900	2.010	0.05
三相跌落	1.01	0.887	0.897	2.010	0.05
两相跌落	0.28	0.885	0.894	2.010	0.05
两相跌落	1.00	0.890	0.885	2.010	0.05

续表

故障类型	故障前机组输出功率（标幺值）	空载测试电压幅值（标幺值）	负载测试电压幅值（标幺值）	故障持续时间（s）	功率恢复时间（s）
三相跌落	0.26	0.762	0.798	1.710	0.19
三相跌落	1.01	0.758	0.795	1.710	4.56
两相跌落	0.24	0.762	0.760	1.710	0.14
两相跌落	1.00	0.761	0.759	1.710	4.28
三相跌落	0.22	0.492	0.615	1.220	0.28
三相跌落	1.01	0.493	0.585	1.220	3.44
两相跌落	0.15	0.492	0.494	1.220	0.12
两相跌落	1.00	0.497	0.484	1.220	2.64
三相跌落	0.24	0.355	0.480	0.930	0.12
三相跌落	1.01	0.356	0.465	0.930	2.87
两相跌落	0.13	0.356	0.356	0.930	0.21
两相跌落	1.00	0.359	0.353	0.930	3.20
三相跌落	0.21	0.205	0.293	0.630	0.13
三相跌落	1.00	0.202	0.291	0.630	3.44
两相跌落	0.20	0.205	0.205	0.630	0.05
两相跌落	0.99	0.203	0.199	0.630	2.73

表 6-5   **三相对称故障期间风电机组动态无功电流支撑能力**

故障前机组输出功率（标幺值）	负载测试电压幅值（标幺值）	无功电流上升时间（ms）	无功电流持续时间（ms）
0.26	0.798	15	1705
1.01	0.795	15	1700
0.22	0.615	25	1195
1.01	0.585	25	1180
0.24	0.480	20	885
1.01	0.465	25	880
0.21	0.293	30	590
1.00	0.291	30	585

2）高电压穿越能力测试结果。对测试风电机组开展高电压穿越能力真型试验，测试结果见表 6-6 和表 6-7。可以看出，风电机组在电压标幺值升高至 1.3 时可以不脱网连续运行 500ms，在三相对称电压故障期间，风电机组可提供一定的无功支撑，无功

电流上升时间低于 40ms。

表 6-6   高电压穿越能力测试结果

故障类型	故障前机组输出功率（标幺值）	空载测试电压幅值（标幺值）	负载测试电压幅值（标幺值）	故障持续时间（s）	功率恢复时间（s）
三相暂升	0.21	1.209	1.168	10.000	0.04
三相暂升	1.05	1.209	1.177	10.000	0.05
两相暂升	0.21	1.208	1.181	10.000	0.03
两相暂升	0.99	1.208	1.175	10.000	0.03
三相暂升	0.24	1.267	1.218	1.000	0.04
三相暂升	1.01	1.267	1.209	1.000	0.06
两相暂升	0.24	1.265	1.211	1.000	0.04
两相暂升	1.01	1.265	1.197	1.000	0.05
三相暂升	0.28	1.320	1.232	0.500	0.03
三相暂升	1.02	1.320	1.230	0.500	0.06
两相暂升	0.22	1.318	1.229	0.500	0.02
两相暂升	1.02	1.318	1.211	0.500	0.05

表 6-7   三相电压暂升故障期间风电机组动态无功支撑能力

故障前机组输出功率（标幺值）	负载测试电压幅值（标幺值）	无功电流上升时间（ms）	无功电流持续时间（ms）
0.21	1.168	30	9995
1.06	1.177	15	9995
0.24	1.218	20	995
1.01	1.209	25	995
0.28	1.232	25	495
1.02	1.230	20	495

4. 验证结论及建议

按照标准验证方案，依据 GB/T 36995—2018 《风力发电机组 故障电压穿越能力测试规程》对 5MW 风电机组进行了真型试验，验证了 GB/T 19963.1 《风电场接入电力系统技术规定 第 1 部分：陆上风电》拟规定的低电压穿越、高电压穿越关键技术指标的合理性。标准验证结果得到了风电行业的广泛认可，相关技术指标已被该标准采纳。该标准已于 2021 年正式发布，实施效果良好。

（二）标准验证案例——Q/GDW 12312.1—2023《电动汽车充电设备标准化设计测试规范 第 1 部分：充电控制模块与功率控制模块通信协议一致性测试》

近年来，随着国家节能减排相关政策的实施，电动汽车产业发展迅猛。充电基础设施是电动汽车系统的重要组成部分，电动汽车的发展离不开电网的支撑。基于电动汽车充电设施标准化及行业发展需求，国家电网有限公司持续开展电动汽车充电设施标准制修订工作，为电动汽车充电设施的标准化、规范化提供了有力支撑，促进了电动汽车产业的快速发展和规模化应用。

国家电网有限公司企业标准 Q/GDW 12312.1《电动汽车充电设备标准化设计测试规范　第 1 部分：充电控制模块与功率控制模块通信协议一致性测试》拟规定电动汽车非车载传导式充电机直流充电控制器充电控制模块与功率控制模块之间通信协议一致性测试要求、测试系统以及测试内容，适用于对符合 Q/GDW 10233.12—2021《电动汽车非车载充电机技术规范　第 12 部分：充电控制模块与功率控制模块通信协议》的产品进行协议一致性测试。在标准制定过程中，需要对一些关键测试内容和方法进行完整性和合理性验证。

1. 验证内容

针对 Q/GDW 12312.1《电动汽车充电设备标准化设计测试规范　第 1 部分：充电控制模块与功率控制模块通信协议一致性测试》拟规定的充电控制模块与功率控制模块之间的应用层报文格式、内容的试验方法和技术指标进行验证，具体内容包括：

（1）标准 9.1.1 条"定值设置"。

1）测试编号：PM.1004。

2）测试内容：测试功率控制模块的定值设置应答是否符合标准要求，判断测试方法可行性。

（2）标准 9.1.2 条"定值查询"。

1）测试编号：PM.1005。

2）测试内容：测试功率控制模块的定值查询应答是否符合标准要求，判断测试方法可行性。

（3）标准 9.1.3 条"绝缘检测"。

1）测试编号：PM.1006。

2）测试内容：测试功率控制模块在绝缘检测过程中的信息交互和响应是否符合标准要求，判断测试方法可行性。

（4）标准 9.1.4 条"充电阶段"。

1）测试编号：PM.1007。

2）测试内容：测试功率控制模块在预充及能量传输过程中的信息交互和响应是否符合标准要求，判断测试方法可行性。

（5）标准 10.1.1 条"心跳报文超时"。

1）测试编号：PM.1008。

2）测试内容：测试功率控制模块心跳报文超时处理是否符合标准要求，判断测试方法可行性。

2. 国内外现状

2015 年，南瑞集团提出规范控制器与功率模块间的通信协议，实现了多个厂家的电动汽车非车载充电机功率模块通信协议的统一，在软件层面达到了互换性。2020 年 6 月，中国电力企业联合会团体标准 T/CEC 368—2020《电动汽车非车载传导式充电模块技术条件》发布，适用于非车载充电机中的充电模块部件。2021 年 12 月，国家电网有限公司修订发布了 Q/GDW 10233—2021《电动汽车非车载充电机技术规范》，分为通用要求、直流充电设备专用部件、直流充电设备外观与标识、充电控制模块与功率控制模块通信协议、功率控制模块与充电模块通信协议等 17 个部分。

此外，GB/T 20234.1—2015《电动汽车传导充电用连接装置 第 1 部分：通用要求》规定了电动汽车传导充电用连接装置的定义、要求、试验方法和检验规则，适用于电动汽车传导式充电用的充电连接装置。该标准于 2023 年修订后增加了主动冷却、温度监测等相关技术要求，优化完善了机械性能、锁止装置、使用寿命等试验方法，以满足电动汽车快速补充电能的需求。

随着全球电动汽车产业的快速发展，欧美国家也在加快电动汽车充电设施的建设。目前，北美地区主要使用 SAE J1772 标准，欧洲使用 IEC 62196 系列标准，日本使用 CHAdeMO 标准。

3. 标准验证过程

（1）验证方案。依托国家电网有限公司充换电设施技术标准验证实验室成立标准验证工作组，选择不同厂家、不同功率的电动汽车充电机功率模块作为测试对象（见表 6-8），测试方法依据 GB/T 34658—2017《电动汽车非车载传导式充电机与电池管理系统之间的通信协议一致性测试》的规定。

表 6-8　　　　　　　　　　测　试　对　象

序号	厂家	样品型号
1	A	80kW 一体式"一机一枪"充电机
2		160kW 一体式"一机双枪"充电机
3	B	80kW 一体式"一机一枪"充电机
4		160kW 一体式"一机双枪"充电机

（2）验证平台。标准验证中使用的主要测试设备及系统见表 6-9。

表 6-9　　　　　　　　　主要检测设备及系统

序号	装置名称	型号
1	电动汽车仿真器	DYJC-1

续表

序号	装置名称	型号
2	CAN 分析仪	ZLG9808
3	示波器	MDO3034
4	直流充电机专用部件协议一致性检测系统	IPT-1100

电动汽车仿真器用于模拟车辆及充电通信控制器对充电设备进行充电,触发包括充电控制模块和功能控制模块在内的充电设备内部部件之间的信息交互,如图 6-3 所示。

CAN 分析仪用于监听和分析充电控制模块与功率控制模块通信时的报文,主要用于正向测试案例中的测试用例验证。

图 6-3　电动汽车仿真器

图 6-4 所示为直流充电机专用部件协议一致性 IPT-1100 检测系统,它由 PC 端检测软件、无线路由器、CAN 监视通信模块、充电控制模拟器、待测控制模块等组成。

被测控制模块接入检测设备后,检测系统可以模拟充电机的工作行为,按照检测要求进行测试案例的过程性操作。

按照 GB/T 34658—2017《电动汽车非车载传导式充电机与电池管理系统之间的通信协议一致性测试》规定的测试方法,依次开展以下测试:

1) 定值设置测试:测试系统的充电控制模块发送 PGN32768 定值设置命令帧。检查功率控制模块应在 10s 内向充电控制模块发送 PGN33024 定值应答帧,充电接口标识、设备类型、设备通信地址、定值序号与定值设置命令帧的值一致,操作返回信息满足 Q/GDW 10233.12—2021《电动汽车非车载充电机技术规范　第 12 部分:充电控制模块与功率控制模块通信协议》的要求。

图 6-4　直流充电机专用部件协议一致性测试系统

2) 定值查询测试:测试系统的充电控制模块发送 PGN33280 定值查询命令帧。检查功率控制模块应在 10s 内向测试系统发送 PGN33536 定值查询应答帧,充电接口标识、设备类型、设备通信地址、定值序号一致。操作返回成功时,定值信息应满足 Q/GDW 10233.12—2021《电动汽车非车载充电机技术规范　第 12 部分:充电控制模块与功率控制模块通信协议》的要求。操作返回失败时应显示失败原因。

3）绝缘检测测试：①测试系统启动充电。②测试系统的充电控制模块发送 PGN256 遥控命令帧"快速开机"命令，检查功率控制模块应在 10s 内向测试系统返回 PGN512 遥控应答帧；同时检查发送"快速开机"命令后 10s 内 PGN8704 功率控制模块遥信帧的工作状态应为"工作"。③测试系统的充电控制模块完成绝缘检测准备工作后，停止发送 PGN256 遥控命令帧"快速开机"命令，同时发送的 PGN256 遥控命令帧"参数修改"命令，检查功率控制模块应在 10s 内向充电模块返回 PGN512 遥控应答帧"参数修改"应答。④测试系统的充电控制模块在完成绝缘检测后，发送 PGN256 遥控命令帧"停止充电"命令，检查功率控制模块应在 10s 内向测试系统发送 PGN512 遥控应答帧，同时自发送"停止充电"命令后 10s 内应接收到工作状态为"待机"的 PGN8704 功率控制模块遥信帧。⑤测试系统通过绝缘检测并按照 GB/T 18487.1—2015《电动汽车传导充电系统　第 1 部分：通用要求》的规定完成充电电压泄放工作后，测试结束。

4）充电阶段测试：①启动测试系统充电，测试系统完成绝缘检测。②测试系统的充电控制模块发送 PGN256 遥控命令帧"软启开机"命令，检查功率控制模块应在 10s 内向测试系统发送 PGN512 遥控应答帧；同时检查自测试系统发送"软启开机"命令后 10s 内应接收到工作状态为"工作"的 PGN8704 功率控制模块遥信帧。③测试系统的充电控制模块完成预充电后，发送 PGN256 遥控命令帧"参数修改"命令，检查功率控制模块应在 10s 内向测试系统充电模块返回 PGN512 遥控应答帧"参数修改"应答。④测试系统的充电控制模块停止发送"参数修改"命令帧，发送"停止充电"命令，检查功率控制模块应在 10s 内向测试系统发送 PGN512 遥控应答帧，同时自发送"停止充电"命令后 10s 内应接收到工作状态为"待机"的 PGN8704 功率控制模块遥信帧。

5）心跳报文超时测试：①测试系统启动充电。②测试系统充电控制模块收到功率控制模块 PGN16640 的功率控制模块心跳帧后，停止发送 PGN16384 充电控制模块心跳帧。③检查功率控制模块自最后一次接收到充电控制模块心跳帧 10s 后应中止充电过程，同时 PGN8704 功率控制模块遥信数据帧的故障信息为"功率控制模块与充电控制模块通信超时"。

（3）数据采集。表 6-10 为两个厂家不同功率的充电机样品试验结果。测试不通过项主要集中在绝缘检测过程测试及定值查询功能，定值查询是技术标准规定必须具备的功能，在验证中发现厂家 B 的样品未具备该项测试，应按标准要求进行整改。而绝缘检测功能测试失败是由于充电机和车辆（模拟装置）在充电过程中充电模块未正常启动造成，表明充电机整机未完全满足互操作性测试要求。标准验证工作组考虑到技术标准已对在充电（包括绝缘检测）过程中的异常处理方式进行了规定，建议增加反向案例，进一步规范功率控制模块及充电控制模块之间的异常处理。

表 6-10　　　　　　　　　　测　试　结　果

样品型号	测试项目	测试结论	
		厂家 A	厂家 B
80kW 一体式"一机一枪"充电机	定值设置功能	√	×
	定值查询功能	√	×
	绝缘检测功能	×	√
	充电阶段功能	√	√
	心跳报文超时	√	√
160kW 一体式"一机双枪"充电机	定值设置功能	√	×
	定值查询功能	√	×
	绝缘检测功能	×	√
	充电阶段功能	√	√
	心跳报文超时	√	√

注　"√"表示测试通过项目；"×"表示测试未通过项目。

4. 验证结论及建议

依据 GB/T 34658—2017《电动汽车非车载传导式充电机与电池管理系统之间的通信协议一致性测试》规定的通信协议一致性测试方法，对 Q/GDW 12312.1《电动汽车充电设备标准化设计测试规范　第 1 部分：充电控制模块与功率控制模块通信协议一致性测试》中功率控制模块充电过程的通信报文内容和测试方法进行试验验证。经过对比试验，确定了通信报文的测试方法具有可行性，发现了标准测试案例存在空缺，建议在标准中增补以下测试案例。

（1）绝缘检测：快速开机命令超时；

（2）绝缘检测：快速开机、参数修改命令参数值超出规定范围；

（3）绝缘检测：参数修改命令接受超时；

（4）充电过程：软启开机命令处理超时；

（5）充电阶段：软启开机、参数修改命令参数值超出规定范围；

（6）充电阶段：参数修改命令接收超时。

上述测试案例增补建议得到标准工作组的一致认可，已纳入 Q/GDW 12312.1《电动汽车充电设备标准化设计测试规范　第 1 部分：充电控制模块与功率控制模块通信协议一致性测试》，测试案例编号依次为 PM.1009～PM.1014。该标准已于 2023 年正式发布。

（三）标准验证案例——国家标准《电力储能用锂离子电池》

新型储能是建设新型电力系统、实现"双碳"目标的重要支撑，在电力系统不同场景的应用价值具有多样性，是优质的灵活性调节资源和潜在的主动支撑资源，对促进新能源消纳、保障电力供应、提升电网安全具有重要意义。

锂离子电池储能因其能量密度高、循环寿命长等特点，成为大规模储能的首选储存载体之一。国家标准《电力储能用锂离子电池》拟对电池的倍率充放电性能和循环性能作出要求，规范试验方法。选用市场购置的同批次电池作为测试对象，针对倍率性能和循环性能采用不同的试验方法进行对比验证，以为试验方法的选取提供依据。

1. 验证内容

电池单体是电池储能电站的基本组成单元，电池单体的性能特别是安全性能是电站整体性能的基石。电池单体的性能可从基本性能、循环性能、安全性能等方面进行评估。本次验证是对国家标准《电力储能用锂离子电池》中锂离子电池单体倍率性能和循环性能试验方法的测试验证。

倍率性能：分别设置恒流恒压充电/恒流放电，与恒功率充放电两种方法进行倍率性能测试，在相同测试环境下，对比两种测试方法的测试结果。

循环性能：分别设置恒流恒压充电/恒流放电，与恒功率充放电两种方法进行循环性能测试，在相同测试环境下，对比两种测试方法的测试结果。

2. 国内外现状

常用电力储能技术主要有抽水蓄能、电化学储能、飞轮储能、压缩空气储能和超导储能。除抽水蓄能外，与其他几种新型储能技术相比，电化学储能技术具有设备机动性好、响应速度快、能量密度高和转换效率高等优点，是储能产业研究开发的重要方向。

电化学储能装置主要包括铅酸电池、钠硫电池和钒液流电池、锂离子电池等。从综合性能来说，锂离子电池以其能量密度高、循环寿命长等优势具有较强的竞争力。同时，锂离子电池储能技术是一种材料体系灵活、技术进步快的储能电池技术，可以根据不同应用需求选择不同的材料体系或进行有针对性的性能改进，相比于其他类型的储能技术，是当前最有发展潜力和应用前景的储能技术。统计数据表明，国内已运行的电化学储能装置中锂离子电池占比超过80%。

在国家标准《电力储能用锂离子电池》制定前，国内针对锂离子电池的测试均采用恒流恒压充电、恒流放电的动力电池测试方法，无法完全体现电力储能应用恒功率条件下电池的性能特点。为此，针对《电力储能用锂离子电池》中拟采用的试验方法进行了标准验证工作。

3．标准验证过程

（1）验证方案。本次验证是针对标准制定阶段确定试验方法的合理性验证，采用对比测试的验证方法。选用同批次锂离子电池，分别以恒功率充放与恒流恒压充放两种充放电方式对锂离子电池进行倍率性能和循环性能测试，对比分析不同试验方法和测试结果的区别，对标准中参数要求提出合理性修改意见。

本次验证工作由国家电网有限公司电力储能技术标准验证实验室承担。为确保标准验证工作过程可控、结果准确，由具有丰富锂离子电池检测经验的技术人员组成标准验证工作小组，制定电力储能用锂离子电池单体倍率性能和循环性能试验方案。

（2）验证平台。锂离子电池单体倍率性能和循环性能试验方法验证平台示意图如图 6-5 所示，主要设备包括电池充放电测试仪、环境试验箱等，其中电池充放电测试仪可根据需要对电池进行不同工况条件下的充放电测试，环境试验箱提供稳定的测试环境。

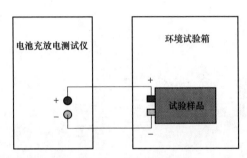

图 6-5　倍率性能及循环性能试验方法验证平台示意图

按照以下流程开展验证试验：

1）样品选取。选用国内主流电池生产厂家同批次电池为测试对象。

2）测试设备连接。将锂离子电池单体放置在环境试验箱内，正、负极与电池充放电设备电压和电流的正、负极正确连接。

3）测试前温度确认。设置环境试验箱温度（25℃±2℃），等待环境试验箱达到试验要求温度。

4）倍率性能测试。分别采用恒流恒压充电/恒流放电和恒功率充/放电两种方法进行倍率性能测试。恒流恒压充电过程中电流先保持恒定不变，当电压充电至上限电压后，再保持电压恒定不变，最后电流逐渐减小至设定值后充电结束。恒流放电过程中电流保持恒定不变，电压逐渐减小至终止电压后放电结束。恒功率充/放电过程中功率保持不变，充电时电压逐渐增加，电流逐渐降低，放电时电压逐渐减小，电流逐渐增加。采用恒流恒压充电/恒流放电方法时，测试环境温度设置在 25℃±2℃范围内，电池单体分别以 15A、30A、60A 进行恒流恒压充电/恒流放电测试；采用恒功率充/放电方法时，测试环境温度设置在 25℃±2℃范围内，电池单体分别以 48W、96W、192W进行恒功率充/放电测试。

5）循环性能测试。分别采用恒流恒压充电/恒流放电和恒功率充/放电两种方法进行循环性能测试。采用恒流恒压充电/恒流放电方法时，测试环境温度设置在 25℃±2℃范围内，电池单体以 60A 恒流充放电循环 500 次；采用恒功率充/放电方法时，测试环境温度设置在25℃±2℃范围内，电池单体以 192W 恒功率充放电循环 500 次。

（3）数据采集。

1）倍率性能试验数据。根据试验验证方案，对同一批次的锂离子电池样品分别按照恒流恒压充电/恒流放电和恒功率充/放电方法进行倍率性能测试，测试过程中采集电池的电压、电流、功率、充/放电能量、充/放电时间和充/放电容量等参数。图 6-6所示为锂离子电池样品的倍率性能测试的充放电保持率曲线。由图 6-6 可知，两种方法的测试结果差异较小，采用恒功率充/放电与恒流恒压充电/恒流放电方法相比，容量保持率低 2%左右。

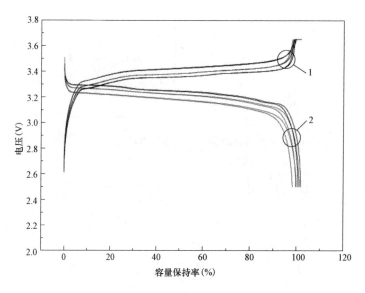

图 6-6　样品倍率性能测试充放电保持率曲线

1—充电曲线；2—放电曲线

2）循环性能试验数据。根据试验验证方案，对相同样品分别按照恒流恒压充电/恒流放电和恒功率充/放电方法进行倍率性能测试，测试过程中采集电池的电压、电流、功率、充/放电能量、充/放电时间和充/放电容量等参数，计算每 50 次循环时的充/放电能量保持率。图 6-7 中 SY8-17/06/03-006 与 SY8-17/06/ 03-007 为恒流恒压充电/恒流放电方法对应的样品循环过程能量保持率曲线，SY8-17/06/03-008 与 SY8-17/06/03-009 为恒功率充/放电方法对应的样品循环过程能量保持率曲线。由图 6-7 可知，采用恒功率充/放电方法时，样品的能量保持率低于恒流恒压充电/恒流放电方法，更能体现锂离子电池的实际使用特点。

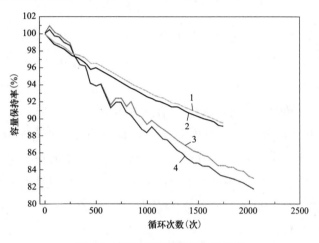

图 6-7　样品循环过程能量保持率

1—SYB-17/06-03-006；2—SYB-17/06-03-007；3—SYB-17/06-03-008；4—SYB-17/06-03-009

4. 验证结论及建议

本次标准验证按照验证方案要求，对样品进行了倍率性能和循环性能测试。验证试验结果表明，恒功率充/放电方法比恒流恒压充电/恒流放电方法更能体现储能电池的应用特点，更有利于对锂离子电池进行质量控制。全国电力储能标准化技术委员会组织专家对检测结果进行了确认，高度肯定了此次试验验证工作，一致同意国家标准《电力储能用锂离子电池》中锂离子电池的电池单体倍率性能和循环性能试验采用恒功率测试方法。

第七章

标准化与科技创新

科技创新是提高社会生产力和综合国力的决定性因素，标准是经济活动和社会发展的技术支撑。科技创新最终的目的是实现其成果的转化应用，标准是促进科技创新成果转化的桥梁，科技成果转化为标准是推动实现科技成果转化应用的一种重要方式。标准与科技创新两者互为支撑、相互促进、密不可分。本章共分为三节，第一节主要系统阐述标准化与科技创新之间的关系，第二节介绍促进标准化与科技创新互动的"三位一体"协同模式及"全流程对接"互动方法，第三节以案例方式对标准与科技创新互动发展的实践展开描述。

第一节　标准化与科技创新互动关系

科技创新是创造和应用新知识、新技术、新工艺，采用新生产方式和经营管理模式，开发新产品、提供新服务、提高产品质量的过程。标准是科学、技术和实践经验的总结，是科技创新成果的重要载体和扩散工具。技术是标准的基础，科技创新作为技术发展的关键因素，科技创新水平决定技术标准水平。随着科技创新的发展，需要标准来确保新产品和新工艺的性能，提高一致性和保证安全性。在科技发展战略中，需要以标准为手段，以科技创新为重要内容，加快推进标准与科技创新协调发展，通过标准与科技创新的紧密结合，实现秩序和效益最优，促进生产力发展和提升国际竞争力。

标准与科技创新互动发展，涉及多个领域相关概念，本节重点对标准化与科技创新之间以及标准与科研之间相互作用的内在机制进行深入阐述。

（一）标准化与科技创新

1. 标准是学术创新与产业创新的桥梁

标准化与科技创新共同促进发展，追求效能和秩序的最优。标准作为现代经济的基础设施，在科技创新驱动的经济活动中发挥着复杂且重要的作用。从科技创新成果转化看，由于市场对技术需求的不确定性，各利益主体之间的关联活动极为复杂，实际上很多成果无法转化或无人问津，又或者由于多种科技成果之间的竞争，胜出的往往只有一个，大部分都以转化失败而告终，这一现象学术界称为"死亡之谷"和"达尔文之海"问题（简称"谷海"问题）。完成科学研究和技术开发取得科技创新成果，只是科技创新的一个环节，只有将科技创新成果转化应用，才能实现科技创新的价值和使命，才能转化为推动经济社会发展的现实动力。科技创新成果的转化是科技创新价值实现、推动社会经济发展的关键。科技创新成果转化的载体多样，包括报告、论文、专利、标准、样机等，其应用受形式影响。知识性传播如报告、论文需经测试、验证及市场化开发，保护性传播如专利则需广泛协调以实现市场转化，而标准的重要原则就是"协商一致"，成果在转化为标准的过程中，实际上已经在促进产业链相关各方对相关成果达成共识，一旦标准转化成功，可以从更大范围、更深层次上协调各方推广应用科技创新成果，使其发挥更大效应。

　　"谷海"问题的形成，主要是由于科技创新成果与产业应用之间存在一定距离，而运用产业链相关各方已达成共识的"标准"这一特殊载体，可以推动科技创新传播得更广泛、扩散得更快，产业应用的可能性和整体效能才更大。为了进一步阐述清楚标准化与科技创新的关系，本书借鉴"技术成熟度评估"方法，结合学术、产业、标准的生命周期，构建科研与学术、标准、产业演进关系模型，如图 7-1 所示。在该模型中，横轴代表科研阶段（技术成熟度）的九个等级，1-3 区间对应科技创新的萌芽期，4-6 区间对应科技创新快速发展阶段，7-9 区间对应科技成果产业化发展阶段；纵轴代表伴随科研的推进学术活动和产业发展的活跃度以及产业对标准需求的程度，随着科研阶段变化具体表现为学术的活跃度持续下降，产业的活跃度逐步上升，产业对标准的需求经历了从低到高并逐步稳定的历程。分阶段来看，在萌芽阶段，报告、论文、专著等学术产出活跃度极高，这些科技成果载体形式的形成时间都要早于标准化，标准产出则相对滞后，产业发展对标准的要求在此期间逐渐增长。在科技创新快速发展阶段，科技成果不断完善，学术活跃度明显下降，而产业活跃度则显著上升、处于产业形成的关键时期，基于标准对产业发展的能动作用，产业发展必然要求标准化，运

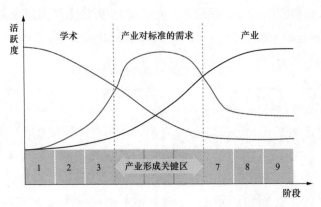

图 7-1　学术、标准、产业演进关系

用标准实现规范和引领产业健康有序发展，产业对标准的要求达到峰值。因而在技术成熟度和产业发展关键时期 4-6 这个区间，标准成为知识向产业转换的关键，标准跨越学术—产业的"谷海"，引领科技成果向产业化方向发展，加快推动产业化发展进程。进入科技创新成果产业化应用阶段后，随着相关标准的逐渐出台、发布，产业支撑能力持续加强，产业趋于相对稳定状态，产业对标准的需求逐渐变低，维持一定程度的平衡水平，标准对产业发展的支撑和保障更为突出，发挥着加速科技成果转化应用、推动产业化发展升级的"助推器"作用。

2. 标准化介入科技创新的时机

从标准化介入科技创新的时机来看，由于科技创新是独特思想的创造发明，标准化是一个规范性的活动，两者之间的价值取向最开始并不相同。标准过早地介入，可能会阻碍科技创新技术路线发展的探索。但是标准介入过晚，也有可能不利于科技成果快速转化为生产力。因此，根据科研阶段（技术成熟度，TRL）的不同，标准介入科研的时机具有差异性，标准引领的方式存在不同，例如在互换性方面的标准更需要标准提前介入，达到标准引领。美国航空航天局于 20 世纪 70 年代提出的"技术成熟度评估"，为在技术发展过程中标准介入的时机以及标准研制的种类提供了参考依据。

"技术成熟度评估"是一种先设定技术成熟程度等级，然后据此对与技术有关的概念、技术状态、经演示验证的技术能力等进行定量化评估的有效方法。技术成熟度评估一般分为九个等级，前期三个等级对应基本理论发现、技术概念形成、实验室验证阶段，处于科技创新萌芽阶段；中期三个等级对应实验室验证、样机验证和模拟框架环境下验证阶段，属于科技创新初步成果与定型阶段；后期三个等级对应实际场景的验证、定型实验、运行与评估阶段，是科技成果应用的初期。一般进入第四、五个等级，实际上就具备了一定的产业化实用性，是科技成果运用的关键时期，在中期研发过程中标准就可以介入科技创新的活动。表 7-1 展示了在不同阶段介入的标准种类。在基本研发阶段，可以提炼出术语标准；在关键功能实验室验证阶段，可以提炼试验测试规范；在样机实验室验证阶段，可以同步编制产品标准。

表 7-1 不同阶段标准种类的介入情况

TRL 等级		1 基本原理发现和阐述阶段	2 形成概念或应用方案阶段	3 关键功能实验室验证阶段	4 原理样机组件在试验环境中验证阶段	5 完整的实验室样机在环境中验证阶段	6 模拟环境下的系统演示阶段	7 真实环境下的系统演示阶段	8 定型试验阶段	9 运行与评估阶段
标准类型	按照内容分类	• 术语 • 符号	• 术语 • 符号	• 分类 • 试验 • 规范 • 规程	• 分类 • 试验 • 规范 • 规程	• 分类 • 试验 • 规范 • 规程	• 分类 • 试验 • 规范 • 规程	• 分类 • 试验 • 规范 • 规程	• 试验 • 规范 • 规程 • 指南	• 规范 • 规程 • 指南

续表

TRL 等级		1	2	3	4	5	6	7	8	9
		基本原理发现和阐述阶段	形成概念或应用方案阶段	关键功能实验室验证阶段	原理样机组件在试验环境中验证阶段	完整的实验室样机在环境中验证阶段	模拟环境下的系统演示阶段	真实环境下的系统演示阶段	定型试验阶段	运行与评估阶段
标准类型	按照对象分类	产品标准（原材料标准）	产品标准（原材料标准）	产品标准（零部件/元器件标准）过程标准	产品标准（制成品标准）过程标准	产品标准（制成品标准）过程标准	产品标准（系统标准）过程标准	产品标准（系统标准）过程标准	产品标准过程标准服务标准	产品标准过程标准服务标准

3. 标准化与科技创新成果转化

科技创新是新技术的发明创造，当科技成果需要推广应用时，就需要标准化的介入，标准化的工作就与科技创新发生了关联。科技成果转化为标准成为推动科技创新和产业发展的重要途径。如图 7-2 所示，在产业发展的萌芽期，标准及时出台可为产

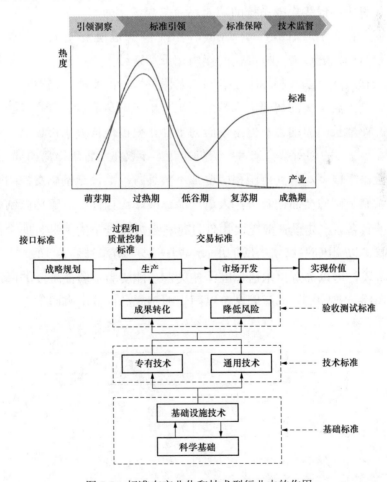

图 7-2 标准在产业化和技术型行业中的作用

业链上下游对接提供接口，为科技发展和产业创新提供方向，促进更加广泛的分工协作。在产业发展的过热期和低谷期，基于技术的变革和发展，过程和质量控制标准发挥着至关重要的引领作用，同时验收测试标准的统一也为降低技术风险、提高产业链各方的接受度作出了贡献。在产业发展的复苏期，相关标准基本确定、标准体系趋于成熟，为科技创新成果的市场化奠定了基础，对科技成果推广应用的扩散效应凸显。而在产业发展的成熟期，必然要求以标准化为平台更快、更广泛、更高水平地推动产业发展，甚至催生新一轮的产业升级。

4. 标准化与产业创新

标准作为产业基础高级化、产业链现代化进程中的关键一环，能够有效提升产业链供应链的稳定性和竞争力。在技术经济时代，标准对技术经济的影响范围很广，既影响技术的创新，也影响技术在行业内和行业间的传播。现代技术是由各种硬件和软件组件组成的复杂系统，这些组件必须系统性集成才能有效运作。而标准既影响这些组件的功能，也影响最终集成系统的功能。

英国曼彻斯特大学的 G.M.Peter Swann 提出了"树冠模型"，该模型强调标准化实际上就是产业结构化的过程。标准化的作用在于初期给予"树冠"所需的形状，并促进树冠的成长和茂盛。创新和标准化之间需要保持微妙的平衡，最终目标是培育出一个结构坚实、高大且丰美的树冠。在缺乏标准化的产品创新中，如图 7-3 所示，虽然创新依然是产业增长的驱动力，但是创新的多样化更多地依赖于市场的结构。这种情况下，许多稍有差异的创新就会向各个方向扩展，导致在两轮创新后的局面相当凌乱，虽然树冠的覆盖率很高，但其范围和广度都不及具备标准设施基础支撑的产品树。而在具备标准设施基础的产品创新中，大量产品标准、流程标准等支持以创新为主导的增长，如图 7-4 所示，其中纵轴代表产品的性能或质量的提升（即纵向产品差异化），横轴代表功能大致相同但设计不同的产品（即横向产品差异化）。当一个关键技术创新引发形成一个新的技术领域后［见图 7-4（a）］，随后引入的基本标准促使形成了后续的创新［见图 7-4（b）］，之后的创新过程中，每一次都会沿着两个不同的方向进一步发展［见图 7-4（c）］。基于这样的基础架构，产品创新和竞争将持续形成一个由各

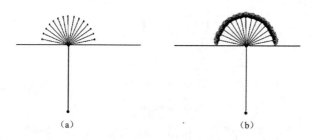

（a）　　　　　　　　　　（b）

图 7-3　标准与产业创新——缺乏标准化的产品树

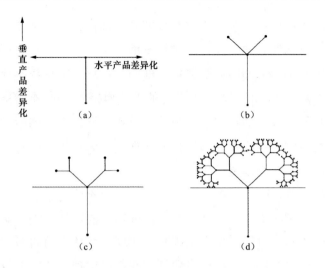

图 7-4　标准与产业创新——具备标准基础设施的产品树

种技术特征的竞争产品和服务构成的天幕［见图 7-4（d）］。标准的作用在于促进和塑造这种创新模式。要达到最终整齐、紧凑的标准基础设施，从早期就开展标准化工作是必不可少的。

（二）标准与科研

科技研发（科研）是实现科技创新的最重要途径和手段。科技研发是一个从创意产生到研究、开发、试制、形成科技成果的完整活动过程。标准是科研成果的核心载体，科研产生的技术成果只有进入应用环节，才能转化为推动经济社会发展的现实动力，标准是实现科技成果转化为实际生产力的最佳选择。随着时代的发展，科研与标准的结合越来越紧密，产业创新发展需要标准与科研支撑，实施标准战略也需要科研与标准更加紧密结合。标准与科研的相互影响通常是积极的，也可能出现个别消极的，但从总体效果来看，标准促进了科技创新步伐、提升了科研成果水平，标准也随着持续创新而不断迭代升级。为了进一步聚焦阐述标准化与科技创新的关系，本书以标准与科研两者的互动关系作为研究对象，分析标准与科研两者互动融合发展的内在机制。

1. 标准与科研的互动影响

（1）科研对标准的影响。科研是产出高质量标准的技术基础。技术是标准的基础，离开了技术，标准就失去了存在的基础，而科技创新是技术发展的一个重要因素，科技创新是推动标准发展的源动力。企业的标准水平受制于技术创新水平，通过科研提升企业技术创新能力，有助于推动高质量标准的产出。

科研引领标准的持续稳步提升。标准的形成本身也是一种技术创新的过程，而不同的技术创新特征则表现出不同的标准形成机制。技术创新是标准化发展不竭的动力，固守陈旧的技术必将遭到时代的淘汰。只有不断创新,标准化才能有所发展,跟上时代的步伐。只有自主创新,才能有高水平的标准产生,进而占领技术的制高点。

科研推动标准数字化等新技术的发展与应用。标准数字化既是数字时代的基本需求,也是当下技术快速迭代形势对标准发展的必然要求。科研推动技术更新速度加快,标准需要持续吸收数字化等新技术实现自身的快速迭代,保持与技术发展的速度相一致。在推动数字经济发展过程中,高质量的标准及有效实施也是提升产业支撑能力、串联改造产业价值链的核心要素。

(2)标准对科研的影响。标准有效减少科研中的不确定性和风险。科研活动是一种对未知的探索,它所要构建的科学技术与经济结合的可能性是不确定的,把这种可能性变成现实性的条件、途径和结果也是不确定的。标准化对科研的目标、过程、结果具有引导作用,使得各种行为变得可以预测和容易管理,从而减少创新过程中的不确定性。

标准是技术积累和创新效率提升的平台。标准化的过程本身也是技术知识和经验积累的过程,而标准作为知识和经验的载体,是吸收先进技术知识、实践经验和科技成果的现实表现。企业通过实施标准,为科技创新成果快速进入市场、形成产业提供了重要支撑和保障,同时也为自主创新提供了技术性能指标参考的依据。

标准是科技成果扩散的重要平台。标准是科技成果转化为现实生产力的桥梁。科研成果的扩散是创新活动的最后一个环节,也是一个关键性的重要环节。经过标准化"洗礼"的科技成果,才能更快地被市场认可、更好地扩散与传播,才能更多地降低转化风险并最终形成市场化、产业化。充分发挥标准的扩散作用,有助于达到科技成果迅速转化为现实生产力的目的。

标准对科研产生"负面影响"。标准对科研来说是一把"双刃剑",在促进科研发展、技术进步的同时,某些情形下也会阻碍技术创新。当标准被广泛推广和使用后,可能就会造成企业失去创新动力,成为技术创新的跟随者;当次优技术成为标准时,将会制约技术的发展路径,使得技术发展出现路径依赖效应;当标准与专利结合会形成一种壁垒时,会导致技术追赶者徒劳的技术努力、资金的浪费甚至引发垄断。而放大科研与标准的正面相互作用,促进科研与标准融合发展,可以降低标准对科研的"负面影响"。

2. 科研与标准协同作用

科研与标准互动融合、相互协同,可充分释放科研和标准工作成效的倍增效应,是推动企业产业发展、提升核心竞争力的重要途径。为进一步分析科研与标准融合发展带来的协同作用,本书采用动力分析法,提出科研与标准互动融合推动产业发展的核心发力点。

如图 7-5 所示，E 代表科研与标准融合形成的作用力，共同推动产业发展，其中科研和标准对产业产生的推动力都是斜向的前进力量，它们分别由水平和垂直两个方向的分作用力形成合力。

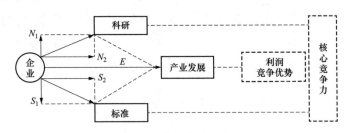

图 7-5　科研与标准融合发展协同关系

对于科研活动来说，水平方向的分作用力 N_2 表明科研创新活动对推动产业发展、实现企业利益是有积极作用的，能够提升企业的核心竞争力；垂直方向的分作用力 N_1 则表明科研活动有自己的实际规律，技术的发展要符合知识的规律，不一定能够完全以实现企业的利益为唯一的目标，科研活动由于知识和技术的专业性对研发的时间、条件、材料等都有具体的要求，这些内容很可能与企业产业的具体过程不同，这也是导致实际创新收益与企业理想的利益和核心竞争力要求不完全相符的因素。

对于标准来说，水平方向的分作用力 S_2 表明标准对推动产业发展、实现企业利益是有积极作用的，能够通过标准化互动提升企业的核心竞争力；垂直方向的分作用力 S_1 则表明标准也是有自己实际规律的，不完全是以实现某企业的利益和核心竞争力为转移的，当标准的核心技术落后时，反而会对产业发展产生负面影响，这种垂直方向的力量使水平的力量产生了一种偏离作用。

因此，科研与标准对产业的推动作用不会在同一个水平线上，两者之间存在夹角。要放大科研与标准融合对产业的推动作用，需要提升科研与标准的"配合度"和"同步性"。

3. 科研与标准的"配合度"

要尽量减少科研与标准的夹角，增大科研与标准的合力。如图 7-6 所示，如果两者作用力之间的夹角度数大，则表明两者之间的分歧大，相互排斥的表现明显，可能会减弱水平方向的力量，那么产生的正向作用就会相对较小，对产业发展的推动作用就会变小。反之，如果两者作用力之间的夹角度数变小，则表明两者之间的分歧变小，标准化与技术创新的配合程度高，两者的发展水平与发展速度比较适合，水平方向的动力会变得更强势，那么对产业发展的推动作用就会相对较大，企业的收益和核心竞争力也会提高。

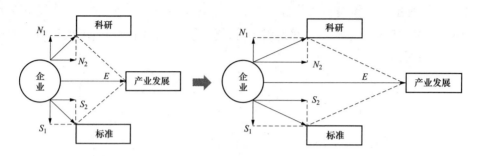

图 7-6 科研与标准不同程度融合对产业发展的影响

减少科研与标准的夹角，需要提升科研与标准的"配合度"，延长科研与标准的融合链条，实现科研活动链条与标准化全环节对接（见图 7-7）。从广义角度来看，科技研发在前端环节包括技术体系构建、科技项目规划等环节，科技项目研发与实施为中间环节，在后端环节主要是科技成果转化、科技项目后评估，三者共同构成科技创新活动的完整链条。标准化包括标准体系构建、标准规划、标准立项、标准实施等多个环节。科研活动与标准化对接的环节越少，科研工作和标准化工作越独立，科研与标准融合程度越低，科研成果难以通过标准实现大规模转化，标准难以通过创新提升水平，对产业推动的作用越小；反之，科研活动与标准化对接的环节越多，能够促使标准充分利用最新科研成果，科技创新考虑标准需求，科研与标准深度融合，对产业推动的作用越大。

4. 科研与标准的"同步性"

科研与标准对产业发展的推动作用要保持同步，确保形成的合力与产业发展的方向一致。如果科技创新活动产生的作用力大于标准化活动所产生的作用，说明企业更加重视科技创新活动的作用，技术创新成果较少通过标准的形式进行转化，标准化水平相对滞后，科研与标准化形成的合力为 E_1，与能够最大程度推动企业产业发展的方向并不一致［见图 7-8（a）］。反过来，当标准化的作用力大于科技创新的作用力时，此时企业对科研的重视程度不足，产业不断发展和完善对标准提出了更高的需求，要求不断制定、修订相应的标准，提高标准中的技术含量，但科技创新的技术成果不足以支撑标准水平提升，进而阻碍了产业进步，科研与标准化形成的合力为 E_2，同样与能够最大程度推动企业产业发展的方向并不一致［见图 7-8（b）］。

为了确保形成科研与标准形成的合力与产业发展的方向一致，需要提升科研与标准的"同步性"，推动最新科技成果及时、高质量转化为标准，加强科研对标准的有效技术支撑。"同步性"强调步调一致，科研和标准工作不能处于相互独立的状态，在进行科研创新工作时，要充分考虑和关注标准需求，及时将科技成果转化为标准，

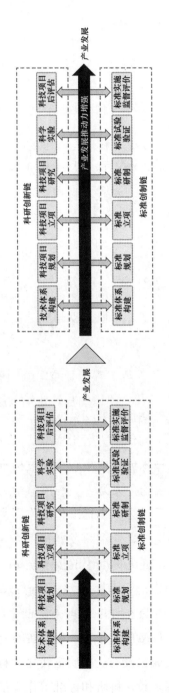

图 7-7 科研与标准的"配合度"对产业发展的支撑作用

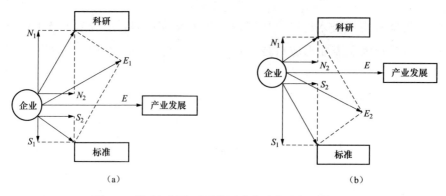

图 7-8　科研与标准不同发展速度对产业发展的影响

实现技术成果在更大范围内的推广应用，以技术成果作为纽带实现两者的"同步"。另外，标准化工作不能仅依靠专家经验支持，需要主动寻求科技成果的支撑以提升标准的技术水平，否则当次优技术成为标准时，会严重阻碍相关产业的技术进步。当发现当前科研工作成果不足以支撑标准研制与修订时，应当形成有效机制推动相关技术方向的项目研究工作，补齐科技创新"短板"，实现标准与科技创新工作的同步，形成与产业发展一致的合力，最大化发挥科研与标准融合发展的协同作用。

第二节　"三位一体"工作方法及模式

科技成果转化为标准是一项系统工程，具有影响因素多、利益相关方多、时间链条长、见效相对较慢等特点。只有完整识别与转化活动强关联的要素及要素关系，才能高效地开展标准与科技创新互动。将科技成果转化为标准置身于科研、标准、产业三类紧密关联的要素中进行统筹设计，可大幅提升转化的效率、精准性、时效性、经济性等指标，为标准与科技创新互动提供科学指引。本节主要系统阐述科技成果转化为标准的创新方法，主要包括科研—标准—产业"三位一体"协同模式以及"全流程对接"互动方法等。

（一）"三位一体"协同模式

科技创新是标准的源头，产业发展是标准的源动力，标准是科技创新和产业发展的必然反映和客观需求。但科技创新成果并不是最终都能在产业中得到转化应用，也就意味着不是所有科技创新成果都能转化为技术标准。科技项目的设立，一般都是聚焦解决一个或一类技术问题，标准化方向的设计或是一个标准体系的建立，往往是围绕某一行业领域或产业方向而展开的。因此，不能简单机械地将产出标准作为科技项目的预期目标，而是应该综合考虑产业发展、市场需求、科技成果成熟条件等多方面因素，形成以产业方向为牵引的科研与标准之间的良性互动，以决定是否需要形成技术标准、是否能够形成技术标准、何时形成技术标准、需要形成多少技术标准以及形成哪类技术标准，因而需要形成科技创新、标准研制、产业化同步发展的"三位一体"互动模式。

而对电力行业而言，情况更为复杂。电力标准化对象结构正在从静态向动态转变，随着电力系统由"源随荷动"逐渐向"源网荷储互动"转化，新型电力系统的电源构成、负荷特性、技术基础、运行特性等持续深刻变化，要求电力标准化工作的系统性更强、创新性更高。电力标准全面覆盖了电力生产从发电、输电、配电到用电的各个环节，面对不断变化的技术发展、市场需要及产业需求需要通过全链联动、持续创新以满足新需求。电力标准还应保持一致性，以确保电力生产安全、高效并满足各类用户的需求，为经济社会发展提供安全、稳定、可靠、高效的电力供应。同时，电力行业重大科技成果往往涉及重大工程或产业方向，整体技术难度大、创新比例高、产业依赖性强、实施反馈周期长，许多重大工程（如特高压输电工程）需要在运行较长时间后才能得到检验，造成部分标准的论证和研制更加谨慎，相关标准的更新和优化持续时间更大，更需要科研、标准、产业（工程）的"一体化"推进。

通过将"三位一体"的理念融入标准化工作中，可以将标准化工作前移至科技研发环节，同时也能将标准化工作延伸至产业中。这样可以使科技成果更快地转化为技术标准，并通过标准的实施来推动产业的发展和创新。同时，也可以通过监督标准的实施来发现问题并进行改进，从而不断提高标准化工作的质量和效果。因此，通过将"三位一体"的理念融入标准化三大任务的全过程中，我们可以更好地实现科技成果与技术标准的无缝连接和互动支撑，推动科技创新成果和实践经验的推广和应用，从而更好地服务于产业发展和社会进步。

1. "三位一体"协同模式的内涵

科研—标准—产业"三位一体"协同模式如图 7-9 所示，该模式重点强调科研、标准与产业的互动发展，包括加强关键技术领域标准研究、提升产业标准化水平、引领新产品新业态新模式快速健康发展等任务。"三位一体"运

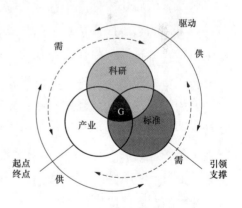

图 7-9　科研—标准—产业"三位一体"
协同模式

转的过程一般可以认为起点于产业的发展需求，终点于产业的发展目标。新的产业出现，就一定伴随着新的标准产生。产业发展需要催生标准研制和科技攻关，而标准研制和科技研发是为了满足产业的标准化需求和技术突破需求。但科技创新成果并不总能转化成技术标准。科技项目通常聚焦解决一个或一类技术问题，而标准化方向往往

围绕某一行业领域或产业方向而展开。因此，标准化工作需要与产业发展相同步，一方面，标准化为产业发展提供技术支撑，另一方面，产业发展也为标准的技术指标提供了验证。科研、标准、产业三方的有效互动和有机结合，促进了科技成果转化为标准，同时标准也为产业发展的顺利实施提供了保障。将科技成果转化为标准时，需要从科研、标准、产业三个元素进行统筹设计，形成科研—标准—产业"三位一体"的工作思路，以实现对这三个方面的"一体化"协同推进。

科研、标准、产业三个元素需协同作用，实现三者之间的供需平衡。若将产业视为需求侧，那么标准就成为支撑产业发展的供给侧；若将标准视为需求侧，那么科研就成为标准的供给侧。因此，为了满足产业高质量发展的需求，需要进行科研和标准环节的体制改革和机制优化，并实现两者全过程的有机协调和高效互动，即"全流程对接"。基于供需平衡理论，"三位一体"中的三个元素需要系统化协同发展，缺一不可。任何割裂的实践活动都是不完整的。

对于大多数行业和企业来说，科技研发、标准研制和产业发展通常是不同的三类活动。科技研发形成的众多理论模型、技术建议、技术方案和技术要求等，在很多情况下并不能直接有效地指导产品制造或工程建设。特别是对于大规模应用、存在多利益相关主体的产业或工程项目，通过协商一致的标准作为桥梁，更有利于打通科研与产业之间的连接渠道，达到最佳综合效益。

2. "三位一体"协同模式的交集

"三位一体"协同模式中科研、标准、产业三个元素互有交集，交集区域表现为 G（见图 7-9）。交集区域 G 具有同时满足科技研发、标准研制和产业发展需求的特点，代表同步推进科研、标准、产业的覆盖面、融合度和渗透力。交集区域 G 的本质在于将科技成果承载的先进技术通过"协商一致"的过程固化为满足市场实际需求的标准，进而发挥其对产业发展升级、经济社会进步的支撑作用。交集区域 G 有大有小。交集区域 G 越小，代表科研、标准、产业三者之间的耦合关系越弱、融合力度越小，相应的产生的合力越小倍增效应越低；交集区域 G 越大，代表科研、标准、产业之间耦合关系越强、融合力度越大，相应的产生的合力越大倍增效应越高。科研—标准—产业"三位一体"的发展目标就是扩大交集区域 G 的占比，促进科研、标准、产业三者的融合渗透，增强三者协同产生的合力，从而最大限度释放三者融合产生能量的倍增效应。

科研—标准—产业"三位一体"协同模式尤其要重视产业发展的需求，贯穿"始于产业、终于产业"的实施理念。产业作为人类改造客观世界的集中体现，工程示范是技术成果应用的重要载体，是技术标准应用和验证的第一站，是科研和标准互动发展的交汇点，被誉为科学转化、技术集成、标准迭代的"扳机"。"三位一体"的最终目标是促进实现产业发展目标，实现对经济社会发展的贡献。而在现代技术体系、工业体系和市场体系的环境下，缺乏标准化的产品的产业化应用是没有市场价值的，科研成果的产业化应用不能脱离标准化的过程，必须依托适用先进的技术标准，才能产生最佳综合效益。

进一步讲，科研—标准—产业"三位一体"协同模式在实施层面主要涉及三个环节的紧密协同和互动发展。首先，科研机构负责开展有前景的科研工作，并将科研成果转化为可应用的技术。其次，这些技术会进一步被标准化，以满足不断发展的市场需求。最后，将这些已经被制定为标准的技术应用于产业发展中，从而推动产业的升级和高质量发展。

（二）"全流程对接"互动方法

科技成果转化为标准的活动不是仅局限于科研与标准两者之间，而是存在于科研—标准—产业"三位一体"完整过程中的一个重要环节。科技成果转化为标准的"全流程对接"互动方法是在科技成果转化为标准是在科研—标准—产业"三位一体"工作思路的指导下，为了满足产业高质量发展需求，优化科研和标准化工作体制机制，实现整体协调的工作过程，以及应用 PDCA 方法持续改进提升。本部分在说明实施"三位一体"的工作流程的基础上，重点对科技成果转化为标准的"全流程对接"互动方法进行阐述。

1. "全流程对接"演进方式

科研、标准、产业三个元素的公共交集区域深度（即图 7-9 中 G 区域）不同，科技成果转化为标准的工作模式也将不同。这里对科研、标准、产业公共交集区域占比在从无到有、由小到大的情况下，科技成果转化为标准"全流程对接"互动方法的演进方式进行说明。

（1）科技研发与标准研制的串行化。当科研、标准、产业之间没有交集时，虽然它们之间可能存在一定的供需关系，但它们并不是一个整体，没有一个共同的起点或终点。因此，它们只是在各自的领域内开展工作。虽然科技研发与标准研制在工作中没有交集，但由于科技研发和标准研制都面向同一个行业或专业领域，在科技成果形成后仍然需要将其应用于实际中，从而串行化地与标准研制进行互动。同理，标准研制过程中也需要解决相关联的重大技术问题，从而串行化地与科技研发建立联系。

（2）需求导向下的科技研发和标准研制的串行化。随着"三位一体"工作思路的渗透和应用，科技研发、标准研制开始与产业发生互动，产生了初期的三个元素的公共交集区域。此时，科研、标准、产业三者有了共同的，同时也是唯一的一个起点和终点，也就是说，三者都是瞄准产业需求而开展工作的。

有了这个共同的需求，三者之间的互动即可大幅提升三者的工作效率。此时，产业需求引导技术攻关，在技术攻关形成科技成果的基础上，进而评价能够形成什么样的标准。这种工作模式对"三位一体"工作思路的理解和实践已经更进了一步,明确了科技研发的源头来自产业科研需求。

(3)需求导向下的科技研发和标准研制的并行联动。当三个元素的公共交集区域占比进一步增大时,演变为第三种模式。在这种模式下,科技研发和标准研制在全过程中采取并行联动和信息互通的方式。与前两种工作模式相比,这种模式在全生命周期层面(从规划活动开始到项目验收及后评估)的互动是科技成果转化为标准活动中向前迈进的重要而艰难的一步。它打破了"谁先谁后"的理念,实现了由串行向并行的转变,由割裂向互动的转变。

(4)需求导向下的科技研发和标准研制的融合一体化。当科研、标准、产业三个元素的交叉区域占比逐渐增加时,科技研发与标准研制的互动融合逐渐深化。从第一阶段(串行、背靠背)、第二阶段(串行、需求导向)和第三阶段(并行、信息互通),逐步进化到第四阶段(融合、一体化推进),进一步打破了科研和标准之间长期以来的串行和割裂观念。科技研发与标准研制的互动方式从信息互通、全流程联动,进一步转向更高层次的标准化与科技创新关系的转型(标准化与科技创新的融合创新)。科技成果的内涵从传统的科技创新成果转变为"具备标准化基因的创新成果"。同时,科技成果转化为标准的决策机制从专家评价为主转变为专家评价与应用验证相结合的标准化成果显性化机制。

2. "全流程对接"互动环节

标准化工作与科研项目管理密不可分,为了促进两者的有机结合,需要重视科技项目管理融入标准化的理念,加入标准化工作的流程,实现全流程的对接。图 7-10 中展示了"全流程对接"互动方法的框架,包含了科研的前期项目规划和立项、中期项目实施和验收、后期项目后评估过程中,对应标准前期的标准项目规划(含预研)和立项,以及中期的标准编制、后期的标准实施评价,实现了两个链条各环节间的有机衔接和融合。科研—标准"全流程对接"互动方法包含科研—标准"前期对接""中期对接""后期对接"三个环节。

(1)科研—标准"前期对接"。科研—标准"前期对接"以构建标准体系为输入,以形成科研项目(含标准化科研项目)为输出,主要包括确立科技攻关需求、确立技术协调事项和策划科研攻关项目(含标准化科研项目)三项活动。首先确立科技攻关需求,根据标准体系建设过程中需要研制的标准情况,逐一分析该标准所需要开展的技术攻关任务,结合产业技术攻关需求,共同形成围绕当前产业既定目标的整体攻关任务。其次确立技术协调事项,可以采用综合标准化方法,确立需要协调的事项后,将标准之间需要协调的事项"传导"为需要协调的技术事项。最后策划科研攻关项目(含标准化科研项目),根据产业发展和标准化对技术攻关的需求以及技术协调的要求,综合考虑各相关技术的协调深度，结合科技水平的实际情况，综合统筹后形成产业相关技术体系（任务），凝练形成若干项科技项目计划。

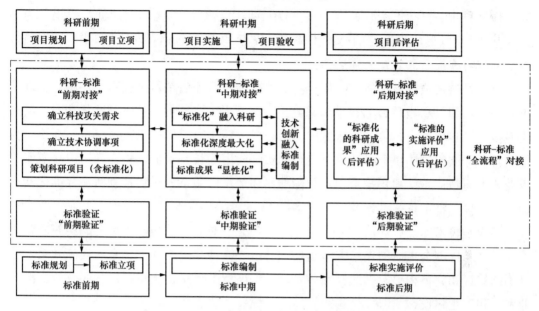

图 7-10　科技成果转化为标准"全流程对接"互动方法框架

至此，经过科研—标准"前期对接"环节，形成一系列科技攻关项目（含标准化科研项目）计划，完成了产业发展目标向科研和标准化活动前期的"传导"。

（2）科研—标准"中期对接"。科研—标准"中期对接"，是以确定的科研项目（含标准化科研项目）为输入，以形成"具有标准化基因的创新成果"为输出而开展的对接，主要包括标准化融入科研、标准化深度最大化、标准成果显性化，以及技术创新融入标准研制 4 项活动。

首先标准化应融入科研，基于科研—标准"前期对接"而设立的科研项目（含标准化科研项目）的攻关任务要求，在开展技术研发时，可将标准化理念融入技术创新全过程，实施"现代模块化+技术创新"工作模式。其次标准化深度最大化，采用"现代模块化+技术创新"的新型创新模式，为科研加上了标准化的烙印。采用"现代模块化+技术创新"的原则是标准化深度能深则深，需要在模块分解和模块集中上下功夫。然后推动标准成果显性化，标准成果显性化是指从标准计划立项，到标准制修订，再到标准最终发布实施的过程。相比于传统的科技成果，此时"具有标准化基因的创新成果"承载了后续形成显性化标准的本质内容。此时的创新成果呈现形式有产品、样机、材料、专利、文章、报告、模型等。最后技术创新融入标准研制，标准研制本身也是一项科学技术活动。高质量的标准并不是简单编制出来的，而是攻关研制出来的。这里的研制包含研发和编制两方面的含义。也就是在科研—标准"中期对接"环节，标准的形成经历了由传统编制方式向"技术创新＋标准编制"方式的转变。

（3）科研—标准"后期对接"。形成"具有标准化基因的创新成果"后，接下来的环节便是科研—标准"后期对接"。这一环节以"具有标准化基因的创新成果"为输入（起点），以形成显性化的标准为输出（终点），主要包括科研成果应用（后评估）以及标准实施（后评估）两项活动。

首先是科技项目后评估（应用验证）。科技项目后评估是科技创新工作闭环管理的重要环节，通过科技项目后评估体系建立"后评估＋科技项目立项"机制，评估结果为科技项目立项优化、攻关团队评价、科技成果转化等工作提供重要参考。其次，科技项目后评估的内涵在于科技成果要经历实际应用的长期验证，将在应用中获取到的成效或者问题信息反馈到技术创新、标准化环节，可在下一轮科技创新和标准化活动中修正、优化整个系统设计及相关因素。

其次是技术标准后评估（实施）。技术标准后评估，也就是技术标准的实施监督评价，是技术标准全生命周期中非常重要的环节。需持续跟踪标准体系的实施效果，通过不断修订和完善相关标准或标准体系，以保证标准体系稳定运行，从而有效支撑产业发展和工程建设。

最后是科研后评估与标准后评估对接。在科研项目的后评估阶段，科研攻关任务已经完成，除一般意义上的成果成效检验外，根据科技攻关产生的"具有标准化基因的创新成果"，还可评估能够形成什么类型的标准（国家标准、行业标准或企业标准等）。标准后评估主要来自产业对标准实施效果的反馈，参数、指标是否合适，是否还需要新的科研攻关任务来支持功能更高、性能更强、适用性更广的技术要求等。

科研—标准"后期对接"同时也是对科研—标准"前期对接"和"中期对接"成效的整体性反馈。

（三）"三阶"闭环跃升

科技成果转化为标准不是一个"单次"行为，而是一个随着技术发展、产业需求的变化，不断重复"科技创新—标准研制—产业化应用"的调整优化的过程。"三位一体"的进化可以划分为"科研示范工程、重大工程实施、产业转化应用"三阶（见图7-11）。每一阶都要遵循"三位一体"协同模式，采用"全流程对接"的互动方法，充分考虑产业牵引、技术更新、标准实施中三者的相互影响和作用关系。在科研示范工程中，要紧密结合产业发展需求，统筹开展科技研发和标准研制，推动重大技术攻关和关键标准供给联动，形成有关联的、成体系的科研成果和标准化成果，为后续的工程实施提供基本的框架。在重大工程实施中，要以支撑和提升工程实施应用为目标，构建联动贯通的科研成果体系和标准体系，同时通过工程实践检验科研成果和标准化成果水平，促进科研与标准的改进提升。在产业转化应用中，要加强科研、标准、产业三者联动、多次迭代，除了实现既定的产业发展目标外，科研和标准水平的整体提升还要引领产业的高质量发展，甚至孕育和孵化更高水平的产业发展目标。通过"三阶"闭环跃升的过程，形成持续迭代、螺旋上升的进化模式，实现科技成果借助技术标准向先进生产力的螺旋式和持续性转化。

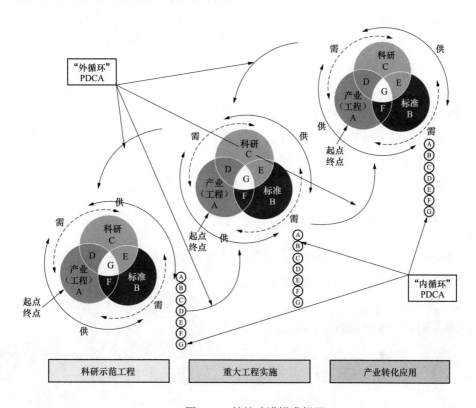

图 7-11　持续改进提升闭环

1. 产业牵引

通常情况下，可以将产业看作是"三位一体"工作思路运转的起点和终点。从某种程度上看，产业的发展需求就是来自社会生产力的发展需求。当一个产业有了较强烈的发展需求后，科研—标准—产业"三位一体"循环促使资源投入和工作方向目标明确，即科研攻关要满足"产业的技术突破需求"，标准研制要满足"技术突破后产业化应用"的双重需求。在互动过程中，又会因科研攻关的突破、技术标准的研制/应用的推进而催生出"新的产业"需求。因此无论是从建设规模、适用场景、承载力等方面对产业提出"新需求"的反馈，都会触发"三位一体"循环运转。产业牵引会引发外循环，而技术和标准的更新则会触发内循环。外循环和内循环各有差异、相互支撑。

2. 技术更新

伴随着技术的不断更新迭代和转型升级，技术标准也要跟随着技术的更新及时进行完善和更新。科技成果转化为标准得以源源不断发挥作用，需要技术标准对"技术更新"及时响应，将更新的技术通过"协商一致"流程纳入技术标准，以提升技术标准的质量和适应性。科技成果的形成本身是一个动态过程，当某一科技成果转化为标准后，随着技术水平进步，原先协商一致形成的技术标准参数、指标等核心内容也需要及时完善，必要时重新制定新的技术标准，及时推动技术和经济综合效益始处于最佳状态。同时，技术更新的内循环可外溢推动培育新一轮产业的建设和发展需求，继而通过产业需求，更大程度实现科技成果科学地而非盲目地转化为标准。

3. 标准实施

标准的价值在于实施，标准承载的科技成果要发挥作用，只有在标准实施中才能体现。对于科技成果转化形成的技术标准，检验其"转化质量"如何，最有发言权还是标准的实施环节。在确保标准有效实施后，对于标准实施过程中暴露出的问题需及时对技术标准进行优化调整。必要时，需要针对标准实施中出现的技术性问题，重新谋划科技项目开展科研攻关，确保科技成果转化为标准的高质量迭代，保持标准和新技术的一致性。

科技成果转化为标准是推动科技成果产业化的重要途径，是提高科技成果应用价值的有效手段。本节提出的科技成果转化为标准的创新方法，包括"三位一体"协同模式、"全流程对接"互动方法、"三阶"闭环跃升等步骤，可以有效地推动科技成果的转化和应用，促进经济社会的发展。

第三节 标准与科技创新互动发展实践

在政策法规、战略规划、项目实施、平台建设等方面，我国逐步加大了促进标准化与科技创新互动发展的力度。同时部分企业认真履行创新主体责任，深入落实《国家标准化发展纲要》关于"推动标准化与科技创新互动发展"要求，积极开展科研与技术标准互动发展试点，探索具有可复制、可推广价值的实施路径和典型模式。

本节主要介绍我国标准化与科技创新互动发展的现有工作基础，并以国家电网有限公司实践为例介绍企业在科研与标准互动发展中形成的一些模式和经验。

（一）我国标准化与科技创新互动发展基础

我国标准化与科技创新互动发展已有很好的基础。从 2002 年开展，我国科技工作就提出将技术标准战略、人才战略和专利战略并列为三大战略予以推进实施，将技术标准作为国家科技项目的重要内容和考核目标。从法律法规、政策规划到重大科技专项安排、标准化工作部署，都把同步推进科技创新、标准研制、产业化发展作为重要内容做出安排。

从法规体系来看，制度机制不断健全。2015 年修订的《中华人民共和国促进科技成果转化法》明确规定："国家加强标准制定工作，对新技术、新工艺、新材料、新产品依法及时制定国家标准、行业标准，积极参与国际标准的制定，推动先进适用技术推广和应用"。2017 年修订的《中华人民共和国标准化法》，对于标准制定的原则、制定的要求体现了与科技创新融合的思想，重点强调了在战略性新兴产业、关键共性技术等领域中利用自主创新技术加强相关标准制定。

从政策规划看，顶层设计不断完善。2012 年，《关于深化科技体制改革加快国家创新体系建设的意见》要求，完善科技成果转化为技术标准的政策措施，加强技术标准的研究制定。2015 年，《深化科技体制改革实施方案》提出，要制定以科技提升技术标准水平、以技术标准促进技术成果转化应用的措施，加快创新成果市场化、产业化，提高标准国际化水平；《国家标准化体系建设发展规划（2016—2020 年）》要求加强标准与科技互动，加强专利与标准相结合，促进标准合理采用新技术。2016 年，《国家创新驱动发展战略纲要》进一步强调要强化基础通用标准研制，及时将先进技术转化为标准。

从互动机制上看，机制建设加快推进。《"十三五"技术标准科技创新规划》提出，要开展国家级标准验证检验检测点建设，对标准的重要技术内容、指标、参数等进行试验验证和符合性测试，逐步建立完善重要技术标准的试验验证和符合性测试机制，增强技术标准的科学性和合理性；要开展科技成果转化为技术标准试点，建立科技成果转化为技术标准效果的评估评价机制，持续推动科技成果转化应用；要支持有条件的企业、科研院所建设国家技术标准创新基地，通过市场化协作机制，构建产学研用共同参与的标准创新服务平台。2017 年，《关于开展质量提升行动的指导意见》提出，要建立健全技术、专利、标准协同机制，开展对标达标活动，鼓励、引领企业主动制定和实施先进标准。2021 年，我国发布《国家标准化发展纲要》，将"推动标准化与科技创新互动发展"放到七大任务之首，明确要加强关键技术领域标准研究、以科技创新提升标准水平、健全科技成果转化为标准的机制。

从具体工作来看，互动支撑不断深入。自"十五"时期开始，我国连续设立标准领域国家科技计划专项，推动更多的自主创新成果、关键核心技术转化为标准，依靠科技创新提升标准质量、水平和竞争力。国家科技进步奖评审中强调，在推荐项目时要突出其具有的竞争力、对制定标准的作用，调动了广大科研人员参与标准化工作的积极性。"十三五"期间，通过"国家质量基础共性技术研究与应用"重点专项，广泛开展基础通用、产业共性技术等国家标准以及国际标准研制。2023 年 1 月，国家标准化管理委员会发布《国家技术标准创新基地申报指南（2023—2025 年）》，推进国家技术标准创新基地建设，有效整合标准技术、检测认证、知识产权、标准样品以及科技和产业等资源，打造创新标准化与科技创新互动发展方式、创新标准实施应用方式、创新国内国际标准化工作同步推进方式的重要平台。2024 年，为支撑建设现代化产业体系，提升产业链供应链韧性和安全水平，围绕国民经济和社会发展的重点领域和新兴产业，设立第一批新型电力系统及储能等 38 个国家标准验证点。

在能源领域，习近平总书记提出"构建以新能源为主体的新型电力系统"，党的二十大报告也明确指出"加快规划建设新型能源体系"。新型电力系统建设离不开完善的技术标准体系支撑，技术标准既是技术发展成果的体现，又是技术推广应用的保障。构建新型电力系统技术标准体系，开展关键领域标准布局及研制，能够更好地发挥技术标准的基础性、引领性、战略性作用，更快地推动新型电力系统技术创新、引领产业升级。从现实需求来看，构建新型电力系统比以往任何时候都更加需要科学技术解决方案、更加需要增强创新这一第一动力。因而加强科研与标准互动发展，可以充分发挥技术标准促进科技成果向现实生产力转化的作用，从而加快推动新型电力系统关键核心技术成果高质量推广应用，助力能源电力全产业链转型升级。

从国家政策法规、互动机制、具体工作等部署及能源转型发展要求来看，充分表明标准化与科技创新互动发展已成为当前国家重点关心、社会极度需要、发展亟待解决、行业迫切要求的瓶颈问题和关键问题，但目前在科技创新、标准研制、产业发展"三位一体"高效互动的企业案例方面，具有代表性、示范性、推广性的企业范例相对较少。国家电网有限公司全面落实《国家创新驱动发展战略纲要》《国家标准化发展纲要》等战略部署和政策要求，组织开展了一批科研与技术标准互动发展试点，推动企业科研与技术标准互动支撑、融合发展，值得总结借鉴。

（二）国家电网有限公司科研与标准互动实践案例

2022 年，国家电网有限公司发布《促进科研与技术标准互动发展的指导意见》。2022—2023 年先后开展两批次 18 个"促进科研与技术标准互动发展试点"，涵盖科研单位、产业单位和省级电力公司，分别侧重科研布局、成果转化、试验验证等方面，将试点工作与国家或地方重大科研项目、示范工程进行有效衔接，持续推动理论创新、技术创新、实践创新。下面以国家电网有限公司为例介绍标准化与科技创新互动发展的实践，根据互动依托主体的不同，划分为"企业整体试点示范、国家重大战略推进、核心装备研制应用"三类。

1. 依托企业整体试点示范的互动发展实践

围绕科研—标准—产业"三位一体"总体工作思路，以科研单位、产业单位和省级电力公司为试点主体，通过制度完善、体系优化、平台构建、数字赋能等措施固化工作机制和实施路径，试点实践取得显著成效。

运用平台建设集聚优势资源，实践平台引领型科研与技术标准互动方式，促进科研标准深度互动协同（见图 7-12）。聚焦地域特色、专业优势、技术特长等开展优势

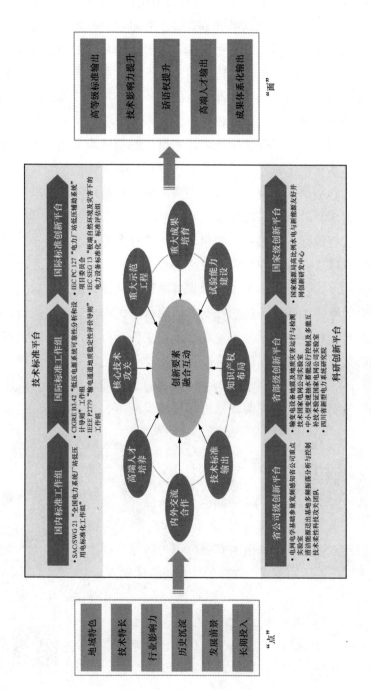

图 7-12　平台引领型科研与技术标准互动实践案例

技术一体化布局，重点建设科研创新平台、技术标准平台"双平台"，成为科研与标准互动发展的基础。在技术标准平台上，通过明确技术标准体系、精准定位标准缺失、提前布局标准规划、有序推进标准创制升级，逐步建立技术话语权、扩大行业影响力、扩展合作"朋友圈"。在科研创新平台上，通过实验室建设为标准验证提供试验能力；利用高等级创新平台的影响力，进一步扩大标准发展的合作圈。以国网四川省电力公司为例，依托"双平台"强化高端人才培养、核心技术攻关、重大示范工程、重大成果培育、试验能力建设、知识产权布局、技术标准输出、内外交流合作的协同促进与融合发展，形成科技创新强大驱动力，显著提升科技攻关能力，促进高端人才培养和创新成果的体系化输出。

以战略要求为核心驱动，合理规划资源布局，依托科研与技术标准互动发展促进战略目标实现（见图 7-13）。以国家战略和企业使命为引领，围绕"0 到 1"重大技术攻关以及重大示范工程建设，增强技术积累、强化产业生态。通过合理规划和分配各种创新资源，建立以项目、标准和专利为核心的技术架构，以及以人才、平台和实验室为中心的资源体系，通过管理多个项目群来打破资源孤岛，激发资源之间的相互促进，提高资源整合效率，加强产业链的互动。以国网上海市电力公司为例，依托世界首条 35kV 公里级高温超导电缆示范工程和技术攻关创新机制，打造特色产业集群及超导产业技术创新策源地，推进科研、标准、工程"一体化"布局，开展 4 大技术方向科研项目群管理，"一盘棋"统筹推进项目、标准、专利等协同互动，输出一系列技术标准，并成立"长三角"产业联盟，推进超导成果应用。

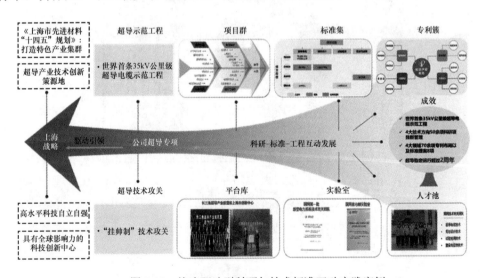

图 7-13　战略驱动型科研与技术标准互动实践案例

以产业发展需求为导向，推动技术创新和标准化水平升级（见图 7-14）。聚焦重点领域产业需求导向，开展以产品为核心、以技术和标准为支撑的顶层规划布局，推动产研融合，形成以高质量产品、高价值技术和高水平标准为特征的核心竞争力，确立在产业生态链中的领导地位。以国网信通产业集团引领"电力信创"产业发展为例，针对电力人工智能产业标准融合不足的痛点，形成科技研发、标准研制、产业应用等多场景的标准化操作指引，利用信创自主可控基础支持平台等产品的共性特征，发挥"能源电力信创工程中心"标准验证能力，依托标准数智化服务平台（2.0）推进数字化赋能，与中国电子信息产业集团有限公司、中国软件测试中心等超过 20 家产业链上下游企事业单位联合研发，加快技术应用转化。

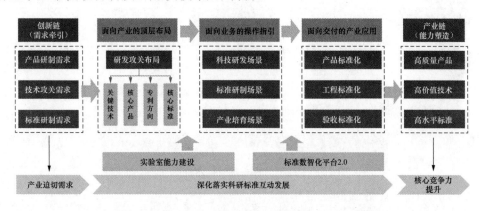

图 7-14　产业拉动型科研与技术标准互动实践案例

以重大工程为牵引，强化科研攻关、标准创制、产业促进三大功能。产业发展需要高质量标准供给和重大技术攻关（见图 7-15）。以重大工程为载体构筑标准"孵化器"和成果"加速器"，牵引科研、标准、平台、产业等创新要素协同发力，推动科研—工程—装备—标准"一体化"，促进科技成果快速转化、新型产业加速孵化。以国网江苏省电力有限公司统一潮流控制器（UPFC）工程为例，面对电网潮流控制等需要解决的迫切问题，为实现 UPFC 的工程应用，需要加快 UPFC 科技研发和标准研制。在国家 863 项目及国家电网有限公司 10 余项科研项目加持下，突破 UPFC 实用性关键技术，首创国际新一代 UPFC 技术与装备，开展 2 项电网工程示范，同步研制了国际首套 UPFC 系列标准，构建 UPFC 技术标准体系，覆盖规划、设计、生产、检验、调试、运维等环节，打破国外 UPFC 技术封锁和垄断，并实现技术超越和引领，打造了科研、标准、产业（工程）三者体系性、时效性、成效性互动的典范。

2. 依托国家战略承载地区域示范建设的互动发展实践

国家电网有限公司以重大区域新型电力系统示范为牵引，联动科研与技术标准工作的创新模式，推动区域示范，加速新型电力系统样板建设。高质量完成雄安新区能源互联网标准化试点工作，打造"科技研发、标准研制、工程建设、产业发展"四维协同"雄安模式"。以上海临港自贸区新型电力系统国际领先示范区、天津电力"双碳"先行示范区、青海新型电力系统示范区建设等为载体，建立科研标准"四同步法"全链互动模式。

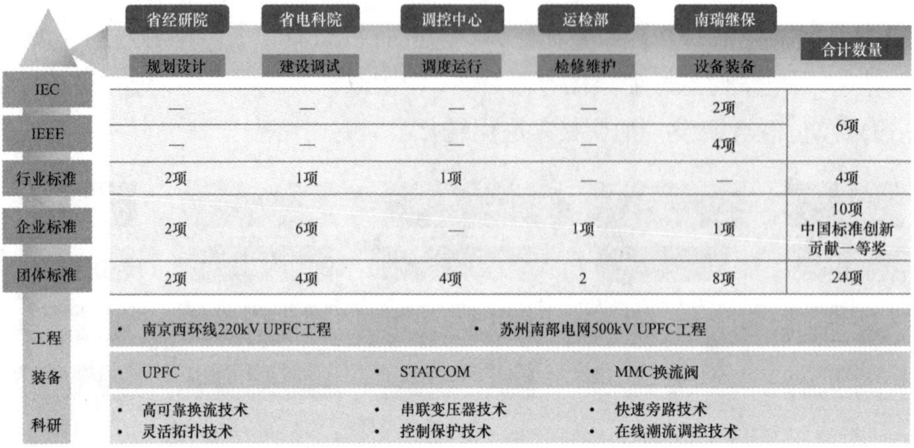

	省经研院	省电科院	调控中心	运检部	南瑞继保	
	规划设计	建设调试	调度运行	检修维护	设备装备	合计数量
IEC	—	—	—		2项	6项
IEEE	—	—	—		4项	
行业标准	2项	1项	1项		—	4项
企业标准	2项	6项		1项	1项	10项 中国标准创新贡献一等奖
团体标准	2项	4项	4项	2	8项	24项

工程	• 南京西环线220kV UPFC工程	• 苏州南部电网500kV UPFC工程	
装备	• UPFC	• STATCOM	• MMC换流阀
科研	• 高可靠换流技术 • 灵活拓扑技术	• 串联变压器技术 • 控制保护技术	• 快速旁路技术 • 在线潮流调控技术

图 7-15　工程牵引型科研与技术标准互动实践案例

注：STATCOM 表示静止同步补偿器。

2018 年，国家电网有限公司获国家标准化管理委员会批准牵头承担为期 5 年的雄安新区能源互联网标准化试点（以下简称"雄安试点"）。经过 5 年赓续努力，产出一批显著成果，于 2023 年 5 月 30 日完成试点验收，形成了"科技研发、标准研制、工程建设、产业发展"协同推进的"雄安模式"。依托雄安试点推动了标准化与科技创新互动发展，协同开展了雄安新区能源互联网标准化重大专题研究与关键技术攻关，形成能量路由器系列装备、高可靠性低压直流配用电系统等一批创新技术和标准方案。结合雄安新区能源互联网建设需求，加快核心标准研制，构建了雄安新区综合能源服务典型商业模式，提出了区域能源互联网综合评价指标与方法。推动了标准化与工程建设高效联动，结合剧村城市智慧能源融合站建设，形成综合型能源智慧管理标准模式。有效应用近零碳排放系列标准，支撑雄安高铁站近零碳城市交通枢纽建设。推动微电网和分布式电源并网标准的应用和验证，建成了王家寨绿色智能微网。推动了国内国际标准化协同发展，在配电物联网、虚拟电厂、绿电交易等领域，推动一批国际标准研制。依托雄安新区建设实践，为 10 余项重要国际标准提供现场验证，凝练形成标准国际化发展路线与工作模式，为发挥"雄安经验"的国际一流示范效应提供了可复制、可推广的样板。

在上海临港自贸区新型电力系统国际领先示范区建设中，结合临港区域发展和产业发展要求，以临港新型电力系统科技示范为着力点，明确了高效率用能、高可靠供电、高品质电能、高互动服务、高融合数字生态"五高技术需求"，配套提出了综合能源管控平台、智慧减碳虚拟电厂、智能配电网微型 PMU 等"六大科技示范"。以科研—标准—工程"三位一体"为核心，践行"三位一体"协同模式及"全流程对接"互动方法，推动运用需求同步征集、项目同步立项、研究同步实施、成果同步应用"四同步法"，同时搭建标准研制、标准验证、数字化支撑"三大平台"，建立健全全链协同、内融外联、量化评价、实施监督评价等"七项机制"，输出标杆式方法、标志性机制、标志型技术、标准化高地、标识度示范等"五标"成果，为加快上海临港自贸区新型电力系统国际领先示范区建设做出了积极贡献。

3. 依托重大装备攻关研制的互动发展实践

针对能源电力转型发展关键领域，国家电网有限公司加快核心装备研制应用。以±500kV 张北柔性直流电网试验示范工程（以下简称"张北柔直工程"）为例，坚持科研—标准—产业"三位一体"工作思路，践行"全流程对接"工作模式，深入开展柔直输电领域核心技术攻关和装备研制，在世界范围内首次建立柔直技术标准体系，推动柔直产业健康可持续发展。

2010 年以前，柔性直流输电技术一直掌握在国际电力企业巨头手中。这些国际企业宁可不参与中国的柔性直流输电工程，也不愿意向中国输出柔性直流技术和产品。2006 年，国家电网有限公司启动柔直输电技术研究。2011 年 7 月，亚洲首个具有自主知识产权的柔性直流工程——上海南汇风电场柔性直流输电工程投运。2014 年 7 月，世界首个五端柔直工程——浙江舟山±200kV 五端柔性直流科技示范工程正式投运，标志着我国柔性直流输电技术领域迈向世界前列。2015 年 12 月，福建厦门±320kV 柔性直流输电科技示范工程正式投运，刷新了电压等级和输送容量的世界纪录。这一工程标志着我国全面掌握了高压大容量柔性直流输电关键技术和工程成套能力，柔性直流输电技术达到国际引领水平。2020 年 6 月 29 日，±500kV 张北柔性直流电网试验示范工程（简称张北柔直工程）竣工投产。

张北柔直工程是电力发展"十三五"规划的重点电网工程和重大创新工程，也是世界上首个直流联网工程，于 2018 年 2 月开工建设，经过 2 年多建设竣工投运，新建张北、康保、丰宁、北京 4 座换流站及±500kV 直流输电线路 666km。工程将张北新能源基地、承德丰宁储能基地等新能源基地与北京负荷中心相连，连接起坝上上百家风电场、数千家光伏电站，通过"多点汇集、多能互补、时空互补、源网荷协同"，为推动能源转型、保障能源安全提供了全新技术手段，显著提升了张家口新能源外送能力，全面提高了京津冀地区绿色电能比例，为破解新能源大规模开发和消纳的世界级难题提供了"中国方案"。

依托张北柔直工程，国家电网有限公司通过产学研用大规模协同攻关，在推进重大装备国产化方面取得重要成果，解决了关键的"卡脖子"问题，设备性能与制造水平占据了国际制高点——自主研制了世界上首批最高电压等级的直流断路器，攻克了"大功率直流电流开断"这一世界性难题；研制了世界上最大换流容量的柔直换流阀，可靠性达到国际领先水平；研制了世界上最高功率的绝缘栅双极型晶体管（IGBT）器件，填补了国内先进功率半导体器件的空白。除了技术装备，围绕张北柔直工程，国家电网有限公司在基础理论研究、试验能力建设、工程系统集成等方面取得了一大批国际领先的创新成果，电力技术的整体水平得到提升。该工程先后获得中国工业大奖、国家优质工程奖。

张北柔直工程建成了涵盖柔直工程建设全过程的技术标准体系，立项了该领域我国首项 IEC 标准，带动了我国电网技术和装备制造产业升级，巩固和扩大了我国在世界直流输电领域的技术领先优势。此外，建立了世界一流的柔直试验基地，对张北柔直工程进行了 5800 个工况、8 万余次仿真计算，开展了工程并网特性、运行方式安排、控制保护策略、故障应对措施等全方位的仿真分析和试验验证，保障了工程顺利投产。2022 年，国家电网有限公司中标德国 BorWin6 海上风电柔直工程项目，标志着我国高端输电技术的国际影响力迈上了新台阶。未来，我国世界最高水平的柔性直流电网试验和仿真条件，将持续助力柔性直流输电技术创新发展。

通过张北柔直工程，北京 2022 年冬奥会所有场馆历史性地实现了 100%绿电供应，坝上地区"送不出""难消纳"的绿电也走进北京千家万户，使首都年用电量的 1/10 实现清洁化，相当于每年节约标准煤 490 万 t，减排二氧化碳 1280 万 t。同时，该工程也为京津冀地区的能源互联网建设提供了重要支撑，对于实现清洁能源的大规模开发利用和消纳，促进能源结构的优化升级，具有深远的意义。

第八章

标 准 与 专 利

专利和标准都是技术创新成果的重要载体。随着科学技术的迅速发展和经济全球化的不断深入，专利与标准的联系日益紧密，逐渐从分离走向融合，其重要表现就是标准中正在采用越来越多的专利技术。本章将从专利在标准中的体现、标准与专利融合发展进程、标准涉及专利相关政策三个方面对标准与专利的关系问题进行探讨。

第一节 专利在标准中的体现

一、标准必要专利相关概念

（一）专利的概念

专利是由政府机关或者代表若干国家的区域性组织根据发明人或设计人的申请而颁发的一种文件，这种文件记载了发明创造的内容，并且在一定时期内产生这样一种法律状态，即在一般情况下他人只有经专利权人许可才能实施获得专利的发明创造。在多数情况下，专利可以视为专利权的简称，是专利权人依法享有的，在一定时间和一定区域内排他性实施其发明创造并获取相应利益的权利。

专利的本质是以公开换保护，专利持有者通过向社会公众充分公开其专利技术方案，换取专利保护期限内的排他性专利权，从而获得与其技术贡献相匹配的收益，激励专利持有者持续进行发明创造。

根据专利涉及的内容，专利分为发明专利、实用新型专利和外观设计专利三种类型。其中，发明专利是指对产品、方法或者其改进所提出的新的技术方案，实用新型专利是指对产品的形状、构造或者其结合所提出的适于实用的新的技术方案。根据专利的地域性，专利分为国内专利和国外专利。

（二）标准必要专利的概念

标准必要专利（Standard Essential Patent，SEP）是标准与专利相结合的产物，是一种特殊称谓的专利。

标准必要专利目前没有统一的定义。ITU 将其定义为，"任何可能完全或部分覆盖标准草案的专利或专利申请"。IEEE 将其解释为，所谓"必要专利要求"是指实施某项标准草案的标准条款（无论是强制性的还是可选择性的）一定会使用到的专利权利要求。我国国家标准 GB/T 20003.1—2014《标准制定的特殊程序　第 1 部分：涉及专利的标准》中规定：必要专利是包含至少一项必要权利要求的专利。必要权利要求是实施标准时，某一专利中不可避免被侵犯的权利要求。《国家标准涉及专利的管理规定（暂行）》中第四条规定：国家标准中涉及的专利应当是必要专利，即实施该项标准必不可少的专利。

综上，标准必要专利是特指在标准制定过程中"绕不过去"的一种专利权利要求，而不是一种新的专利类型，其可能是发明专利，也可能是实用新型专利。标准必要专利与普通专利的侵权判定标准一致，需要满足全面覆盖、等同原则、禁止反悔原则等。

标准必要专利与普通专利区别在于：首先，标准必要专利与标准对应，标准必要专利的保护范围需要覆盖标准对应的技术方案，而普通专利则不需要具有上述对应性。其次，标准必要专利申请在先，标准公开在后。由于标准最终记载的内容具有很多的不确定性，标准必要专利必须与标准对应的要求带来专利申请撰写的不确定性，撰写时需要提前预测未来标准可能记载的技术方案，专利授权前权利要求可能需要多次与标准一致的适应性修改，而普通专利的申请文本撰写则无需考虑上述方面。再次，标准必要专利必须实施普通许可，专利权人促使其专利成为标准时，有义务承诺将其专利许可给公众使用，而不能像普通专利一样，可以任意条件许可或不许可他人使用；并且，在标准实施的过程中，由于相关行业的企业无法避开而存在一定垄断性，标准组织制定专利政策要求持有标准必要专利的成员以公平、合理、无歧视原则进行专利许可。最后，标准必要专利的特征是权利要求和标准对应，因此发生侵权纠纷时非常容易举证，侵权方不能回避侵权，专利权人可以获得稳定的许可费收益。判断某项专利是否为标准必要专利应当确定满足：该专利纳入技术标准，以及该专利为实施技术标准而必须使用的专利。

（三）专利联营（Patent Pool）的概念

专利联营，也称专利联盟、专利池、专利联合授权行为等。

对于专利联营的具体定义，我国《关于禁止滥用知识产权排除、限制竞争行为的规定》第 12 条："本规定所称专利联营，是指两个或者两个以上的专利权人通过某种形式将各自拥有的专利共同许可给第三方的协议安排。其形式可以是为此目的成立的专门合资公司，也可以是委托某一联营成员或者某独立的第三方进行管理"。与上述界定类似，《国务院反垄断委员会关于知识产权领域的反垄断指南》第 26 条："专利联营，是指两个或者两个以上经营者将各自的专利共同许可给联营成员或者第三方。专利联营各方通常委托联营成员或者独立第三方对联营进行管理。联营具体方式包括达成协议、设立公司或者其他实体等"。

在表现形式方面，专利联营是标准必要专利较为常见的专利许可形式，有时直接表现为标准组织的专利政策。专利联营可以有效地清除障碍专利，减少交易和诉讼成本，分散专利权人的风险，提高许可效率。但是专利联营也可能消除或降低竞争性专利之间的竞争，在技术标准的加持下，专利联营会产生更为庞大的市场力量，从而产生垄断风险。例如目前汽车通信领域的 Avanci 专利联营，其成员囊括了全球无线通信标准的多数 SEP 权利人，包括我国的中国移动通信集团公司、大唐移动通信设备有限公司、中兴通讯股份有限公司、华为技术有限公司等通信企业，但主要成员仍为外国企业。Avanci 致力于向整车制造商许可而拒绝向零部件供应商许可，以谋取更高的许可费。

二、标准专利融合效应及原则

（一）融合效应

标准与专利融合是双刃剑，既能产生正面效应，也能带来负面效应。

1. 正面效应

标准与专利融合会带动专利的发展，某项专利技术被纳入标准之中，意味着实施标准的所有企业都会使用该项专利技术，无疑扩展了专利的应用范围，专利权人的专利技术也能通过标准推广应用获得更多市场份额和收益，增强了创新动力，而这一示范效应，又能带动更多的创新主体走上用标准获取利益这一途径，激发他们的创新热情，从而推动技术创新。标准与专利融合对标准也有促进作用，特别是高新技术领域的标准，现在高新技术领域的标准需要采用先进技术才会被顺利推行，而专利技术是投入了大量人力和财力开发出来的，具有相当程度的合理性、科学性和先进性，采用专利技术作为标准的技术支撑，会提高标准的质量，增加标准的吸引力，因此更容易被推广使用，推动新市场的竞争和创新。

2. 负面效应

（1）阻碍标准制修订及实施。首先，标准中纳入专利技术会使得标准制修订和实施程序更为复杂。由于标准的制定建立在协商一致的基础上，一旦标准制定工作组获知正在制定的标准可能涉及专利，专利披露、专利权人许可声明等复杂问题的解决会延缓标准的制定进程。专利进入技术标准后，获得专利权人的许可授权是实施标准的前提条件，需要建立合理的许可费用理算规则，增加了标准实施的难度，并且标准使用者需向专利权人支付许可费，使标准实施成本显著增加。

（2）导致产业垄断、抑制技术创新。标准与专利融合可能会助长一些在技术和管理上具有优势的跨国公司或者企业联盟的权利滥用，它们运用标准与专利的战略性策略获取技术垄断权，实现对某些标准事实上的垄断，不仅威胁到相关企业或者产业的发展和进步，还阻挠其他竞争者的进入，打击了技术开发者进行技术创新的积极性，严重限制市场良性竞争，抑制技术创新发展。

上述负面效应对标准组织政策、规范专利权正当行使以及市场竞争秩序的相关司法制度均带来严峻的挑战。

（二）利益平衡原则

专利与标准融合需要平衡专利权人利益与社会公共利益，利益平衡原则在建立标准涉及专利处置规则时起到重要的指导作用。

权利作为利益的法律化，只能是在法律上设定的、一定范围内的行为自由。这表明任何权利都是有边界的。当行使个人权利危及公共利益时，必须贯彻"公共利益优于私人利益"的原则保护"公共权利"。当然，当私人权利与公共权利发生冲突时，也不应当无条件地牺牲私人权利去维护公共权利。所以在公共和私人权利的冲突之间，需要应用利益平衡原则中的维护公权、保护私权及规制私权，在保护公共利益和私人利益之间寻求最佳平衡点。

维护公权：在纳入专利技术的标准中，标准仍然担负着实现广泛社会公共利益的重任。国家标准、行业标准更强调标准的社会公共利益，如果过分强调私权，那国家标准或者行业标准可能会沦为专利持有者宣传其专利、强行扩张私人权益的武器。因此，维护公权是利益平衡的基础。

保护私权：从专利制度来看，赋予专利权人充分的权利，作为对其发明创造的回报，可维护专利权制度的平衡机制，从而鼓励技术创新，促进社会的技术进步，如果不予保护或保护不充分，将损害专利权人的利益，利益天平倒向了社会一方，将不利于发挥专利制度的激励作用。如果对纳入标准的专利技术的法律规制过严，过分降低专利保护力度甚至不对专利技术加以保护的话，势必会造成专利权人不愿将自己的专利技术纳入标准中。这无疑会对标准的应用推广造成重大打击，从而不利于甚至阻碍标准的发展。

规制私权：涉及专利的标准同样要保护社会公共权益以促进社会进步，而对专利权人权利保护的"适度和合理"，是保证公众乃至社会权益所必需的，这就要求对标准中专利的保护不能不足，更不能过度，而应当遵循适当的保护准则，使标准中的专利权保护受到利益平衡原则的制约，即专利权人的私权保护不能越过标准需要保障的利益平衡准绳。因此，利益平衡原则要求对专利权人的专利权利予以适当的规制，给予专利权人一定的"克制"义务，以保证公众和社会公共权益的实现。

（三）专利许可原则

专利许可规则就是要确保标准中的必要专利技术能够被公平、合理、无歧视地许可使用，以减少标准在实施过程中所产生的专利纠纷，具体内容包括对许可声明以及没有作出许可声明的后果等内容的规定。

标准必要专利的使用会对标准实施者形成一定的锁定效应，使得标准必要专利权利人在相应领域直接产生了垄断地位，并可能趁机向标准实施者要求不合理的许可条件，即"专利劫持"问题。因此，大多数标准制定组织均要求标准必要专利权利人承诺，将根据标准制定组织在其知识产权政策中所列明的公平、合理、无歧视（FRAND）条款向标准实施者许可其标准必要专利。标准必要专利权利人依据这一要求所作出的承诺即通常所称的 FRAND 承诺。

随着标准必要专利相关诉讼的增加，FRAND 原则之下许可费应该如何计算受到广泛关注。专利许可费的计算实质上就是专利价值评估问题。专利价值的基础评估方法有成本法、收益法和市场法等，专利许可费的计算要综合考虑专利所属的技术领域、法律状态、权利期限、专利质量、市场需求等复杂因素。

目前国内外关于确定 FRAND 许可费的方法有如下几种：一是自下而上法，根据这一方法，先要确定涉案技术在标准制定之前所有的可选方案，然后再确定涉案技术方案相对于其最优替代方案的价值增量；二是自上而下法，即是确定实施某项标准时需要为所有 SEP 支付的整体许可费，将整体许可费恰当地分配给各个 SEP 权利人；三是可比协议法，是指参考类似的许可协议中的许可费来确定涉案专利许可费的方法。

当标准必要专利许可双方在许可谈判中无法就许可费率等许可条件达成一致时，司法诉讼往往成为双方解决争议的有效手段。鉴于标准必要专利在专利领域极具商业价值，涉及标准必要专利的诉讼纠纷案件常受到各国法院和竞争执法机构的关注。

案例 8-1　博通公司诉高通公司案

该案被告高通公司因涉嫌在标准必要专利 FRAND 许可中实施了垄断行为，而在美国遭遇反垄断调查，且原告博通公司指控高通公司违反了标准必要专利 FRAND 许可义务，实施了垄断行为。原告博通公司是美国通信设备半导体制造商，被告高通公司是美国通信技术开发企业，为 WCDMA 标准专利权人之一，WCDMA 是 3G 时代重要的手机通信标准。博通公司的产品进入通信市场，必须获得高通公司的标准必要专利许可授权。但是，高通公司提出的标准必要专利许可协议存在以下条款：要求技术标准实施者不得购买其竞争对手的芯片；承诺向只购买高通公司芯片的标准实施者减少专利许可使用费；对技术标准 WCDMA 及 CDMA2000 收取了相同的专利许可使用费，尽管高通公司持有的专利对技术标准 CDMA2000 的贡献要比对 WCDMA 大得多。为此，博通公司于 2005 年 7 月向美国新泽西州地区法院提起诉讼，指控高通公司违反了其向标准组织作出的 FRAND 许可承诺，实施了滥用市场支配地位的垄断行为，如拒绝许可授权、收取歧视性的标准必要专利许可使用费。高通公司辩称已在遵守 FRAND 承诺的基础上向各专利实施者提供许可授权。2006 年 8 月，法院驳回了原告博通公司的起诉。博通公司上诉，2007 年 9 月，美国联邦第三巡回上诉法院驳回地区法院的裁定，要求其继续审理该反垄断诉讼。博通公司还指控高通公司侵犯其专利权并要求损害赔偿金。

最终该案以高通公司向博通公司支付 8.91 亿美元赔偿金而结案。在判决结果中，被告高通公司，长期利用其持有的专利实施垄断行为，遭到了业界企业的反对，多次被反垄断调查。博通公司在美国指控高通公司实施反垄断行为的同时，还联合爱立信、诺基亚、松下、NEC 等企业向欧盟投诉，欧盟于 2007 年正式对高通公司展开反垄断调查。

案例 8-2　华为技术有限公司诉美国交互数字公司（IDC）案——我国首个涉及标准必要专利的反垄断诉讼案件

美国国际贸易委员会（ITC）于 2013 年 1 月 31 日宣布，对华为技术有限公司等公司的 3G、4G 无线设备发起"337 调查"，以确定这些产品是否侵犯美国公司专利权。此次"337 调查"的推动者即美国交互数字公司，该公司参与了全球各类无线通信国际标准制定，拥有一系列无线通信基本技术相关的专利。其在 2011 年 7 月 26 日向 ITC 提交诉状，同时还在美特拉华州法院提起了民事诉讼，指控华为技术有限公司 3G 产品侵犯了其 7 项专利。2011 年 12 月 6 日，华为技术有限公司向深圳市中级人民法院起诉，以美国交互数字公司滥用市场支配地位为由提起反垄断诉讼，请求法院判令其停止垄断行为，并索赔人民币 2000 万元。华为技术有限公司起诉称，美国交互数字公司利用参与各类国际标准制定的机会，将其专利纳入其中，形成标准必要专利，并占据市场支配地位。"美国交互数字公司无视公平、合理、无歧视（FRAND）原则的承诺，对其专利许可设定过高价格，附加不合理条件，涉嫌搭售"。2012 年，美国交互数字公司对华为技术有限公司发出最后要约，意图以远高于向苹果、三星公司收费的费率收取许可费，随后推动发起"337 调查"。华为技术有限公司认为，美国交互数字公司还通过 ITC 启动"337 调查"和在美国联邦法院起诉来拒绝与其进行交易，损害市场秩序，请求法院认定美国交互数字公司滥用市场支配地位。2013 年 10 月 28 日，广东省高级人民法院终审认为，美国交互数字公司许可给华为技术有限公司的费率明显高于许可给苹果和三星公司的费率，明显违反了FRAND 原则，对该案作出终审判决，判定美国交互数字公司滥用了市场支配地位，赔偿华为技术有限公司人民币 2000 万元。该案件判决确立的裁判标准对于我国乃至国际知识产权司法保护领域均产生重要影响。

三、标准专利融合实现路径

（一）标准与专利的融合方式及流程

1. 标准与专利的融合方式

标准与专利的融合，主要通过以下三种具体方式来实现：第一种，标准的技术要素包含专利的全部技术特征，技术要素的字面内容即构成一项完整的专利技术方案，如环保和建筑施工方法的标准；第二种是标准的技术要素涉及产品的某些特征，专利是实现这些特征的技术手段，如信息通信领域的大部分标准；第三种是标准的技术要素包含对某种产品功能的规定或者指标要求，而专利是实现该要求的完整技术方案。如欧盟要求打火机必须加装儿童安全锁案例：2002 年初，欧盟标准化委员会公布了一个关于打火机安全的标准（简称 CR 标准），根据这项标准，出厂价或海关价低于 2 欧元的打火机必须安装防止儿童开启的安全锁（CR 装置），而几种全世界公认的打火机童锁专利已经被欧美各国牢牢把握，该政策出台对我国打火机制造企业建立起严苛的贸易壁垒。

同时，专利在标准化不同阶段体现不同的价值，基于标准生命周期的不同阶段中的知识产权策略而呈现不同的特点：萌芽期，标准性能提升缓慢，产生的专利多为核心专利且数量较少。由于只有研发投入没有相应的回报，所以经济效益为负，专利权人将许可费定位在较高标准以获得合理回报的行为具备合理性。成长期，标准处于快速发展期，产生的专利为核心专利的延伸，专利数量庞大且具备更大的商业价值，专利权人应适当降低许可费以利于标准顺利实施推广。成熟期，标准趋于完善，专利数量和经济效益都达到峰值，该阶段产生的专利多为非核心专利，产业主体开始进入下一代标准周期的循环。衰退期，该阶段产生的专利数量处于最低值，专利陆续到期，在许可费不变的情况下有效专利数量的减少等于变相提高许可费。以移动通信标准为例，2G 至 5G 标准演进呈现"S 曲线"发展，其中标准成熟期的专利数量达到峰值并由此引发知识产权规则的激烈博弈。如 2G 成熟期欧洲电信标准化协会（ETSI）发布知识产权政策并首次提出 FRAND 原则；3G 成熟期 ETSI 修订知识产权政策中的专利披露部分，并就按模块收费进行探索；4G 成熟期 ETSI、ITU 就合理费率、禁令等问题进行深入探讨。以此类推，5G 标准即将进入成熟期，5G 标准必要专利许可纠纷将达到峰值，各国纷纷争夺标准必要专利话语权高地。

2. 标准与专利融合流程

进行标准与专利融合时，首先评估是否产生标准化成果，若符合标准化工作要求则确定相关专利申请，将标准文本与专利申请的权利要求进行比对，确保标准与专利相对应。其次向标准组织提交标准提案时进行专利信息披露和专利实施许可声明，并保证标准制定和专利审查过程中修改后的标准文本与专利申请权利要求相对应。专利授权且标准发布后，纳入标准中的专利技术则形成标准必要专利。其中，标准与专利的比对也称作标准必要专利认定，其具体流程包括：明确认定基础、解释权利要求、分解权利要求技术特征、确定标准相应的特征、比对技术特征、得出认定结论。

（二）专利融入不同级别标准

1. 专利技术融入国际标准

国际标准多数为自愿性标准。无论是 ISO、IEC 还是 ITU，原则上不反对专利技术纳入国际标准，即国际标准组织不会因某技术方案含有专利技术而否定其成为国际标准，但会要求证明引用该专利技术是合理且不可替代的；同时，专利权人或专利申请人必须作出专利实施许可声明。我国国际标准化工作也在积极调整策略，努力争取在国际标准制定中的话语权，并且在与国际接轨和采纳国际标准的同时，大力提倡制定自主知识产权的标准。比如，标准必要专利促使我国 5G 移动通信占领产业制高点，我国移动通信标准制定经历了从 1G 的悄无声息，2G 的跟随，3G 的突破到 4G 基本并跑的发展历程，5G 时代我国已经具有更多话语权。

2. 专利技术融入国家标准、行业标准、地方标准

我国国家标准分为强制性国家标准和推荐性国家标准，行业标准、地方标准是推荐性标准。

强制性国家标准一般不涉及专利，如果确有必要涉及专利，且专利权人或者专利申请人拒绝作出专利实施许可声明的，由国家标准化管理委员会、国家知识产权局及相关部门和专利权人或者专利申请人协商专利处置办法。

推荐性标准又称为非强制性标准或自愿性标准。推荐性标准中纳入专利，可参照国家标准 GB/T 20003.1—2014《标准制定的特殊程序　第 1 部分：涉及专利的标准》相关规定，及早进行专利信息披露以及专利实施许可声明，充分保证涉及专利的推荐性标准制修订工作的公正、透明。

3. 专利技术融入团体标准

团体标准由社会团体自主制定，以市场和创新需求为目标，是我国"二元结构"标准体系中市场自主制定标准的重要组成。专利技术融入团体标准，使得团体标准采纳更多先进技术，提升标准技术含量和竞争力。企业应积极参加产业联盟，实行横向联合，借助团体标准促进企业发展、扩大市场份额，并积极将专利技术纳入团体标准，

针对专利融入团体标准可能带来的问题和风险做好应对措施，使专利最大程度推动团体标准发展，又不会成为团体标准应用推广的阻碍，为团体标准上升为国际标准、占领国际市场做好充分准备。同时可以组建专利联盟与标准联盟，从而建立专利联营和制定联营标准，专利联营可以在企业间进行专利交叉许可或者互惠使用彼此专利技术，实现专利互补和突破"专利丛林"障碍。

4. 专利技术融入企业标准

企业应在技术研究、开发阶段融入专利战略和标准化战略，积极参与甚至主导行业标准、国家标准以及国际标准制定工作，制定适用于企业自身的标准涉及专利相关规定，利用标准规则促进自己的专利技术尽可能地得到更大范围的实施。对于我国拥有核心技术的企业来说，在进行标准化工作之前即应将核心技术在国内外申请专利并获取专利权，则能够以具有更大影响的专利技术为基础开展标准化工作，争取将自己的企业标准上升为国际标准，提升国际竞争力。

第二节　标准与专利融合发展进程

一、历史进程

标准与专利融合的发展经历了抗拒期、探索期、爆发期和规范期四个阶段。

1. 抗拒期

工业革命早期，企业更倾向于独立进行技术创新，独享专利权。传统产业使用标准主要是为了解决产品零部件的通用、互换或配套等问题，主要强调行业的应用和推广特性，专利权是政府授予的一定期限内的垄断权，其使用需要获得许可。因此，早期各种标准化过程都尽量避免将专利技术纳入标准，以保护企业专利权，一定程度上减少相关纠纷。

2. 探索期

20世纪70~80年代，随着技术复杂度和集成度越来越高，特定产业主体垄断技术的可能性越来越小，合作创新成为趋势，技术联盟模式越来越盛行，如美国85%的电子工业结成各种各样的战略技术联盟，苹果、英特尔、摩托罗拉等跨国公司也纷纷加入。这种情况加快了专利与标准的融合，也使得技术联盟成员成功获得了垄断利益。

3. 爆发期

20世纪90年代开始，随着技术不断迭代发展，高新技术产业在制定标准时没有公有技术可以解决，加上产业主体的知识产权保护意识逐渐提高，几乎所有创造性的技术贡献都会被专利所覆盖。在传统大规模生产中，先有产品后有标准，一项专利只能影响一个产品。但在知识产权经济时代标准先行，专利技术纳入国际标准决定一个行业的技术路线，从而影响到整个产业。此时，我国改革开放和国际贸易的爆发，我国大量采用国际标准，这也意味着存在大量国际标准涉及专利的情况发生。比如1999年发生的DVD许可事件，我国大量DVD制造企业不得不支付大量许可费，造成很多制造企业倒闭，对我国国家利益造成重大影响。

4. 规范期

进入21世纪，专利技术纳入标准已成为惯例。参见图8-1～图8-3，IEC、ISO、ITU三大国际标准组织纳入专利技术的标准数目逐年增长。2000年制定的IEC标准中涉及专利的标准累计22项，涉及专利数累计27项；2010年标准累计达到305项，涉及专利数累计452项；2020年标准累计达到579项，涉及专利数累计932项。2000年，ISO标准中涉及专利的标准累计75项，涉及专利数累计1169项；2010年标准累计达到290项，涉及专利数累计2484项；2020年标准累计达到493项，涉及专利数累计3113项。2000年制定的ITU标准中涉及专利的标准累计154项，涉及专利数累计1205项；2010年标准累计达到360项，涉及专利数累计2468项；2020年标准累计达到622项，涉及专利数累计6962项。

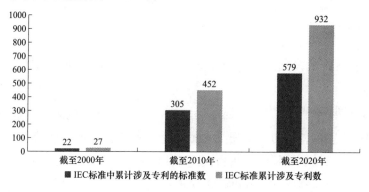

图 8-1　IEC 标准涉及专利发展趋势

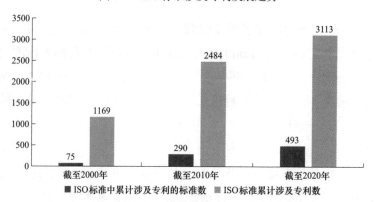

图 8-2　ISO 标准涉及专利发展趋势

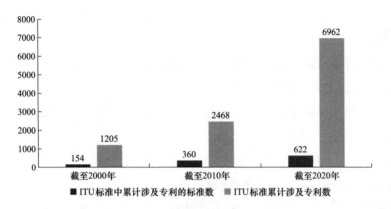

图 8-3　ITU 标准涉及专利发展趋势

标准与专利的融合呈现逐渐强化的趋势。为打破国际标准必要专利新型技术壁垒，我国也逐渐加大了拥有自主知识产权的技术标准的研发力度。

二、我国标准与专利融合发展进程

在标准与专利融合发展进程的爆发期，国内企业曾因为缺少知识产权保护意识和产业标准而受外国企业挤压，DVD 专利费就是一个惨痛的教训。我国 2000 年成为 DVD 最大生产国和出口国，2001 年 DVD 出口量占世界 DVD 总产量 70%。然而，巨大产销量背后的严重问题是，DVD 的核心专利和技术标准全部为外国企业所掌握，中国企业基本没有自己的知识产权。于是在 6C（日立、松下、JVC、三菱、东芝、时代华纳）宣布"DVD 专利联合许可"声明，要求世界上所有生产 DVD 的厂商必须向他们购买"专利许可"的强制征收专利费要求下，中国企业惨遭打击，瞬间没落。受 DVD 专利费事件的影响和启示，中国开始重视制定具有自主知识产权的技术标准，以提升中国企业在国际市场的话语权，应对国际竞争。

面对严峻的国际竞争态势，我国相继出台一系列相关政策，探索推动标准与专利融合发展，提高企业竞争力，促进科技创新和产业升级。2008 年颁布《国家知识产权战略纲要》，明确"制定和完善与标准有关的政策，规范将专利纳入标准的行为。支持企业、行业组织积极参与国际标准的制定"是我国知识产权战略中的专项任务之一。为了平衡标准实施者、公众以及专利权人等各方的合法权益，保障国家标准的顺利制定与有效实施，国家标准化管理委员会、国家知识产权局于 2013 年出台了《国家标准涉及专利的管理规定》（暂行），从专利信息披露、专利实施许可、强制性国家标准涉及专利的特殊规定等方面为处理标准必要专利问题提供政策依据。此外，2016 年发布的《国家创新驱动发展战略纲要》中提出："提升中国标准水平。强化基础通用标准研制，健全技术创新、专利保护与标准化互动支撑机制，及时将先进技术转化为标准"，指明"技术、专利与标准互动支撑机制"是提升标准水平的重要途径。2021 年发布的《国家标准化发展纲要》和《知识产权强国建设纲要（2021－2035 年）》对新时期专利和标准协同发展作出战略部署，明确要求完善标准必要专利制度，推动技术创新、专利保护与标准化更加紧密衔接。

国家相关政策的相继出台为推动标准与专利融合发展营造了良好的政策环境，专利和标准呈现出从相互独立到协同融合的演进趋势。近几年，我国在 5G 标准必要专利方面崭露头角，逐渐取得领先优势。截至 2023 年 9 月底，我国 5G 标准必要专利声明量全球占比达 42%，为推动全球 5G 发展做出积极贡献。

华为技术有限公司是我国拥有 5G 标准必要专利最多的领军企业。从 2009 年华为技术有限公司已经开始持续高投入研发 5G 相关技术，2013 年曾宣布在 5G 研究和标准制定两个阶段投入 6 亿美元，目前已占据了 5G 市场的核心地位。2016 年，华为技术有限公司主推的极化码（Polar Code）方案成为 5G 控制信道 eMBB 场景编码方案，使中国企业首次在基础通信框架协议领域内处于领导地位，加大了中国企业在全球通信领域的话语权。2021 年 3 月，华为技术有限公司公布了对 5G 多模手机的收费标准：单台手机专利许可费上限为 2.5 美元，在 2022 年的专利许可收入达到了 5.6 亿美元。华为技术有限公司在"技术专利化、专利标准化、标准市场化"的道路上不断向全世界展示来自中国的知识产权价值。

电力行业标准与专利融合研究与实践，晚于标准必要专利密集的通信行业。随着能源互联网的研究实践，电力行业一些典型技术领域开始积极探索"专利标准融合"。在电动汽车充电领域，下一代直流充电技术（ChaoJi）是我国主导提出并具有自主知识产权的充电技术。2023 年 9 月 7 日，由南瑞集团牵头编制的 ChaoJi 国家标准 GB/T 18487.1—2023《电动汽车传导充电系统　第 1 部分：通用要求》、GB/T 27930—2023《非车载传导式充电机与电动汽车之间的数字通信协议》、GB/T 20234.4—2023《电动汽车传导充电用连接装置　第 4 部分：大功率直流充电接口》正式发布，其中国家标准 GB/T 18487.1—2023 和 GB/T 20234.4—2023 中均声明了相关专利信息，以实现与国外相关专利的对冲，应对和突破国际专利和标准压制重围。

第三节　标准涉及专利相关政策

专利与标准的融合会导致专利权人与标准实施者之间的利益失衡。专利权人与标准实施者分别代表不同的利益立场，标准实施者希望能以最低的成本实施标准，即希望标准涉及专利的许可费越低越好，而专利权人期望通过专利技术纳入标准来获得更高的收益，因此对于专利权人来说专利许可费越高越好。为避免标准与专利融合过程中产生的冲突矛盾，需通过制定适当的标准涉及专利相关政策，在一定程度上平衡专利权人与标准实施者之间的利益，协调标准的公共权益与专利的私有权益之间的矛盾。

一、国际标准组织相关政策

标准组织在制定标准时要兼顾标准的普遍适用和专利权保护，此时专利政策起着至关重要的作用。当标准中需要引入专利技术时，标准组织会避免将被拒绝按照许可政策进行许可的专利技术纳入标准，这就需要标准组织成员在标准制定过程中向标准组织披露标准相关的专利信息，以使标准组织对相关专利信息有全面清晰的认识，从而能够尽早作出合理决策。适当的标准必要专利许可政策可促进专利权人与标准实施者通过双边谈判达成许可合同，推动专利许可市场健康发展。可见，专利信息披露和许可制度都是标准组织专利政策的重要组成部分。

各标准组织在标准制定过程中的专利信息披露及许可政策不尽相同。自 2012 年以来，ISO、IEC、ITU 三大国际标准组织和 IEEE 陆续对其专利政策进行了修订，目前各标准组织的专利政策如表 8-1 所示。

表 8-1　　　　　　　　　　　　各标准组织专利政策对比

标准组织	披露时间	知识产权范围	有无披露义务/性质	许可条款	免责条款
ITU/ISO/IEC	从一开始	ITU：专利；IEC/ISO：专利、商标和版权	有/鼓励性	免费（RF）、RAND、不愿意以免费或 RAND 进行许可	不参与标准专利评估，不介入专利许可纠纷
IEEE	标准批准前	专利	有/鼓励性	免费（RF）、FRAND、不愿意以免费或 FRAND 进行许可	不负责标准专利评估、许可条款的合理性评价

（一）ISO、IEC、ITU 三大国际标准组织的专利政策

ISO、IEC、ITU 于 2005 年 2 月联合成立特别工作组，联合制定了《ITU-T/ITU-R/ISO/IEC 共同专利政策》以及《ITU-T/ITU-R/ISO/IEC 共同专利政策实施指南》，其中后者经过多次修订，最新一版是 2022 年发布的《ITU/ISO/IEC 共同专利政策实施指南》（5.0 版）。

ISO、IEC、ITU 三大国际标准组织的专利政策包括专利信息披露原则、许可原则以及不介入原则。

1. 专利信息披露原则

ISO、IEC、ITU 在信息披露方面的规定包括：①任何提出标准提案的标准组织成

员，应当从一开始就告知标准组织其提案中可能涉及的已知专利或未决专利，无论这些专利归属于成员自身还是其他组织。"从一开始"意味着在标准制定的过程中应尽可能早地披露此类信息。②任何未参与标准制定的机构，可以披露任何已知的必要专利，无论是他们自己的专利还是第三方的专利。专利政策鼓励尽早披露，可以提高标准制定的效率，并避免潜在的专利权问题。

2. 许可原则

《ITU-T/ITU-R/ISO/IEC 共同专利政策》主要遵守的是合理、无歧视（RAND）许可原则，如果标准已经形成，专利信息已被披露，则可能会出现以下三种情况：

（1）专利持有人愿意在 RAND 基础上，与其他各方就免费许可专利使用权进行磋商。这种磋商由有关各方在标准组织以外自行开展。

（2）专利持有人愿意在 RAND 基础上，与其他各方就许可专利使用权进行磋商。这种磋商由有关各方在标准组织之外自行开展。

（3）专利持有人不愿意遵守上述两种情况的规定。在这种情况下，标准文件则不包括基于专利技术的条款。

3. 不介入原则

标准组织不参与评估与标准提案有关的专利相关性或必要性，不介入具体的专利许可事务，不涉足某项具体专利实施许可的谈判、定价等事务，许可磋商由有关各方在标准组织之外自行开展。

ISO、IEC、ITU 的专利政策简明扼要，其重点在于允许专利技术纳入技术标准之中，积极推进标准必要专利规范化发展。专利持有者需要做出必要专利权许可承诺，并向三大国际标准组织提交《专利说明和许可声明表》。无论专利持有者选择什么样的许可承诺方式，根据其提交的《专利说明和许可声明表》，三大国际标准组织均会更新自己专利信息数据库，提高标准制定过程中的透明度。

例如：西门子股份公司关于 IEC 61158-6-10：2023《工业通信网络现场总线规范　第 6-10 部分：应用层协议规范》中专利信息披露与专利实施许可声明，见图 8-4。

（二）IEEE 专业标准组织的专利政策

在专利信息披露方面，IEEE 鼓励基本专利持有者对其已知专利或未决专利进行早期披露。其规定：如果专利持有人或专利申请人提供保证书，则一旦项目授权申请书（PAR）由 IEEE 标准协会（IEEE-SA）批准，保证书应在标准委员会批准标准之前提供。IEEE 在其专利政策中明确表示，披露方不负有进行专利检索的义务，提交上述保证书也并不意味着进行许可。

PATENT STATEMENT AND LICENSING DECLARATION FORM FOR
ITU-T OR ITU-R RECOMMENDATION | ISO OR IEC DELIVERABLE

**Patent Statement and Licensing Declaration
for ITU-T or ITU-R Recommendation | ISO or IEC Deliverable**

This declaration does not represent an actual grant of a license

Please return to the relevant organization(s) as instructed below per document type:

Director
Telecommunication
Standardization Bureau
International Telecommunication
Union
Place des Nations
CH-1211 Geneva 20,
Switzerland
Fax: +41 22 730 5853
Email: tsbdir@itu.int

Director
Radiocommunication Bureau
International Telecommunication
Union
Place des Nations
CH-1211 Geneva 20,
Switzerland
Fax: +41 22 730 5785
Email: brmail@itu.int

Secretary-General
International Organization for
Standardization
8 Chemin de Blandonnet
CP 401
1214 Vernier, Geneva
Switzerland
Fax: +41 22 733 3430

General Secretary
International Electrotechnical
Commission
3 rue de Varembé
CH-1211 Geneva 20
Switzerland
Fax: +41 22 919 0300
Email:
inmail@iec.ch

标准编号、名称
标准编号、名称

Patent Holder:	
Legal Name	Siemens Aktiengesellschaft

Contact for license application:

| Name &
Department	Martin Bodi, T IP TLI M&A
Address	Otto-Hahn-Ring 6
	81739 Munich
Tel.	+49 (89) 7805-22648
Fax	
E-mail	martin.bodi@siemens.com
URL (optional)	

Document type:

☐ **ITU-T Rec. (*)** ☐ **ITU-R Rec. (*)** ☐ **ISO Deliverable (*)** ☐ **IEC Deliverable (*)**
(please return the form to the relevant Organization)

☐ **Common text or twin text (ITU-T Rec. | ISO/IEC Deliverable (*))** (for common text or twin text,
please return the form to each of the three Organizations: ITU-T, ISO, IEC)

☒ **ISO/IEC Deliverable (*)** (for ISO/IEC Deliverables, please return the form to both ISO and IEC)

(*)Number	IEC 61158-6-10-2023
	Industrial c... 专利权人：西门子 bus specifications-
(*)Title	Part 6-10: Application layer protocol specification – Type 10 elements
	- Update of Declaration filed on January 25, 2019 -

专利权人：西门子

图 8-4　IEC 61158-6-10：2023 中专利信息披露与专利实施许可声明（一）

Licensing declaration:

The Patent Holder believes that it holds granted and/or pending applications for Patents, the use of which would be required to implement the above document and hereby declares, in accordance with the Common Patent Policy for ITU-T/ITU-R/ISO/IEC, that (check <u>one</u> box only):

☐ 1.   The Patent Holder is prepared to grant a <u>Free of Charge</u> license to an unrestricted number of applicants on a worldwide, non-discriminatory basis and under other reasonable terms and conditions to make, use, and sell implementations of the above document.

Negotiations are left to the parties concerned and are performed outside the ITU-T, ITU-R, ISO or IEC.

Also mark here __ if the Patent Holder's willingness to license is conditioned on <u>Reciprocity</u> for the above document.

选择RAND许可

Also mark here __ if the Patent Holder reserves the right to license on reasonable terms and conditions (but not <u>Free of Charge</u>) to applicants who are only willing to license their Patent, whose use would be required to implement the above document, on reasonable terms and conditions (but not <u>Free of Charge</u>).

☒ 2.   The Patent Holder is prepared to grant a license to an unrestricted number of applicants on a worldwide, non-discriminatory basis and on reasonable terms and conditions to make, use and sell implementations of the above document.

Negotiations are left to the parties concerned and are performed outside the ITU-T, ITU-R, ISO, or IEC.

*Also mark here **X** if the Patent Holder's willingness to license is conditioned on <u>Reciprocity</u> for the above document.*

☐ 3.   The Patent Holder is unwilling to grant licenses in accordance with provisions of either 1 or 2 above.

In this case, the following information must be provided to ITU, ISO and/or IEC as part of this declaration:
-    granted patent number or patent application number (if pending);
-    an indication of which portions of the above document are affected;
-    a description of the Patents covering the above document.

<u>Free of Charge</u>: The words "Free of Charge" do not mean that the Patent Holder is waiving all of its rights with respect to the Patent. Rather, "Free of Charge" refers to the issue of monetary compensation; *i.e.*, that the Patent Holder will not seek any monetary compensation as part of the licensing arrangement (whether such compensation is called a royalty, a one-time licensing fee, etc.). However, while the Patent Holder in this situation is committing to not charging any monetary amount, the Patent Holder is still entitled to require that the implementer of the same above document sign a license agreement that contains other reasonable terms and conditions such as those relating to governing law, field of use, warranties, etc.

<u>Reciprocity</u>: The word "Reciprocity" means that the Patent Holder shall only be required to license any prospective licensee if such prospective licensee will commit to license its Patent(s) for implementation of the same above document Free of Charge or under reasonable terms and conditions.

<u>Patent</u>: The word "Patent" means those claims contained in and identified by patents, utility models and other similar statutory rights based on inventions (including applications for any of these) solely to the extent that any such claims are essential to the implementation of the same above document. Essential patents are patents that would be required to implement a specific Recommendation | Deliverable.

<u>Assignment/transfer of Patent rights</u>: Licensing declarations made pursuant to Clause 2.1 or 2.2 of the Common Patent Policy for ITU-T/ITU-R/ISO/IEC shall be interpreted as encumbrances that bind all successors-in-interest as to the transferred Patents. Recognizing that this interpretation may not apply in all jurisdictions, any Patent Holder who has submitted a licensing declaration according to the Common Patent Policy - be it selected as option 1 or 2 on the Patent Declaration form - who transfers ownership of a Patent that is subject to such licensing declaration shall include appropriate provisions in the relevant transfer documents to ensure that, as to such transferred Patent, the licensing declaration is binding on the transferee and that the transferee will similarly include appropriate provisions in the event of future transfers with the goal of binding all successors-in-interest.

图 8-4　IEC 61158-6-10：2023 中专利信息披露与专利实施许可声明（二）

专利信息

Patent Information (desired but not required for options 1 and 2; required in ITU, ISO and IEC for option 3 (NOTE))

No.	Status [granted/ pending]	Country	Granted Patent Number or Application Number (if pending)	Title
1	granted	US	8179923	System and method for parallel transfer of real-time critical and non-real-time critical data via switchable data networks, especially Ethernet Siemens Internal File No: 200021991
2	granted granted granted	US EP (DE, FR, GB, IT) CN	7441048 1430628 10050700C	Communication system and method for synchronization of a communications system Siemens Internal File No: 200114157
3	granted granted granted	US EP (DE, FR, IT) CN	7483396 1558002 100525316C	Method for assigning an IP Address to a device Siemens Internal File No: 200318398
4	granted	EP (DE, FR, GB)	1318630	Matrices for controlling the device specific data transfer rates on al field bus Siemens Internal File No: 200121751

☐ Check here if additional patent information is provided on additional pages.

NOTE: For option 3, the additional minimum information that shall also be provided is listed in the option 3 box above.

Signature (include on final page only):

Patent Holder	**Siemens Aktiengesellschaft**	
Name of authorized person	**Daniel Maier**	**Martin Bodi**
Title of authorized person	**Head of IP Transaction, Litigation and Inventor Remuneration**	**Senior IP Counsel**
Signature		
Place, Date	**Munich, February 11, 2022**	

FORM version: 2 November 2018

图 8-4 IEC 61158-6-10：2023 中专利信息披露与专利实施许可声明（三）

在许可方面，IEEE 执行的是公平、合理、无歧视（FRAND）原则，任何持有潜在必要专利权利要求者都被请求提交一份保证书，从下列四个选项中选择一种许可方式：

（1）无偿地向不受数量限制的为实施标准而使用专利的申请者提供其必要专利权利要求的许可，供申请者实施标准所用；

（2）以合理的使用费（不存在任何不公平、歧视的条款和条件）向不受数量限制的申请者提供其必要专利权利要求的许可，供申请者实施标准所用；

（3）不强制任何遵守标准的个人（或实体）执行其必要专利权利要求；

（4）不同意无偿或者以合理使用费许可必要专利权利要求，也无法保证不强制执行此类专利权利要求。

在免责规定方面，IEEE 不负责识别可能需要许可的基本专利权利要求，确定专利权利要求的有效性、重要性或解释，以及确定许可条款是否合理或非歧视。

二、有关国家或地区标准组织相关政策

为维护本国、本地区产业发展利益，美国、欧盟、日本等积极进行规则布局，通过其国家标准组织的专利政策以及一系列法规、指引、报告等，形成一定的规则范式。

1. 美国标准组织相关政策

美国国家标准协会（ANSI）是非营利性质的民间标准组织，是美国国家标准化活动的中心，许多美国标准化学协会都与它进行联合，由 ANSI 批准其标准成为美国国家标准，但 ANSI 本身并不制定标准。

在专利披露方面，ANSI 原则上并不反对必要的专利技术进入标准，其鼓励标准制定中的所有参与者对已知专利或未决专利进行早期披露，但不要求参与者对其或他人的所有专利文件进行专利检索。ANSI 既不负责识别标准中可能涉及的专利，也不负责调查专利的合法性或专利的覆盖范围。

对于专利许可，ANSI 的专利政策规定，在批准一项美国国家标准提案之前，ANSI应该从专利持有者那里得到以 ANSI 认可的形式作出的以下任意一种保证：美国国家标准提案中所涉及的专利，专利权人认为其不持有或不希望持有标准所涉专利的声明，或者承诺：①无偿地向希望在标准实施中使用专利许可的申请者提供许可；②按照公平、合理、无歧视的条款和条件向希望在标准实施中使用专利许可的申请者提供许可。如果专利权人拒绝接受其条款，对于制定中的标准，ANSI 将采纳其他类似技术加以替代，对于已批准的标准，ANSI 可能会撤销这一国家标准。

2022 年 6 月 8 日，美国司法部（DOJ）、美国专利商标局（USPTO）和美国国家标准与技术研究院（NIST）宣布撤回特朗普政府于 2019 年发布的《关于自愿 F/RAND承诺的标准必要专利补救措施的政策声明》，通过规范双方行为捍卫"美国优先"，进一步强化标准必要专利在国际竞争中的战略意义。

2. 欧盟标准组织相关政策

欧洲标准化委员会（CEN）和欧洲电气标准化委员会（CENELEC）代表欧盟参与国际标准化活动，其成员均为欧盟成员国的国家标准化机构和国家电工委员会。

在专利披露方面，CEN 和 CENELEC 区分参与和未参与标准制定工作的情况，分别规定强制性的披露义务和鼓励性的披露策略。在承诺许可方面，CEN 和 CENELEC的政策与《ITU-T/ITU-R/ISO/IEC 共同专利政策实施指南》保持一致，使 CEN 和 CENELEC

顺利参与 ISO、IEC 标准化工作，极大地推动欧洲标准与 ISO、IEC 标准之间的相互转化，避免矛盾冲突。

欧盟试图建立一整套标准必要专利规则体系。2023 年 4 月底，欧盟正式发布《关于标准必要专利和修订（EU）2017/1001 号条例的提案》，提出建立由欧盟知识产权局（EUIPO）主导的能力中心、标准必要专利强制注册制度、对申报的标准必要专利进行必要性评估、FRAND 总费率确定制度以及 FRAND 条款的强制确定机制等具体举措，旨在提升 SEP 真实性和定价方面的透明度，其中标准必要专利注册制度、确定累积费率等规则将对标准必要专利规则的走向产生深远影响。

3. 日本标准组织相关政策

日本国家标准包括日本工业标准（JIS 标准）和日本农业标准（JAS 标准），日本由政府机构组织制定、颁布、实施国家标准，从而形成了以政府为主导的标准化管理体系。为适应来自美、欧的国际标准化的巨大压力，日本工业标准委员会（JISC）于 2002 年向政府提交了一份战略文件，其内容包括国内标准的国际化、标准化专门人才培养、标准化研究、促进私营企业标准化活动等，也包括支持建立技术标准的专利联盟政策。2022 年 3 月，日本经济和产业省发布《标准必要专利许可的善意谈判指南》，明确了专利权人和实施者的具体谈判义务以及许可谈判的 4 个步骤，旨在通过提高标准必要专利许可谈判的透明度和可预见性，为相关产业主体营造可预期的许可环境，构建有利于标准必要专利许可谈判的框架。

三、我国相关政策

我国标准涉及专利的相关政策文件，总体来说包括三个层次，一是顶层的法律法规，二是国务院文件及部门规章，三是地方性法规和相关政策文件，整个体系架构呈金字塔形分布，见图 8-5。

1. 法律法规

从法律法规层面来看，有关标准和专利的法律法规主要有《中华人民共和国标准化法》和《中华人民共和国专利法》。这两部法律虽然没有明确提及标准必要专利，但它们的颁布和实施为标准必要专利的提出提供了作为上位法的法律基础。

1988 年 12 月 29 日，第七届全国人民代表大会常务委员会第五次会议通过并发布《中华人民共和国标准化法》（简称《标准化法》），这是中华人民共和国成立以来第一部关于标准化方面的法律。

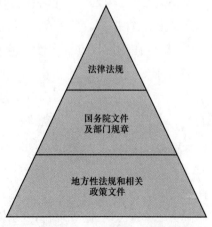

图 8-5 我国标准涉及专利政策体系架构

《标准化法》于 2017 年进行了最新修订，2018 年开始正式实施。

《中华人民共和国专利法》（简称《专利法》）于 1984 年 3 月 12 日由第六届全国人民代表大会常务委员会第四次会议通过并发布，旨在为了保护专利权人的合法权益，鼓励发明创造，推动发明创造的应用，提高创新能力，促进科学技术进步和经济社会发展。到目前为止，《专利法》已经过了 4 次修正，分别是 1992 年、2000 年、2008 年和 2020 年。最新修正的《专利法》中规定了"发明和实用新型专利权被授予后，除本法另有规定的以外，任何单位或者个人未经专利权人许可，都不得实施其专利，即不得为生产经营目的制造、使用、许诺销售、销售、进口其专利产品，或者使用其专利方法以及使用、许诺销售、销售、进口依照该专利方法直接获得的产品""任何单位或者个人实施他人专利的，应当与专利权人订立实施许可合同，向专利权人支付专利使用费。被许可人无权允许合同规定以外的任何单位或者个人实施该专利"等专利许可要求。

2. 国务院文件及部门规章

2008 年，国务院发布《国家知识产权战略纲要》，这是中国运用知识产权制度促进经济社会全面发展的重要国家战略。该纲要在国家层面明确了专利与标准的互动工作要求，指出："制定和完善与标准有关的政策，规范将专利纳入标准的行为。支持企业、行业组织积极参与国际标准的制定"，目的是要求在标准的制修订过程中重视与专利相结合的研究工作，特别是国际标准的制定过程，希望能融入我国的专利成果。

2013 年，为规范国家标准管理工作，促进国家标准合理采用新技术，保护社会公众和专利权人及相关权利人的合法权益，国家标准化管理委员会和国家知识产权局共同制定了《国家标准涉及专利的管理规定（暂行）》，对专利信息的披露、专利实施许可和强制性国家标准涉及专利等内容进行了详细规定。其中第五条对参与标准制定的成员施加了尽早披露专利信息的强制性义务，第六条则鼓励没有参加标准制定的组织或个人也进行披露。对于专利实施许可遵循国际通用的 FRAND 原则，相关规定如下："国家标准在制修订过程中涉及专利的，全国专业标准化技术委员会或者归口单位应当及时要求专利权人或者专利申请人作出专利实施许可声明。该声明应当由专利权人或者专利申请人在以下三项内容中选择一项：①专利权人或者专利申请人同意在公平、合理、无歧视基础上，免费许可任何组织或者个人在实施该国家标准时实施其专利；②专利权人或者专利申请人同意在公平、合理、无歧视基础上，收费许可任何组织或者个人在实施该国家标准时实施其专利；③专利权人或者专利申请人不同意按照以上两种方式进行专利实施许可。"这是我国首部关于标准和专利的部门规范性文件，也是国际上首个由标准化管理部门与专利管理部门联合发布的标准与专利政策，并且第一次明确纳入 FRAND 原则，同时该规定将依据 FRAND 原则的许可费界定留给了市场决定和司法裁量。这对于规范我国国家标准中涉及专利问题的处理、促进国家标准合理采用新技术发挥了重要作用。

2014 年 4 月，国家标准 GB/T 20003.1—2014《标准制定的特殊程序　第 1 部分：涉及专利的标准》发布，规范了标准中涉及专利的处置规则和要求，使标准、知识产权以及司法方面的政策有机结合，规范参与涉及专利的国家标准制修订的各利益相关方的行为，规范其他各级标准中纳入专利技术的借鉴行为，其中对于专利实施许可，规定"专利权人或专利申请人所作出的必要专利实施许可声明一经提交就不可撤销"。

2015 年初，国家知识产权局印发了《2015 年国家知识产权战略实施推进计划》。这是《国家知识产权战略纲要》颁布实施的第 7 年，在该推进计划中，提出"在国家级高新技术开发区、知识产权示范园区探索开展标准与专利相结合的示范工作"。同年，国务院印发《关于新形势下加快知识产权强国建设的若干意见》，做出"完善标准必要专利的公平、合理、无歧视许可政策和停止侵权适用规则""加大创新成果标准化和专利化工作力度，推动形成标准研制与专利布局有效衔接机制。研究制定标准必要专利布局指南"等工作安排。

2017 年，中共中央、国务院关于《开展质量提升行动的指导意见》发布实施，同样将"建立健全技术、专利、标准协同机制"作为重点工作予以部署，标志着推进技术、专利、标准的融合发展已经上升到支撑经济社会高质量发展的高度。

进入"十四五"，标准涉及专利工作在国家战略政策层面有了更新的要求。2021 年10 月，中共中央、国务院印发《国家标准化发展纲要》，这是我国标准化发展史上第一个以党中央名义颁布的纲领性文件，其中明确指出"完善标准必要专利制度，加强标准制定过程中的知识产权保护，促进创新成果产业化应用"，特别是在企业创新管理方面，提出"鼓励企业构建技术、专利、标准联动创新体系"。《国家标准化发展纲要》对标准必要专利提出了明确要求，一方面需要完善标准必要专利的相关制度，另一方面需要保护标准中涉及的知识产权，还对企业提出了体系化建设的要求。同月，国务院颁发《关于印发"十四五"国家知识产权保护和运用规划的通知》，要求"促进技术、专利与标准协同发展，研究制定标准必要专利许可指南，引导创新主体将自主知识产权转化为技术标准。健全知识产权军民双向转化工作机制"，旨在积极推动技术、专利和标准的有机融合。

2023 年 6 月 25 日，国家市场监督管理总局发布了新修订的《禁止滥用知识产权排除、限制竞争行为规定》。早在 2015 年原国家工商总局即发布了《关于禁止滥用知识产权排除、限制竞争行为的规定》，2020 年国家市场监督管理总局做了首次修订，2022 年又发布了第二次修订的征求意见稿，直至 2023 年 6 月正式发布。知识产权新规的发布预示着未来关于知识产权领域的反垄断规范还将有更新的发展变化。

3. 各地方性法规和相关政策文件

在国家相关法律法规和政策文件的指导下，各地也相继出台了一些标准必要专利相关的地方性法规和政策文件。从各地的情况来看，全国大多数省（自治区、直辖市）都制定有各自关于标准和专利的地方性法规和政策性文件，如北京市、上海市、天津市、江苏省、浙江省等。有的明确提到了标准必要专利，有的没有在专利的规定中明确提到标准，但均为标准和专利的融合提供了上位法或制度性规定。

四、电力行业标准涉及专利相关规定

2020 年 6 月，中国电力企业联合会发布《中国电力企业联合会团体标准知识产权管理办法》，该管理办法依据《国家标准涉及专利的管理规定（暂行）》和国家标准 GB/T 20003.1—2014《标准制定的特殊程序　第 1 部分：涉及专利的标准》制定，明确中国电力企业联合会团体标准中可以涉及受必要专利保护的技术，鼓励标准起草组成员披露自身及其关联者持有的与标准有关的专利信息，对于团体标准涉及必要专利的识别、标准实施过程中的专利许可事宜及因实施标准引起涉及专利问题的有关争议不予介入。

2020 年 8 月，中国电力企业联合会联合国内主要电力企业、科研机构、高校及标准组织开展标准与专利融合机制研究，通过信息搜集、实地调研、研讨论证等方式，最终形成研究报告及相应的工作建议方案。《能源行业电动汽车充电设施标准化技术委员会无线充电标准工作组涉及必要专利管理办法》要求国家标准、行业标准、中国电力企业联合会团体标准的制修订工作执行《国家标准涉及专利的管理规定》，并在后者基础上明确了：①标准工作组在标准立项申请前可开展该标准范围内可能涉及必要专利的调研，标准起草组及标准工作组成员应披露自身及其关联者持有的与标准有关的必要专利信息；②申请专利获得授权或权利变更、灭失（撤回、终止、无效）时，专利申请人或者专利权人应及时告知标准工作组 [《国家标准涉及专利的管理规定（暂行）》仅对专利权转让或转移的情况进行了规定]。

第九章

电力国际标准化

国际标准是畅通国际贸易、打破技术性贸易壁垒的重要手段，也是推动先进技术传播应用、促进全球技术进步的主要举措，对全球经济社会发展和全球治理发挥着重要作用。随着我国科学技术水平和综合经济实力的快速发展，我国参与国际标准化活动的深度和广度也不断提升。本章将从国际标准化知识、企业参与国际标准化活动和国际标准化人才培养三个层面对电力企业国际标准化进行介绍。

第一节 国际标准化知识

一、国际标准与国外先进标准

1. 国际标准

国际标准是世界各国协调的产物，反映了国际先进科学技术水平，是国际上各国之间处理国际贸易纠纷的重要基础。世界贸易组织（WTO）在《技术性贸易壁垒协议》（TBT协议）中明确提出"认可国际标准和合格评定系统对于提高生产效率和促进国际贸易行为的重要贡献""提倡发展此类国际标准和合格评定系统"，并对国际标准的性质、制定原则和实践做法给出了原则性要求和建议，成为各国际组织和各国开展国际标准化工作相关规定的蓝本。

关于国际标准的界定，我国颁布的《采用国际标准管理办法》做出了明确规定："国际标准是指由国际标准化组织（ISO）、国际电工委员会（IEC）和国际电信联盟（ITU）制定的标准，以及国际标准化组织确认并公布的其他国际组织制定的标准。"

GB/T 20000.1—2014《标准化工作指南 第1部分：标准化和相关活动的通用术语》对国际标准的认定原则给出了解释，国际标准是指"由国际标准化组织或国际标准组织通过并公开发布的标准。"这里所提及的"国际标准组织"是指"成员资格向世界各个国家的有关国家机构开放的标准化组织"。

2. 国外先进标准

国外先进标准是指国际上权威的区域性标准、世界主要经济发达国家的国家标准和通行的团体标准，以及其他国际上公认的先进的标准，这些标准反映了国际上当前的先进技术水平。积极采用国际标准和国外先进标准是我国的一项重要技术经济政策，是技术引进的重要组成部分。比如：欧洲标准化委员会（CEN）、欧洲电工标准化委员会（CENELEC）、欧洲电信标准化学会（ETSI）制定的多数标准属于先进的区域标准；美国国家标准（ANS）、德国工业标准（DIN）、法国国家标准（NF）、英国国家标准（BS）、日本工业标准（JIS）等属于先进的国家标准；美国试验与材料协会（ASTM）、电气和电子工程师学会（IEEE）、美国安全实验室检测公司（UL）等社会团体制定的标准属于先进的团体标准。这些国外先进标准也属于广义上的国际性标准。

二、国际标准组织

（一）国际标准化组织（ISO）

1. ISO 的成立与发展

国际标准化组织（International Organization for Standardization，ISO）成立于 1947 年 2 月，总部设在瑞士日内瓦，其官方语言为英语、法语和俄语，全体大会工作时使用英语和法语。其前身是国家标准化协会国际联合会（ISA）和联合国标准协调委员会（UNSCC）。其缩写"ISO"源于希腊语"ISOS"，表示"平等""均等"之意，而非国际标准化组织英文全称首字母。ISO 是一个独立的、非营利、非政府性的国际机构，是联合国经济和社会理事会的综合性咨询机构，WTO 技术贸易壁垒委员会（WTO/TBT 委员会）的观察员，与联合国许多组织和专业机构保持密切联系。ISO 工作范围包括促进各成员国国家标准的协调，制定国际标准以及研究标准化问题等。

1946 年 10 月 14 日至 26 日，来自中国、英国、法国、美国等 25 个国家的 64 名代表聚会于伦敦，决定成立一个新的国际标准化机构——国际标准化组织（ISO）。参加会议的 25 个国家为创始成员国。会议讨论了 ISO 组织章程和议事规则，并于 1946 年 10 月 24 日召开的，有 15 个国家参加的临时全体大会一致通过。1947 年 2 月 23 日，ISO 宣告正式成立。美国标准协会常务委员会主席霍华德·孔利（Howard Goonley）先生当选第一任 ISO 主席。

截至 2024 年 3 月，ISO 现有 170 个成员，包括 127 个成员体（Member body），39 个通信成员（Correspondent member），4 个订户成员（Subscriber member）。ISO 成员均为各国的国家标准机构，每个国家只能有一个机构被接纳为 ISO 成员；ISO 下设 828 个技术委员会（TC）和分技术委员会（SC），涵盖工业、农业、制造业和服务业等各个产业，分管各领域的国际标准制修订工作。ISO 与 700 多个国际、地区和国家组织均有合作，这些组织参与 ISO 标准制定、分享本领域专业知识和最佳实践，对 ISO 标准化工作贡献显著。

我国于 2008 年成为 ISO 常任理事国，2013 年由我国提名的中国标准化专家委员会委员、原鞍钢集团公司总经理张晓刚当选 ISO 主席，任期 2015 年至 2017 年，这是 ISO 成立以来我国专家首次担任这一国际组织的最高领导职务。我国现由中国国家标准化管理委员会（SAC）承担 ISO 中国国家成员体，负责 ISO 中国国家成员体工作、与 ISO 中央秘书处的联络，并开展与其他国家标准化机构的合作。

2. ISO 宗旨和任务

ISO 宗旨：在全世界范围内促进标准化及有关活动的发展，推动国际贸易和服务往来，并扩大在知识、科学、技术和经济领域的合作。

ISO 任务：制定、发布和推广国际标准；协调世界范围内的标准化工作；组织各成员和技术委员会进行信息交流；与其他国际组织共同研究有关标准化问题。

3. ISO 成员分类

ISO 成员分为三类：成员体（正式成员）、通信成员和订户成员，根据成员类型不同，享受的权利不同。根据 ISO 章程，ISO 成员最高可享受以下四项权利：

（1）参与 ISO 标准制定；

（2）销售及采用 ISO 标准及出版物，使用 ISO 版权、名称及标识；

（3）参与 ISO 政策制定；

（4）参与 ISO 治理。

各类成员均需履行相应的会费缴纳义务，否则其成员资格将被暂停，甚至撤销。

成员体：一个国家只能有一个具有广泛代表性的国家标准化机构作为成员体参加 ISO，一般通俗理解为正式成员。成员体可以享受上述全部四项权利。其中，销售和采用 ISO 标准及其他出版物范围为其本国全部领土范围。在日常 ISO 活动中，直接表现为拥有投票权，可参与 ISO 各类技术及管理会议，担任 ISO 官员和管理机构、技术机构成员及专家等。

通信成员：通信成员可一定程度上享有上述第（1）（2）（3）项权利，参与相关活动，但无投票权。仅作为观察员参加 ISO 的技术和政策会议，获取相关信息。没有被成员体代表的国家或地区性标准机构，可以申请成为通信成员或订户成员。例如，我国香港特别行政区和澳门特别行政区的标准机构均为 ISO 通信成员。由国家标准机构担任的通信成员可在全国销售和采用 ISO 标准及出版物，非由国家实体担任的通信成员在其行政区域内销售 ISO 标准及出版物。

订户成员：订户成员一般多为尚未建立国家标准化机构、经济不发达的国家，只需缴纳少量会费，即可了解 ISO 最新活动。根据 ISO 最新的"成员权利试点"，订户成员可以参与有限数量的 TC/SC 技术会议，但不具备投票权，不能担任机构主席或秘书，不能发起新标准项目，不能在国内销售或采用 ISO 标准及出版物。

4. ISO 组织架构

ISO 的主要机构有全体大会、理事会、技术管理局、技术委员会和中央秘书处，ISO 组织架构见图 9-1。

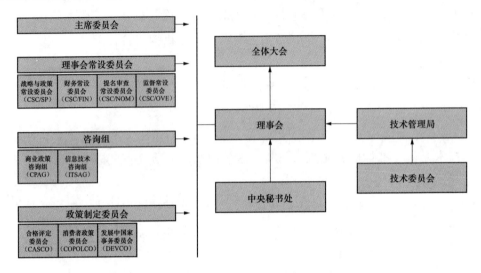

图 9-1 ISO 组织架构图

（1）全体大会（General Assembly，GA）。ISO 全体大会（以下简称"大会"）是 ISO 的最高权力机构，属非常设机构，闭会期间理事会作为常设管理机构履行相应职责，由中央秘书处负责承担 ISO 全体大会、理事会和技术管理局的秘书处工作。通常每年召开一次，由 ISO 全体成员和主要官员出席。每个成员体可委派不超过 3 名正式代表，观察员可陪同正式代表参会。所有成员体均可在大会会议上针对各项议题发言、对各项决议事项投票；通信成员和订户成员可以作为观察员参会，但无投票权。

（2）理事会（Council）。理事会是 ISO 的核心治理机构，向大会进行报告。理事会成员资格对所有成员体开放，轮换担任。理事会由 20 个成员体、ISO 官员和政策制定委员会主席组成，通常每年召开三次会议。其中，20 个成员体按照 ISO《议事规则》（Rules of Procedure）任命或选举所产生，享有投票权；ISO 官员包括主席、副主席、司库、秘书长，一般情况下不享有投票权，仅在成员体投票平票时，由代理主席的副主席行使投票权。ISO 官员和政策制定委员会主席在任何情况下均不得代表任何成员体参会，即无论官员或主席本人是何国籍，其在参与理事会工作时，均以国际身份开展工作，秉持中立。

理事会下设主席委员会（PC）、理事会常设委员会（CSC）、咨询组（AG）和政策制定委员会（PDC）。

——主席委员会（President's Committee，PC）

主席委员会按照理事会规定程序向理事会进行汇报，就理事会交办的工作事项或授权的任务向理事会提出意见建议。

——理事会常设委员会（Council Standing Committees，CSC）

理事会常设委员会由理事会设立，包括战略与政策常设委员会（CSC/SP）、财务常设委员会（CSC/FIN）、提名审查常设委员会（CSC/NOM）和监督常设委员会（CSC/OVE）。CSC 主要负责战略与政策、财务、职位管理与提名、监督组织治理等工作。

——咨询组（Advisory Groups，AG）

咨询组由理事会设立，包括商业政策咨询组（CPAG）和信息技术战略咨询组（ITSAG）。AG 主要负责就 CPAG 执行的 ISO 商业政策和版权保护相关工作、ITSAG 开展的 ISO 信息技术相关工作提出咨询意见建议。

——政策制定委员会（Policy Development Committees，PDC）

政策制定委员会由理事会设立，包括合格评定委员会（CASCO）、消费者政策委员会（COPOLCO）和发展中国家事务委员会（DEVCO）。主要负责促进 ISO 成员间的沟通和交流，并围绕发展中国家成员、消费者、合格评定等领域工作需求与预期向理事会提交相关建议。其中，CASCO 为合格评定提供指导；COPOLCO 就消费者问题提供指导；DEVCO 就与发展中国家有关的事项提供指导。

（3）ISO 中央秘书处（Central Secretariat，CS）。ISO 中央秘书处负责 ISO 日常行政事务，编辑出版 ISO 标准和各种文件，代表 ISO 与其他国际组织进行联系。ISO/CS 负责全体大会、理事会、技术管理局的秘书处工作。

（4）技术管理局（Technical Management Board，TMB）。技术管理局是 ISO 技术工作的最高管理和协调机构，由理事会任命或选举的 1 名主席和 15 个成员体组成，每年召开三次会议。TMB 主要负责技术工作管理，并向理事会进行报告。具体来说，TMB 负责 ISO 技术机构的设立、协调和解散，监督其技术工作进展、制定和维护 ISO 技术工作规则等。TMB 日常工作由 ISO 中央秘书处（CS）承担。

（5）技术委员会（Technical Committee，TC）。技术委员会负责制修订 ISO 标准和其他文件，由 TMB 设立、管理并监督其工作。根据工作需要，TC 可选择建立一个或多个分委员会（Subcommittee，SC）负责制定其工作范围内不同技术方向的标准。

标准制修订工作也可由项目委员会（Project Committee，PC）承担，PC 与 TC/SC 的区别在于，PC 为临时性组织，只能承担某一个标准项目，在完成该标准项目后自动解散。需要注意的是，该标准项目可能通过不同的标准部分完成，但只能使用一个标准编号。在工作过程中，PC 的工作流程和要求与 TC/SC 一致，但不得发起新工作项目提案。PC 一般用于解决某一标准需求无法归属于任何一个现有 TC/SC 工作范围，但从工作范围和延续性角度又不足以成立一个新 TC/SC 的情况；或者工作范围涉及多个 TC/SC，无法确定单一主导 TC/SC，需要汇集多领域专家共同编制标准的情况。

TC/SC/PC 成员为成员体，根据参与程度的不同可分为参与成员（P—Member）和观察成员（O—Member）。P 成员有积极参加 TC/SC/PC 工作和活动的义务，在各项决议中享有表决权；O 成员可以参加会议，对 TC/SC/PC 文件提出意见，但没有表决权。所有国家委员会均可根据自身意愿选择在各 TC/SC/PC 中的成员身份，且可以在任何时间申请开始、结束或变更其成员身份。

TC/SC/PC 设有主席和秘书处，共同负责 TC/SC/PC 的运营管理。主席由秘书处推荐并经 P 成员投票表决任命，最长任期为 9 年。秘书处一般由发起建立该 TC/SC/PC 的成员体担任，任期无时间限制。主席和秘书处可依据《ISO/IEC 导则 第 1 部分：技术工作程序》（ISO/IEC Directives—Part 1：Procedures for the technical work）规定的流程进行更换。主席和秘书处一般情况下不来自同一成员体。

TC/SC 在制定标准时需建立相应的常设工作组（Working Group，WG）负责其工作范围内多项标准制定工作，或组建临时性项目组（Project Team，PT）承担某一项标准的制定工作；在标准修订时可选择建立维护组（Maintenance Team，MT）负责标准修订工作。WG 和 MT 可通过 TC/SC 决议及投票解散，PT 在完成既定标准编写任务后自动解散。WG/PT/MT 均设有召集人，主持和管理本组工作，并可根据需要任命秘书。

在特殊情况下可设立联合工作组（JWG），承担多个 TC/SC 感光趣的专项任务。

（二）国际电工委员会（IEC）

1. IEC 的成立与发展

国际电工委员会（International Electrotechnical Commission，IEC），成立于 1906 年 6 月，是一个独立的、非营利、非政府性国际机构，是世界上成立最早的国际性电工标准化组织，主要负责有关电气工程和电子工程领域的国际标准化工作。IEC 为联合国综合性咨询机构。IEC 标准在电工领域的权威性得到了世界各国的广泛认可。

1887—1900 年，有关国家组织召开 6 次国际电工会议，一致认为有必要建立一个永久性的国际电工标准化组织，解决用电安全和电工产品标准化问题。1904 年，在美国圣路易斯举行的国际电气大会通过了关于成立常设委员会开展电工领域国际标准化合作的决议。1906 年 6 月，13 个国家代表在伦敦集会，起草了 IEC 章程和议事规则，正式成立了 IEC。IEC 总部最初设在伦敦，1948 年搬迁至瑞士日内瓦，其官方工作语言为英语、法语和俄语。1947 年 7 月，在法国巴黎举行的 IEC 大会，一致通过了与 ISO 建立联系的提案——IEC 作为一个电工部门并入 ISO，其分工是 IEC 负责制定电工领域的国际标准，ISO 负责除电工领域外的其他国际标准，但 IEC 始终保持组织上、经济上、技术上的独立性。直至 1976 年，ISO 和 IEC 签订新协议，IEC 从 ISO 中独立出来。

截至 2024 年 3 月，IEC 共有成员国 90 个，其中全权成员 62 个，准成员 28 个；另有联络成员 84 个。IEC 与 200 多个国际、地区和国家组织开展合作，这些组织参与 IEC 标准制定、分享本领域专业知识和最佳实践，对 IEC 标准化工作做出了贡献。

我国早在 1957 年就已参与 IEC 相关工作，于 2011 年成为 IEC 常任理事国。2018 年由我国提名的中国标准化专家委员会委员、时任国家电网有限公司董事长舒印彪当选 IEC 第 36 届主席，任期为 2020 年至 2022 年，这是 IEC 成立以来首次由中国专家担任最高领导职务。国家市场监督管理总局承担 IEC 中国国家委员会及秘书处工作。国家市场监督管理总局在开展标准化相关工作时，一般使用国家标准化管理委员会（SAC）的名称。

2. IEC 宗旨和任务

IEC 宗旨：促进电气、电子、信息技术和相关领域的标准化及有关事项（如合格评定）方面的国际合作，增进国际相互了解。

IEC 任务：实现在全球范围内使用 IEC 国际标准和合格评定服务，以确保电气、电子和信息技术的安全性、可靠性和互操作性，促进国际贸易，促进广泛的电力获取，建立一个可持续发展的世界。

3. IEC 成员分类

IEC 成员分为两类：全权成员和准成员，只有联合国正式承认的国家才有资格成为 IEC 成员，每个国家应指派或组建一个机构担任本国 IEC 国家委员会（National Committee，NC）、负责本国 IEC 相关工作，国家委员会应广泛代表本国电工及相关领域所有的利益相关方观点。

全权成员：各国均可申请成为全权成员，全权成员可以参加 IEC 各项活动和治理工作，例如不限数量地派遣专家参与 TC/SC 工作，发起标准工作项目，承担 TC/SC 及 IEC 各下设机构的管理工作等，在全体大会中享有投票权。

准成员：各国也可申请以准成员身份参与 IEC 工作，承担会费较低，相应的活动权限也较低。通常以观察员身份参加 IEC 全体大会及技术性会议，可获取所有 TC/SC 文件，但最多只能选择 4 个 TC/SC 正式参与工作并享有投票权。

联络成员国计划：除以成员身份参与 IEC 工作外，自 2001 年起 IEC 针对新兴工业化国家和发展中国家发起了"联络成员国计划"，为此类国家提供免费参与国际标准合作的机会，包括可在本国采标一定数量的 IEC 标准，参与 IEC 的定向培训活动，参与部分 IEC 会议，以及获取部分标准工作草案等。联络成员国不计入 IEC 成员国总数。

4. IEC 组织架构

IEC 主要机构有全体大会、IEC 局、IEC 秘书处、标准化管理局、市场战略局、合格评定局、商业顾问委员会、主席委员会、顾问组等。IEC 组织架构见图 9-2。

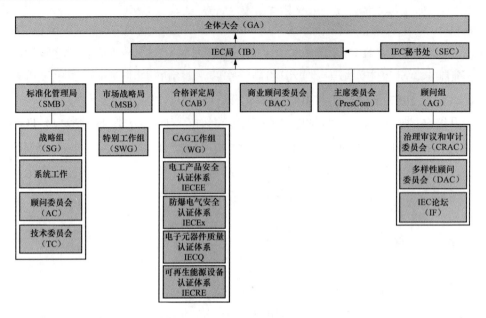

图 9-2　IEC 组织架构图

（1）全体大会（General Assembly，GA）。全体大会（以下简称"大会"）是 IEC 最高管理机构，由所有全权会员的国家委员会组成，负责对 IEC 治理和发展相关重大事项做出决策。IEC 每年召开一次全体大会，IEC 的日常管理和工作监督委托 IEC 局负责。

（2）IEC 局（IEC Board，IB）。IEC 局（原称 IEC 理事局）是 IEC 核心执行机构，向大会汇报工作；IEC 其余所有下设机构均向 IEC 局汇报工作。IEC 局主席由 IEC 主席担任，由无表决权的 IEC 官员和 15 名全权成员组成。15 名成员中又分为 10 名常任成员和 5 名选举成员，我国于 2011 年成为 IEC 局常任成员。

（3）IEC 秘书处（IEC Secretariat，SEC）。IEC 秘书处是 IEC 的常设运营机构，办公地点位于瑞士日内瓦 IEC 总部，受 IEC 秘书长领导，主要负责 IEC 的日常运作，并为 IEC 各项活动提供支持。

（4）标准化管理局（Standardization Management Board，SMB）。标准化管理局受 IEC 局委派，负责管理 IEC 标准化工作，并在相关领域与市场战略局及合格评定局保持密切合作。SMB 负责监督和管理 IEC 内所有标准化工作及机构，包括但不限于：建立和解散 IEC 技术委员会；确定其工作范围、标准制修订时间；与其他国际组织的合作等。SMB 每年至少召开三次会议。SMB 成员包括 SMB 主席（由 IEC 一位副主席担任）、15 名成员、司库和 IEC 秘书长。其中，仅 15 名成员享有投票权。15 名成员中 7 名为常任成员，8 名为选举成员，我国于 2011 年成为 SMB 常任成员。

SMB 下设机构主要包括战略组、系统工作相关机构、顾问委员会、技术委员会等。

　　——战略组（Strategic Groups，SG）

　　SMB 成立战略组主要用以研究新兴、复杂领域的标准化问题，并提出标准化工作建议，包括：分析特定领域市场和行业发展情况；确定与该议题相关的 TC/SC；分析相关 TC/SC 现有工作情况，并确定未来重点工作方向；必要时，制定跨 TC/SC 协作的工作架构；监督 TC/SC 工作，及时发现并协调潜在工作交叉和冲突。SMB 现有 4 个战略组，分别为热门话题雷达战略组（SG11）、数字化转型和系统方法战略组（SG12）、联盟合作战略组（SG13）、全电互联社会战略组（SG14）。

　　——系统工作（Systems Work）相关机构

　　跨领域技术融合是当前创新发展和技术进步的主流趋势之一，特别是一些涉及大规模基础设施的领域，不同技术领域、方向之间的互操作性和兼容性不仅是核心技术议题，也是标准化工作的重点。原有自下而上，孤立制定某类设备、器件、子领域标准的工作方式，已经难以满足复杂系统的标准化需求。因此，IEC 自智能电网概念兴起以来，就在不断积极发展、推广自上而下的系统工作方法，以顶层设计理念，打破技术领域壁垒，从系统架构层面提高各领域标准的一致性和互操作性。IEC 具体通过标准化评估组（Standardization Evaluation Group，SEG）、系统委员会（System Committee，SyC）和系统资源组（System Resource Group，SRG）开展相关工作。

　　1）标准化评估组（Standardization Evaluation Group，SEG）。标准化评估组是一个临时性技术机构，工作时间一般为 1～2 年，针对涉及多类技术的系统开展标准化评估。这类系统往往涉及多个 TC/SC 工作，存在明显的标准工作交叉和冲突。SEG 的职责是对此类系统进行定义，明确工作范围，识别所有利益相关方、相关技术委员会，定位标准缺失和空白，提出未来工作架构和路线图，并以工作报告的形式对 IEC 内部发布。需要注意的是，SEG 不直接协调相关 TC 工作，该工作由系统委员会承担。

　　2）系统委员会（Systems Committees，SyC）。不同于 SEG，系统委员会是常设技术机构，针对一个系统领域规范高层级子系统接口和功能要求。这类系统涉及多个 TC/SC，SyC 负责制定标准工作计划并开展协调工作，但不能直接向 TC/SC 分配工作。IEC 现有 8 个 SyC，分别为积极辅助生活（SyC AAL）、智慧能源（SyC Smart Energy）、智慧城市（SyC Smart Cities）、低压直流及其电力应用（SyC LVDC）、智能制造（SyC SM）、通信技术和架构（SyC COMM）、可持续电气化交通（SyC SET）、生物—数字融合（SyC BDC）。

　　3）系统资源组（System Resource Group，SRG）。系统资源组也是 SMB 下属常设技术机构，负责为 SEG 和 SyC 提供支持。SRG 不直接参与标准化工作，而是通过收集优秀实践、开发标准化工具，为架构建模、用例和路线图相关工作提供指导，帮助

SEG、SyC 以及相关 TC/SC 更好理解和使用系统工作方法。

——顾问委员会（Advisory Committees，AC）

顾问委员会主要在各自领域为 IEC 技术工作提供顾问、指导和协调，以确保一致性。AC 成员由 SMB 任命，主要由技术委员会代表、国家委员会在相关特定领域提名的专家组成。SMB 下设 6 个 AC，分别是环境问题顾问委员会（ACEA）、电磁兼容性顾问委员会（ACEC）、能源效率顾问委员会（ACEE）、安全顾问委员会（ACOS）、信息安全和数据隐私顾问委员会（ACSEC）、输配电顾问委员会（ACTAD）。

——技术委员会（Technical Committee，TC）

技术委员会是承担标准制修订工作的技术机构，由 SMB 负责建立、解散和确定其工作范围。IEC TC 可下设 SC、WG、PT、MT 等分机构，也可采用 PC 形式承担 TC 级标准制定工作，相关规定与 ISO 基本一致，在此不再赘述。

TC/SC/PC 成员为国家委员会，其身份、权利、义务相关规定与 ISO 基本一致，在此不再赘述。

（5）市场战略局（Market Strategy Board，MSB）。市场战略局主要负责研究和确定 IEC 活动领域的主要技术趋势和市场需求，并以白皮书（White Paper，WP）的形式发布。MSB 可以设立特别工作组深入调查某些主题或制定专门文件，特别工作组的召集人和成员由 MSB 任命。MSB 与合格评定局和标准化管理局以及其他向 IEC 局报告的机构保持密切合作。MSB 每年至少召开一次会议。

（6）合格评定局（Conformity Assessment Board，CAB）。合格评定局负责全面管理 IEC 的合格评定工作，并与其他国际组织就合格评定事项保持联络。CAB 负责制定 IEC 的合格评定政策，促进和维护与国际组织在合格评定事项上的关系，创建、修改和解散合格评定系统，监督合格评定活动的运作，并检查 IEC 合格评定活动的市场相关性。CAB 与标准化管理局、市场战略局以及其他向 IEC 局报告的机构保持密切合作。CAB 通常每年召开两次会议。

（7）商业顾问委员会（Business Advisory Committee，BAC）。商业顾问委员会通过协调财务规划和展望、商业政策和活动以及组织基础设施（信息技术）建设，为 IEC 局工作提供支持。BAC 包括 4 名 IEC 局成员、15 名国家委员会成员和官员，均无投票权。

（8）主席委员会（President's Committee，PresCom）。主席委员会主要就完善 IEC 运营在核心议题上为 IEC 局提供建议和支持，由 IEC 主席同时担任 PresCom 主席，成员全部为 IEC 官员。

（9）顾问组（Advisory Groups，AG）。IEC 局可根据需要设立顾问组，解决其他向 IEC 局报告的机构尚未处理的具体事项，或就非经常性和有时限的项目或具体事项提供意见建议。IEC 局负责建立顾问组、确定成员和相关议事规则。目前常设 AG 包括：治理审议和审计委员会（GRAC）、多样性顾问委员会（DAC）、IEC 论坛（IF）。

（三）国际电信联盟（ITU）

1. ITU 的成立与发展

国际电信联盟（International Telecommunication Union，ITU）是联合国负责信息通信技术（Information and Communication Technology，ICT）事务的专门机构，属政府间国际组织，简称"国际电联"。ITU 主要负责分配和管理全球无线电频谱与卫星轨道资源，制定全球电信标准，向发展中国家提供电信援助，促进全球电信发展。

ITU 的历史可以追溯到 1865 年。为了顺利实现国际电报通信，来自法国、德国、俄国、意大利、奥地利等 20 个欧洲国家代表在巴黎签订了《国际电报公约》，成立了国际电报联盟。随着电话与无线电的应用与发展，电信的工作范围不断扩大。1906 年，来自德国、英国、法国、美国、日本等 27 个国家的代表在柏林签订了《国际无线电报公约》。1924 年在巴黎成立了国际电话咨询委员会（CCIF），1925 年在巴黎成立了国际电报咨询委员会（CCIT），1927 年在华盛顿成立了国际无线电咨询委员会（CCIR），由这三个组织共同负责电信各领域技术研究、试验与国际标准制定等工作。1932 年，70 多个国家代表在西班牙马德里召开会议，决定把原有的两个公约合并为一个《国际电信公约》，并制定了新的电报、电话、无线电规则。同时，"国际电报联盟"更名为"国际电信联盟（ITU）"，于 1934 年正式启用，并一直沿用至今。ITU 总部于 1948 年从瑞士伯尔尼迁至日内瓦。

我国于 1920 年加入 ITU 前身——国际电报联盟，1947 年当选为 ITU 理事会理事国，1972 年恢复在 ITU 的合法席位。此后，中国长期担任 ITU 理事会理事国。我国由工业和信息化部（以下简称"工信部"）向 ITU 派遣常驻代表，并负责中国参与 ITU 各类活动的组织管理。在工信部的组织下，中国广泛参与了 ITU 电信标准化、无线电通信、电信发展等各方面工作，以及 ITU 的决策制定和国际事务协调，为推动全球信息通信技术的发展做出了积极贡献。

2014 年 10 月，我国专家赵厚麟以唯一候选人身份高票当选 ITU 秘书长，成为 ITU 历史上首位中国籍秘书长，也成为担任联合国专门机构主要负责人的第三位中国人，任期为 2015 年至 2018 年。2018 年 11 月，赵厚麟作为唯一候选人，以 ITU 历史上秘书长选举的最高票成功连任下一任秘书长，任期为 2019 年至 2022 年。

2. ITU 宗旨和任务

保持并扩大国际合作，以改进和合理使用各种电信手段；促进技术设施的发展和应用，以提高电信业务效率；研究制定和出版国际电信标准并促进其应用；协调各国在电信领域的活动，促进并提供对发展中国家的援助。

3. ITU 成员分类

ITU 成员分为四类：成员国、部门成员、部门准成员、学术成员。ITU 现有 193 个成员国以及约 900 个来自企业、大学、国际组织和区域性组织等的部门成员、部门准成员和学术成员。

4. ITU 组织架构

ITU 主要机构包括全权代表大会、理事会、总秘书处、无线电通信部、电信标准化部、电信发展部等，ITU 组织架构见图 9-3。在 ITU 中，标准化工作主要由电信标准化部承担。

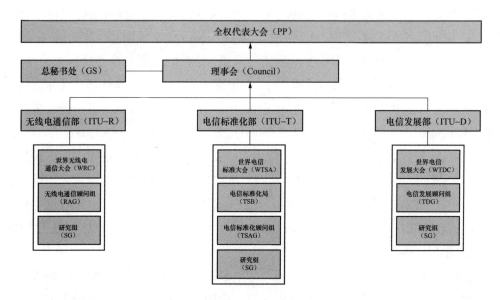

图 9-3 ITU 组织架构图

（1）全权代表大会（Plenipotentiary Conference，PP）。全权代表大会是 ITU 最高决策机构，每 4 年召开 1 次，其主要任务是制定 ITU 总体政策和战略规划，审议理事会报告，审议财务预算和决算，选举理事会成员国、高层管理人员以及无线电规则委员会成员等。

（2）理事会（Council）。理事会在两届全权代表大会之间担任理事机构，确保 ITU 的活动、政策和战略充分适应迅速变化的电信环境。理事会每年召开一次会议。理事会主要负责 ITU 政策和战略规划的报告编制，确保 ITU 的顺利运作，协调各项工作，批准预算以及控制财务和支出。

此外，理事会还致力于促进 ITU《组织法》《国际电联公约》《行政规则》(《国际电信规则》和《无线电规则》)、全权代表大会以及（适用情况下）ITU 其他大会和会议的条款和决定的实施。

（3）总秘书处（GS）。总秘书处是 ITU 常设机构，主持日常工作，向 ITU 成员提供高质量和高效的服务。GS 负责管理行政和财务事务，包括组织重要会议、提供会议服务、传播信息、安保服务、执行战略规划，行使理事会授权的机构职能，包括通信、法律咨询、财务、人事、采购、内部审计和其他服务等。

（4）无线电通信部（Radiocommunication Sector，ITU-R）。ITU-R 在无线电频谱和卫星轨道的全球管理方面发挥着至关重要的作用，是管理国际无线电频谱和卫星轨道资源的核心部门。

ITU-R 使命是确保所有无线电通信业务（包括使用卫星轨道的业务）合理、公平、有效和经济地使用无线电频谱，研究无线电通信相关事项，批准有关建议。

ITU-R 职责是实施无线电频谱的频段划分、无线电频率的分配以及无线电频率指配和对地静止卫星轨道的相关轨道位置的登记，以避免不同国家无线电台之间的有害干扰；协调消除不同国家无线电台之间的有害干扰，改进无线电频率和对地静止卫星轨道的利用。

世界无线电通信大会每 2～3 年召开 1 次。

（5）电信标准化部（Telecommunication Standardization Sector，ITU-T）。电信标准化部是 ITU 制定标准的主要部门。ITU 标准是全球信息通信技术（ICT）基础设施发展的核心要素，对实现信息通信技术的互操作至关重要。ITU-T 下设电信标准化局（TSB）、世界电信标准大会（WTSA）、电信标准化顾问组（TSAG）、研究组（SG），其中 TSB 负责标准制定进度的协调统一；WTSA 为 ITU-T 设定总体方向和结构，每 4 年召开 1 次会议；TSAG 在 WTSA 休会期间，负责对 ITU-T 的工作重点、计划、运作、财务事宜和战略进行审议；SG 是 ITU-T 工作的核心，负责组织各领域专家开展具体标准制定工作。

根据具体工作需要，SG 通常下设多个专门研究不同领域的工作组（Working Party，WP），这些 WP 向下协调特定课题（Question，Q）的若干专家小组，一般被称为报告人组。报告人围绕特定课题开展工作，因此以 Q 为缩写进行编号。SG 和 WP 设有主席和若干副主席，Q 小组则设有报告人，分别负责本组工作。

（6）电信发展部（Telecommunication Development Sector，ITU-D）。ITU-D 致力于帮助欠发达地区和边缘社区的 ICT 应用和基础设施发展，推动地区数字化转型，并借助 ICT 发展促进就业、性别平等、社会及经济可持续发展等。

ITU-D 重点目标包括：促进在电信和信息通信技术发展问题上的国际合作；为电信和 ICT 发展营造有利环境；增强电信和 ICT 应用的信心和安全；开展机构和人才建设，提供业务相关数据和统计信息，促进数字共融，并向有特殊需要的国家提供集中援助；通过电信和 ICT 提升环境保护效果，适应和减缓气候变化以及灾害管理工作。

（四）其他相关国际组织

除 ISO、IEC、ITU 三大国际标准组织之外，还有一些国际性组织在电力标准化领域也具有广泛和重要的影响力，其发布的标准或研究报告虽然并非公认的国际标准，但对电力行业发展和相关国际贸易及国际合作活动也发挥着重要作用。在此选取两个电力领域的典型组织电气与电子工程师学会（IEEE）和国际大电网会议（CIGRE）略作介绍。

1. 电气与电子工程师学会（IEEE）

（1）IEEE 的成立与发展。电气与电子工程师学会（Institute of Electrical and Electronics Engineers，IEEE）是世界上最大的专业技术组织之一，致力于推动电气和电子技术造福人类。IEEE 的前身是成立于 1884 年的美国电气工程师协会（American Institute of Electrical Engineers，AIEE）和成立于 1912 年的无线电工程师协会（Institute of Radio Engineers，IRE），两者于 1963 年合并成立电气与电子工程师学会（IEEE）。

IEEE 在全球拥有广泛的会员基础。截至 2024 年 3 月，IEEE 拥有来自全球 190 多个国家超过 46 万名会员，在全球共设立了 10 个地理大区、344 个分会、3449 个学生分会。IEEE 在中国拥有超过 2.5 万名会员，8000 余名学生会员，设有专门代表处、中国联合会、中国分会以及中国学生分会。

在专业领域方面，IEEE 现有 39 个技术协会和 8 个技术理事会，覆盖了电气、计算机和电子工程相关的绝大部分学科。IEEE 活动主要包括举办高水平学术会议、出版技术文献、开展学术教育活动、制定标准以及开展测试认证工作。

IEEE 经营着超过 200 本学术期刊、杂志和汇刊，每年发布学术论文超过 20 万篇，其数据库 IEEE Xplore 收录了超过 600 万篇论文及标准，每月下载量超过 1500 万次。截至 2024 年 3 月，IEEE 已发布标准 1100 余项，另有 1000 余项在研，其中包括一些在全球范围广泛应用的重量级标准，例如无线通信领域的 IEEE 802 标准系列、分布式电源并网领域的 IEEE 1547 标准系列等。

（2）IEEE 的标准化工作。IEEE 的标准化工作实行双线并行管理。在程序管理方面，设有专门的标准协会（Standards Association，SA），重点关注 IEEE 标准项目的流程、合规性及进度管控，并对标准提案和最终草案进行程序性审核；在技术管理方面，则由标准所属技术领域对应的技术协会及其下设的技术委员会负责，对标准提案及项目完成前的草案进行技术审核。技术委员会一般会为每个标准项目建立对应工作组，也存在一个工作组负责一个系列多个标准项目的情况。

IEEE 的标准协会主要通过标准管理局（SA Standards Board，SASB）及其下设的审计委员会（Audit Committee，AudCom）、新标准委员会（New Standards Committee，NesCom）、专利委员会（Patent Committee，PatCom）、程序委员会（Procedures

Committee，ProCom）以及标准审查委员会（Standards Review Committee，RevCom）对标准化工作进行管理，IEEE SASB 组织架构如图 9-4 所示。

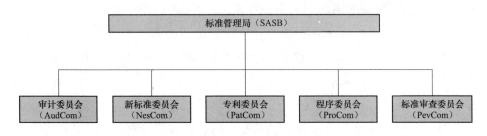

图 9-4　IEEE SASB 组织架构图

1）标准管理局（SA Standards Board，SASB）。标准管理局全面负责 IEEE 的标准化工作及相关的协调事宜，包括批准新标准项目，确保标准开发过程的合规性、开放性、平衡性和共识性，并负责标准发布前的最终审核，以及标准相关各类争议事项处理。

a. 审计委员会（Audit Committee，AudCom）。审计委员会负责对 IEEE SA 标准工作进行例行审查和检查，以确保每个标准制定方依据 SASB 下各委员会及其所属标准项目工作组制定的政策和程序开展工作，且符合 IEEE SA 标准委员会章程和 IEEE SA 标准委员会操作手册中描述的程序。

b. 新标准委员会（New Standards Committee，NesCom）。新标准委员会负责对新标准提案申请进行审核，并向 SASB 提出是否批准的建议，审核的重点是要确保新提案符合 IEEE 工作范围和宗旨，承担标准技术管理的技术协会是否恰当，各类利益相关方在标准编写团队中的比例是否均衡。

c. 专利委员会（Patent Committee，PatCom）。专利委员会负责审核 IEEE SA 收到的专利信息，并对 IEEE 标准中所有专利和专利信息的使用进行监督和审核，以确保符合专利保护相关程序和指南的要求。

d. 程序委员会（Procedures Committee，ProCom）。程序委员会负责向 SASB 提出改进和修改标准制定程序的相关建议，以促进 SASB 其下设委员会和从事标准活动的其他 IEEE 委员会有效履行职责。

e. 标准审查委员会（Standards Review Committee，RevCom）。标准审查委员会负责对标准发布前的草案进行最终程序性审核，并就是否发布向 SASB 提出建议。

2）IEEE SA 会员。IEEE SA 会员依据身份分为个人会员和实体会员两类，两者不能混同参与标准制定工作，即一项标准在立项时就需确认参与编制和投票的主体是全部为个人会员，亦或全部为实体会员。个人会员，顾名思义即为以自然人身份参与标准相关工作，代表个人意见。实体会员，即代表某一组织参与标准相关工作，例如公司、研究机构、学校、社会团体、其他国际组织等。实体会员参与标准化工作需指派一名授权代表，代表实体进行投票表决。实体无论大小或性质，均实行一实体一票制度。

2. 国际大电网会议（CIGRE）

国际大电网会议（CIGRE）是电力行业久负盛名的国际学术组织，成立于 1921 年，总部（中央办公室）位于法国巴黎，属非政府和非营利性的国际组织。CIGRE 致力于推动电力领域国际技术交流和合作，其宗旨是促进各国电力工程技术人员和专家学者开展知识和信息交流，通过分享技术发展动态和各国工程实践经验，推动行业技术进步和产业发展。

CIGRE 的学术、技术交流活动主要包括每年定期举行的学术会议、论文征集以及下设的专业委员会开展技术报告编制等。其中，CIGRE 专业技术委员会的活动与标准化工作联系最为紧密。CIGRE 专业技术委员会编制的技术报告（Technical Brochure，TB）也被业界称为"预备标准（Pre—standard）"，其作用之一是为 IEC 的标准制定做技术准备。在技术报告编制过程中，通常会广泛收集各国相关技术的应用背景、发展现状、工程实践和主流技术方案，并对未来发展进行技术和市场两方面的展望，从而在一定程度上统一各国对该类技术和工程的认识，为后续形成更高共识程度的国际标准奠定基础。

三、ISO 和 IEC 标准制定

ISO 和 IEC 遵循同样的国际标准制定原则，采用同一套国际标准工作导则，为避免内容重复，故一并进行介绍。

（一）ISO 和 IEC 出版物

ISO 和 IEC 出版物根据效力等级可分为两大类：规范性出版物和信息性出版物。

1. 规范性出版物

规范性出版物的内容是对产品、系统、服务或其他标准对象应满足的技术特性做出规定，ISO 和 IEC 共同的规范性出版物类型包括国际标准（International Standard，IS）、技术规范（Technical Specification，TS）、可公开提供的规范（Publicly Available Specification，PAS）和指南（Guide）。ISO 专有的国际研讨会协议（International Workshop Agreements，IWA）也是规范性出版物，IEC 专有的系统参考文件（Systems Reference Deliverable，SRD）既可以是规范性出版物，也可以是信息性出版物，但其工作流程和投票要求基本与 TS 相同，故一并在规范性出版物中介绍。

（1）国际标准（IS）。编制国际标准是 ISO 和 IEC 的首要任务，ISO/IEC 指南 2：2004 对 ISO 和 IEC 国际标准做出了定义，即国际标准化/标准组织采纳的并且可向公众提供的标准。IS 是 ISO 及 IEC 发布的最高等级的规范性文件。

（2）技术规范（TS）。技术规范在内容的颗粒度、完整性和规范性上接近 IS 的程度，但因以下原因暂时无法作为 IS 批准发布：

——未能获得批准为国际标准发布所需要的投票支持；

——尚未确定其内容是否形成了一致共识；

——其规范的技术尚处于发展阶段，不足以形成国际标准。

已发布的 TS 可以通过维护程序上升为 IS 予以发布。

（3）可公开提供的规范（PAS）。可公开提供的规范是 ISO 或 IEC 为满足市场迫切需求而出版的规范性文件，代表在 ISO 或 IEC 以外的组织对该主题形成了协商一致的规范性内容，或者在 ISO/IEC 内部某一工作组的专家中达成了共识。PAS 在内容上可包含规范性条款，但不得与现行相关 IS 冲突。对同一技术主题，可以有多个内容具有竞争性的 PAS 存在。

（4）指南（Guide）。指南是指 ISO 或 IEC 出版的提出国际标准或合格评定相关的规则、方向、建议或推荐性做法的文件。指南与 IS、TS 及 PAS 的最大区别在于，前者规范的主题是国际标准，即如何更好地编制、理解和使用国际标准；后者规范的主题是某一技术、产品、方法等。指南一般由 ISO 和 IEC 的顾问委员会编制，针对一些基础性、共性议题，例如如何在国际标准中处理环境相关议题、人身安全相关条款等，也可授权负责相关领域标准化工作的 TC 编制。

（5）国际研讨会协议（IWA）。国际研讨会协议是 ISO 的一种专用规范性文件。为快速响应市场的迫切需求，在 ISO 内没有对口 TC/SC 的情况下，可以通过召开国际研讨会的形式，依据《ISO/IEC 导则　第 1 部分：技术工作程序 ISO 补充部分　ISO 专用程序》（ISO/ IEC Directives，Part 1 Procedures for the technical work—Consolidated ISO Supplement - Procedures specific to ISO）规定的程序，遵循确保全球范围内最广泛的利益相关方平等参与的原则，在研讨会进行磋商从而达成共识。通过这种研讨会机制协商一致形成的规范性文件成为国际研讨会协议。

（6）系统参考文件（SRD）。系统参考文件是 IEC SyC 专有的一种文件，主要为 SyC 领域标准的使用和应用提供指导。SRD 既可以包含规范性条款也可以包含信息性条款，其主要内容类型包括：梳理本领域相关现有和潜在标准化活动清单；本领域标准化工作路线图及前瞻性计划，帮助定位本领域标准缺失和空白；本领域专用数据库；从利益相关方的视角提出本领域标准架构，提高本领域已有标准之间的互操作性和协作性，从而满足领域标准需求；筛选适用于本领域的标准及标准条款；识别本领域在互联、互通和互操作层面的标准需求；本领域通用用例；定义和界定本领域的工作范围。

2. 信息性出版物

信息性出版物仅提供与某技术主题标准化相关的一些信息参考，不得包含技术要求、方案、建议等规范性条款。ISO 和 IEC 发布的信息性出版物主要为技术报告（Technical Report，TR）。

技术报告主要用于收录 TC/SC 在开展标准化工作中收集到的数据、先进技术、测试方法、案例研究、方法论等对标准制定人员及行业从业人员具有参考价值的信息。

（二）ISO/IEC 标准制定原则

ISO、IEC 标准的制定原则均来源于《世界贸易组织技术性贸易壁垒协议》（简称 WTO TBT 协议），包括：

（1）透明性（transparency）。透明性原则要求与标准制定相关的工作计划、提案、草案、投票结果等所有基本信息，应以便捷的方式向组织成员提供。

（2）公开性（openness）。公开性原则要求国际标准组织的成员资格向所有相关方以非歧视性的方式开放，开放的权限包括无歧视地参与相关政策制定及标准制定的各个阶段。

（3）非歧视性和一致性（impartiality and consensus）。非歧视性原则要求应向国际标准组织所有成员提供为制定国际标准作出贡献的实质性机会，确保标准制定过程中不会给予任何利益相关方、国家或地区特权或偏袒其利益。

一致性原则要求为国际标准制定建立协商一致的程序，尽最大可能考虑所有利益相关方意见，并调和矛盾论点。

（4）相关性和有效性（effectiveness and relevance）。相关性和有效性原则要求国际标准必须有效响应各成员的管理、市场需求，反映科学和技术发展现状。国际标准不应扭曲全球市场，不应影响公平竞争，不应扼杀创新和技术发展。此外，不应在其他国家或地区存在不同需求和利益的情况下，优先考虑特定国家或地区的特点和要求。国际标准原则上应以性能为基础规范技术要求，而不是基于某种设计或特征。

（5）协调性（coherence）。协调性原则要求避免制定相互冲突的国际标准，因此国际标准组织之间应避免工作重复或重叠，并积极开展协调合作。

（6）考虑发展中国家需求（development dimension）。考虑发展中国家需求原则要求在标准制定过程中，考虑发展中国家的特殊要求，特别是可能限制其有效参与标准制定的不利因素，应寻求切实便利发展中国家参与国际标准制定的途径。任何国际标准化进程的公正性和公开性都要求发展中国家在事实上不被排除在这一进程之外。在此方面参考 WTO TBT 协议有关利用技术援助改善发展中国家参与的内容，国际标准应提供相应的培训和技术支持。

（三）ISO 和 IEC 标准制定流程

为了便于国际标准制定过程的管控，ISO 和 IEC 均采用了项目制管理方法，并采用信息化手段进行全流程管控。《ISO/IEC 导则　第 1 部分：技术工作程序》（ISO/IEC Directives—Part 1：Procedures for the technical work）规定了 ISO 和 IEC 国际标准制定的通用性流程及要求，《ISO/IEC 导则　第 1 部分：技术工作程序 ISO 补充部分　ISO 专用程序》（ISO/IEC Directives—Part 1：Procedures for the technical work—ISO Supplement—Procedures specific to ISO）和《ISO/IEC 导则　第 1 部分：技术工作程序 IEC 补充部分　IEC 专用程序》（ISO/IEC Directives—Part 1：Procedures for the technical work—IEC Supplement—Procedures Specific to IEC）则分别规定了 ISO 和 IEC 的一些专用流程及要求。

1. ISO 和 IEC 通用国际标准制定流程

ISO 和 IEC 规定的通用国际标准制定流程包括 7 个阶段：预研阶段、提案阶段、准备阶段、委员会阶段、征询意见阶段、批准阶段和出版阶段。针对不同类型的 ISO 和 IEC 出版物，适用阶段和必要阶段，以及各阶段代码有所不同，具体见表 9-1。

表 9-1　　　　　　　　　　　　ISO 和 IEC 标准制定流程及代码

序号	阶段	IS 相应阶段文件	TS 相应阶段文件	PAS 相应阶段文件	TR 相应阶段文件
1	预研阶段*	PWI	PWI	PWI	PWI
2	提案阶段	NP	NP	NP*	DL 或 Q
3	准备阶段*	WD	WD	WD	WD
4	委员会阶段*	CD	CD	CD	CD
5	征询意见阶段	DIS（ISO 专用）CDV（IEC 专用）	不适用	不适用	不适用
6	批准阶段	FDIS*	DTS	DPAS	DTR
7	出版阶段	IS	TS	PAS	TR

* 代表可省略的阶段，包括：
　— 预研阶段：该阶段对所有类型项目均不是必要阶段；
　— 准备阶段及委员会阶段：如果在新工作项目发起时，随提案文件一并流转了草案，且所属 TC/SC 主席及秘书处认为该草案已足够成熟，可以直接进入征询意见阶段；
　— 批准阶段：如果项目在征询意见阶段得到批准且没有收到反对意见，可以省略此阶段。
PWI：预备工作项目 Preliminary Work Item
NP：国际标准提案文件 New Proposal
DL：会议决议 Decision List
　Q：调查问卷 Questionaire
WD：工作草案 Working Draft
CD：委员会草案 Committee Draft
DIS：国际标准草案 Draft International Standard
CDV：委员会投票稿 Committee Draft for Voting
DTS：技术规范草案 Draft Technical Specificiation
DPAS：可公开提供的规范草案 Draft Publicly Available Specification
DTR：技术报告草案 Draft Technical Report
FDIS：最终国际标准草案 Final Draft International Standard

（1）预研阶段（preliminary stage）。

工作目标：针对一项标准化需求，如果前期准备工作尚不充分或尚不能够确认在国际市场具有普遍需求，因而无法正式发起提案，且不能确定目标日期的潜在工作项目，对口 TC/SC 可将其作为预备工作项目纳入工作计划，以便组织专家资源对该项目的必要性、内容和所需资源做出评估，确定后续工作方案。

批准形式：在 TC/SC 全体大会上发起表决，或通过向成员流转调查问卷（投票周期一般为 6 周）的形式，提请成员利用电子投票/评议系统进行表决，两种形式均需征得简单多数 P 成员同意。经 P 成员表决通过，可注册为 PWI，纳入本 TC/SC 工作计划，并在网站公布。

工作内容：对该标准需求进行评估，确定开展相关标准制定工作的必要性、与本 TC/SC 其他相关标准的关系，以及所需资源是否符合本 TC/SC 的工作安排，并形成后续工作计划。

阶段成果：形成 NP 文件草案，包括 NP 所需附带的标准大纲或草案，以及相应的标准制定计划。如 PWI 在 3 年内未进入提案阶段，将自动从工作计划中删除。

（2）提案阶段（proposal stage）。

工作目标：对新标准工作项目做出是否同意立项的表决，并收集成员对该项目的建议和参与意愿。适用于制定新标准、现行标准的部分新内容、新技术规范以及新可公开提供的规范。

批准形式：提案阶段的表决必须使用专用文件新工作项目提案表（Form_New Proposal）并附标准草案或大纲，通过电子投票/评议系统征求 TC/SC 成员意见，投票周期一般为 12 周。批准立项需满足两个条件：一是成员同意开展该项工作，要求 P 成员中 2/3 多数赞成，弃权票及未阐明技术理由的反对票不计算在内；二是 P 成员具有实质性参与意愿，对于 P 成员不超过 16 个（含 16 个）的 TC 或 SC，至少有 4 个 P 成员提名专家参与；P 成员超过 16 个的 TC 或 SC，至少有 5 个 P 成员提名专家参与。

工作内容：提案阶段的主要工作是收集 TC/SC 成员对该工作意向的意见，包括是否赞成立项、工作组织协调及技术方面的建议、参与专家等。

阶段成果：提案投票结果及 TC/SC 成员意见、TC/SC 成员指派参与该项工作的专家名单。

（3）准备阶段（preparatory stage）。

工作目标：依据《ISO/IEC 导则 第 2 部分：ISO 和 IEC 文件的结构和起草原则与规则》（ISO/IEC Directives—Part 2：Principles and rules for the structure and drafting of ISO and IEC documents）相关要求准备 WD 文件。

工作内容：编制标准草案。此阶段工作主要在 WG 或 PT 中开展，通过线上/线下会议或电子邮件形式，与 WG/PT 内专家共同编写、讨论、修改标准草案，在 WG/PT 内部达成一致。

阶段成果：委员会草案预备稿，即 WG/PT 内部对 WD 稿达成一致、认为可以提交至 TC/SC 进入委员会阶段的标准草案。准备阶段不涉及投票，没有正式的批准程序，可通过会议、邮件或其他线上、线下形式征得 WG/PT 召集人及专家的同意后，进入下一阶段。

（4）委员会阶段（committee stage）。

工作目标：收集 TC/SC/PC 成员意见，为标准草案修改和形成后续项目工作计划提供参考。

工作内容：通过电子投票/评议系统向 TC/SC/PC 成员流转 CD 文件，收集 TC/SC/PC 成员意见和建议，并根据这些意见对标准草案进行修改，调整后续工作计划。CD 的意见征集期默认为 8 周，最多为 16 周，具体流转时间由 TC/SC/PC 秘书处综合标准项目负责人、WG/PT 召集人及主席意见确定。

阶段成果：XCD 稿或 DIS/CDV 预备稿。CD 阶段可进行多次流转，根据其流转次数标识为 XCD（X 为流转次数，如第二次流转，则标识为 2CD）。委员会阶段无正式投票流程，当 TC/SC/PC 成员对 XCD 稿协商一致后，TC/SC/PC 秘书处及主席共同决定是否进入下一阶段，即是否可形成 DIS/CDV 预备稿要求。此处的协商一致并非要求所有成员对全部内容完全同意，而是指没有任何一重要利益相关方对某一重大问题进行持续反对，具体"协商一致"的定义见 ISO/IEC 指南 2：2004。

（5）征询意见阶段（enquiry stage）。

工作目标：TC/SC/PC 对标准草案进行投票，根据投票结果和反馈意见形成后续草案修改及工作计划。

工作内容：通过电子投票/评议系统向 TC/SC/PC 成员发起对征询意见草案的投票表决，包括 DIS、CDV。通过投票收集 TC/SC/PC 成员意见和建议，并根据这些意见对标准草案进行修改，确定后续工作计划。

批准形式：此阶段需要通过电子投票/评议系统进行正式投票。征询意见阶段投票期为 12 周，参与投票的 P 成员 2/3 多数赞成，且参与投票的所有成员中反对票不超过投票总数的 1/4 时视为通过，弃权票及未阐明技术理由的反对票不计算在内。

阶段成果：根据征询意见阶段投票结果，获批通过的进入下一阶段，形成 FDIS 文件。如未获批通过，则进行修改后形成新的 CD 稿重复委员会阶段，或形成新的征询意见阶段稿再次投票。

（6）批准阶段。

工作目标：TC/SC/PC 对标准草案进行投票，根据投票结果和反馈意见形成后续工作计划。

工作内容：通过电子投票/评议系统向 TC/SC/PC 成员发起对 FDIS、DTS、DPAS

和 DTR 文件投票表决，确定该草案是否能够正式发布。在此阶段，不再接受进一步的编辑性或技术性修改意见，收到的所有意见将留待维护阶段使用。

批准形式：此阶段需要通过电子投票/评议系统进行正式投票。ISO FDIS 文件投票期为 8 周，而 IEC 为 6 周，参与投票的 P 成员 2/3 多数赞成，且参与投票的所有成员中反对票不超过投票总数的 1/4 时视为通过，弃权票及未阐明技术理由的反对票不计算在内。DTS 投票周期为 8 周，批准通过条件同 FDIS。而对于 DPAS 和 DTR，征询意见阶段投票期为 8 周，参与投票的 P 成员中简单多数赞成视为通过，弃权票及未阐明技术理由的反对票不计算在内。

阶段成果：根据投票结果，获批通过的进入发布阶段，形成获批发布稿（Aproved for Publication，APUB）。如未获批通过，则进行修改后形成新的 CD 稿重复委员会阶段，或形成新的征询意见阶段稿再次投票。

（7）出版阶段（publication stage）。

出版阶段工作主要由 ISO 及 IEC 编辑负责，在对 TC/SC/PC 秘书处标明的所有错误进行更正后，印刷并出版 IS/TS/PAS/TR。

2．ISO 及 IEC 专用国际标准制定流程

如本节三（一）所述，ISO 和 IEC 各有一类专用出版物，即 ISO IWA 和 IEC SRD，其制定流程分别介绍如下。

（1）ISO IWA 制定流程。ISO 为 IWA 规定了专门的制定流程，包括 5 个阶段：提案阶段、提案评审阶段、通知阶段、研讨会阶段和 IWA 发布阶段。

提案阶段：ISO 成员体向 ISO TMB 发起召开 ISO 专题研讨会并制定 IWA 的提案，根据《ISO/IEC 导则　第 1 部分：技术工作程序 ISO 补充部分　ISO 专用程序》（ISO/IEC Directives—Part 1：Procedures for the technical work ISO Supplement—Procedures specific to ISO）编制相关材料。

提案评审阶段：TMB 在接到提案后，通过会议讨论或投票形式决定是否批准该提案，并确认提案获批后承担该项目秘书处工作的成员体。TMB 投票期一般为 4 周，提案通过须取得 2/3 成员支持。TMB 不接受在通信投票中弃权。一般情况下，秘书处由发起该提案的成员体担任。

通知阶段：ISO 中央秘书处（CS）与提案发起方共同确认研讨会各项事宜、指定主席，随后由 CS 发布研讨会相关信息，任何组织和个人均可通过其本国成员体组织参会。

研讨会阶段：研讨会现场任命主席，在主席主持下，与会人员就提案内容进行讨论。主席和秘书处可根据需要组织多次会议，直至与会人员对相关议题达成一致意见，确定是否发布 IWA，但一般建议此阶段工作时间不超过 3 个月。其中的协商一致，并非要求所有成员对全部内容完全同意，而是指没有任何一重要利益相关方对某一重大问题进行持续反对，具体"协商一致"的定义见 ISO/IEC 指南 2：2004。

IWA 发布阶段：该阶段主要由 CS 负责，在完成编辑性工作后正式发布 IWA，编辑期一般为 1 个月。

（2）IEC SRD 制定流程。IEC SRD 制定，适用 IEC TS 的编制流程要求及文件代码。

四、ITU 标准制定

（一）ITU 出版物

ITU 发布的标准称为建议书（Recommendations，Rec），用于规范电信网络的运行和互联。ITU-T 在《ITU-T 第 1 号决议　国际电联电信标准化部门的议事规则》（ITU-T A.1 Rec）中对建议书做出了明确定义："对一个课题或其一部分的回应，或由电信标准化顾问组制定的有关国际电联电信标准化部门工作组织的案文。"并且加注：在现有知识、研究组开展的研究和按照既定程序通过的研究范围内，可具体就技术、组织、资费和程序问题（包括工作方法）提出指导，该回应为规范性案文；可说明进行一项具体任务的首选方法和/或建议解决方案，或可就具体应用的程序提出建议。这些建议书应足以作为开展国际合作的基础。

ITU 建议书本身不具有强制性，只有在某个国家根据相关法律、法规或管理规定等形式采用后，才具有强制性。ITU 目前已发布了 4000 多项建议书，覆盖了当今 ICT 行业所有重要技术领域和方向，并在全球范围得到了广泛采用。ITU 所有建议书以英语、阿拉伯语、中文、西班牙语、法语和俄语六种语言版本发布，且可在 ITU 网站免费获取。ITU-T 及 ITU-R 均可发布建议书。

（二）ITU 标准制定原则

ISO、IEC 和 ITU 国际标准的制定原则均来源于 WTO TBT 协议，包括透明性、公开性、非歧视性和协商一致、相关性和有效性、一致性和考虑发展中国家需求六大原则，具体见本节三（二），在此不再赘述。

（三）ITU 标准制定流程

ITU 对 Rec 制定采用课题制管理方法，包括提案准备、提案批准、建议书编制、建议书批准和建议书发布 5 个阶段，全程采用电子化管理，具体工作步骤、批准形式及相关要求介绍如下：

1. 提案准备

所有成员均有权发起新 Rec 工作需求，需求内容可以是制定新的 Rec，也可以对现有的 Rec 内容进行增补。提案发起方需根据 ITU-T A.1 Rec 的相关要求准备提案材料。在 ITU-T A.1 Rec 中文版中，包括提案文件在内的 Rec 出版前的所有阶段文件均称为文稿。文稿应根据其内容明确选择对应领域的 SG、WP 和 Q 小组作为提交提案的对象。

2. 提案批准

ITU A.1 Rec 中明确规定的提案批准分为两级：提案应首先由 SG 审议批准，随后提交给 WTSA 审议，在 WTSA 休会期间则由 TSAG 先行审议。

（1）SG审议。SG 的审议以会议讨论形式进行。需要注意的是，在每次会议文稿递交截止日期前，使用 ITU-T 文件上传系统完成文稿提交的提案，才能纳入会议审议议程。SG 的会议包括 Q 小组、WP 和 SG 三级会议。因此，事实上提案须通过三个级别会议的全部批准，才能由 SG 提交至 WTSA 或 TSAG 进行下一步审批。ITU 针对 Rec 的各阶段审批均采用"协商一致"原则，但 ITU 的章程、导则、规定及管理相关建议书中均未直接规定"协商一致"的定义。在 SG 工作的指导文件《协商一致的艺术》（The art of reaching consensus）中，ITU-T 梳理其工作中对于"协商一致"原则的解读引用最多的是《ISO/IEC 导则 第 2 部分：ISO 和 IEC 文件的结构和起草原则与规则》（ISO/IEC Directives—Part 2: Principles and rules for the structure and drafting of ISO and IEC documents）中的定义，并认为 SG 主席应对是否达成了"协商一致"做出判断。一般而言，当 SG 与会代表对一个提案没有持续性的强烈反对意见时，可认为达成"协商一致"，批准该提案。除"协商一致"外，SG 阶段审核还要求一定的成员国和部门成员（通常至少 4 个）承诺支持该项工作。

ITU-T A.1 Rec 规定了 SG 可在新提案得到 WTSA 批准之前开展研究工作，也就是说，新提案在 SG 内部形成协商一致后，即可启动新 Rec 的编制工作。

（2）WTSA审议。WTSA 审议阶段，无论是否处于 WTSA 休会期，事实上都需要经过 TSAG 的审议。对将提交 WTSA 会议审议的提案，TSAG 须至少在 WTSA 召开的两个月之前召开会议，审议课题、酌情提出修改意见，供 WTSA 审议。TSAG 和 WTSA 也采用"协商一致"原则对提案进行审批，在批准该提案后，将其作为新的"课题"正式分配给相应 SG 开展工作。

在 WTSA/TSAG 审批过程中，如认为该提案未来形成 Rec 将有可能带来政策或监管影响，则需要通过与成员国的正式磋商进行审批。与成员国磋商结果以投票形式形成，如果在磋商期间收到的答复中有 70%以上表示赞同，则可视为批准通过；如未获批准，则需将其退回 SG 进行修改。

3. 建议书编制

在提案正式立项后，SG 可将其分配给相应工作范围的 Q 小组开展工作，Q 小组可根据需要灵活组织会议推进 Rec 编制，形成 Rec 草案。在草案全文技术性内容编制完毕后，经 Q 小组内部批准后，可申请标准项目进行结项，在结项时需要选择 Rec 的批准程序。如果 Rec 内容不涉及政策或监管问题，则可选择备选批准程序（alternative approval process，AAP），此类 Rec 取得 Q 小组批准采用"协商一致"原则；如果内容涉及政策或监管问题，则需采用传统审批程序（traditional approval process，TAP），需经 Q 小组"决定"该 Rec 是否可以结项进入 TAP 程序审批，达成"决定"须取得组内 70%以上成员支持。

随后，Q 小组向 WP 及 SG 提交结项 Rec 草案，逐级审批，审批原则与 Q 小组审批原则一致。经 SG 全会上审批通过的 Rec 草案，不得再对技术性内容进行修改。

4. 建议书批准

SG 根据上一阶段确认适用的审批流程，向 TSB 提请启动相应的审批程序。

（1）备选审批程序（AAP）。AAP 是一种快速审批程序，于 2001 年开始实行。该程序显著缩短了 Rec 的审批和发布周期，95%以上适用该程序的制修订 Rec 草案在 SG 或 WP 全体会议"结项"后 6 周内即获得批准。ITU 中绝大部分 Rec 采用此程序。

AAP 通过其专用系统进行审批，启动后首先进行为期 4 周的最后征求意见阶段（Last call，LC），如果该阶段没有收到编辑性修正以外的意见，则可直接批准发布 Rec；如果该阶段收到了实质性意见，即编辑性修正以外的意见，SG 主席和 TSB 协商后组织相关专家对意见做出答复和处理，之后进行为期 3 周的额外审议（Additional Review，AR）。如果在 AR 期间没有收到实质性意见，则 Rec 视为获得批准。如果仍然收到了实质性意见，则需要将 Rec 草案退回 SG 做进一步讨论、修改。

（2）传统审批程序（traditional approval process，TAP）。传统的审批流程（TAP）适用于被认为具有政策或监管影响的建议书。采用 TAP 程序需至少 2 个成员在 SG 会议上声明该 Rec 草案将对政策或监管产生影响，并经组内达成"决定"，方可使用。目前在 ITU 内，仅适用于少量 Rec 草案，一般批准期为 6～9 个月。使用 TAP 进行 Rec 审批需 SG 主席向 TSB 主席发起请求，由 TSB 向所有成员国及部门成员分发 Rec 草案及说明文件，成员国在答复截止日期前提交意见并投票，如获得 70%成员国支持，则该 Rec 可获批发布；如未获批准则退回 SG 讨论修改。因该程序应用较少，故在此不再展开介绍。

5. 建议书发布

Rec 获批后，由 ITU 总秘书处负责编辑审查和发布最终的建议书。大多数已发布的建议书都可以在 ITU-T 网站上免费下载。

五、IEEE 标准制定

（一）IEEE 标准出版物

IEEE 发布的标准类出版物包括 4 种类型：标准（standards）、推荐性实践（recommended practices）、指南（guide）和试行文档（trial-use documents），各类出版物具有不同的典型特征。

标准是指包含有强制性要求的规范性文本。

推荐性实践是指文本中提出了一种 IEEE 推荐的技术方案、流程或方法等。这种推荐不具有排他性和唯一性。

指南是指文本中推荐了多种具有互相替代性的技术方案、流程或方法等。推荐各项间没有优先性排序。

试行文档是指试行期不超过 3 年的标准、推荐性实践或指南。一般适用于在工作组、技术委员会或 IEEE SASB 没有获得足够支持的文档。

根据标准开发的模式，可以分为个人模式（individual）和团体模式（entity），即由个人会员或团体会员制定的标准。

（二）IEEE 标准制定原则

IEEE 制定标准的原则包括：

（1）直接参与（direct participation）。指任何个人成员或实体成员都可直接发起提案，无需通过中间人或其他组织。

（2）正当程序（due process）。指在标准制定过程中，所有决定应在所有参与者之间以公平、透明的方式做出，没有任何一方主导决策过程。

（3）广泛共识（broad consensus）。指在标准制定过程中，所有的观点都应被平等考虑，并在决策中采用少数服从多数的原则，任何个人或实体成员都不应在此过程中拥有单独决定标准内容的特权。

（4）平衡性（balance）。指在标准制定过程中，采取适当措施为各类利益相关方提供参与机会，且不应由任何特定的个人、组织或利益相关方主导。

（5）透明性（transparency）。指标准制定采用的流程和规则应向标准制定参与各方公开，标准制定中所做出的决定及其支撑材料也可以适当方式获取。

（6）广泛的开放性（broad openness）。指在标准制定流程开始时就应以适当方式告知公众和潜在的利益相关方，并在标准最终批准和采纳之前，开放公众意见征询。

（7）一致性（coherence）。指应在标准制定过程中与相关行业、政府、协会和组织保持协调。

（8）鼓励发展中国家参与（development dimension）。指应充分考虑发展中国家参与标准制定工作的障碍，并为其提供相应便利，包括鼓励利用电子化工具参与标准制定，从而节省旅行费用等。

（三）IEEE 标准制定流程

IEEE 标准制定流程及批准要求，不区分出版物类型，均包括立项申请、标准编制、委员会审核、公开投票、标准理事会审批、出版发布 6 个阶段。

1. 立项申请

IEEE 的标准化工作采用平行管理模式，由 IEEE 技术协会及其下设的技术委员会进行技术管理，由 IEEE SA 进行程序性管理。

IEEE SA 成员应首先向提案主题技术对口的 IEEE 技术委员会提出提案意向，争取该技术委员会对提案意向的支持，即该技术委员会同意作为该提案的支持委员会（Sponsor Committee），并在其指导下形成立项申请文件（Project Authorization Request，PAR）。与技术委员会的沟通过程，一般采用电子邮件或会议等形式。技术委员会在其内部以会议讨论或电子邮件投票等形式，决定是否支持该提案。技术委员会也可根据需要，建立研究小组进一步完善该提案。

如该提案为个人成员提案，则需要至少 10 名 SA 个人成员承诺参与该标准制定工作；如提案为实体成员提案，则需要至少 3 家实体成员承诺参与。个人成员和实体成员不得混合参与一个标准提案。

技术委员会同意支持该提案后，会在 IEEE SA 的项目管理系统中为该提案建立相应的组织架构，包括建立工作组，指派工作组主席。提案发起方将提案内容录入系统后，技术委员会对该提案进行审核批准，并提交 IEEE SA NesCom 审核。

NesCom 定期举行会议对该期间内收到的新提案进行审核，NesCom 成员通过项目管理系统进行投票，投票率超过 75% 且弃权票低于 30% 的情况下，如获得 75% 以上的赞成票（弃权票不计入总数），则该提案可获批立项。在投票期间，NesCom 成员可对提案进行问询，提案发起方应及时做出答复。PAR 获批后的有效期一般为 4 年，如需延长，须参考立项申请流程提交 PAR 延期申请，批准标准与立项审批一致。

2. 标准编制

IEEE 标准编制主要通过工作组会议形式推进，工作组会议由工作组主席主持召开，并应在首次会议选举出秘书，在后续标准编制过程中支持主席工作。工作组也可根据需要选举副主席。

工作组在主席的组织下开展标准草案编制工作，在完成标准草案后，工作组可以发起将草案提交至技术委员会审查的投票，工作组成员中 75% 同意提交后，可将草案以工作组的名义提交至技术委员会，进入技术委员会审核阶段。

3. 委员会审核

技术委员会在接到工作组提交的审核申请及相关材料后，可以会议或电子邮件流转等形式征集委员会成员意见。如委员会成员对草案提出了编辑性或技术性修改意见，工作组应对意见做出答复并对草案进行相应修改。技术委员会根据委员会章程确定如何批准标准草案，在一般情况下，没有委员会成员持续提出反对意见后，批准该草案，进入公开投票阶段。

4. 公开投票

进入公开投票阶段，工作组主席应在委员会指导下在项目管理系统建立投票小组。投票小组的开放期最短为 30 个自然日，IEEE SA 成员可自行选择是否加入投票小组，但个人会员和实体会员只能分别加入对应成员性质组建的投票小组。投票小组应至少包含三类利益相关方，且一类利益相关方占比不得超过 1/3，否则视为投票小组组建失败，需要重新开放 30 个自然日。

投票小组组建后，针对投票小组内的成员开放 30～60 个自然日的投票期，具体时间由工作组主席决定。投票小组成员对草案进行审议、投票，并可提交修改建议。

工作组将在投票期结束后收到投票结果，如满足以下要求则视为投票通过：

（1）需要投票小组中不少于 75% 的人投票；

（2）弃权票比例小于 30%；

（3）投赞成票的比例不小于赞成票和反对票总数的 75%。

如果投票未通过，可选择修改标准草案，并回退至技术委员会审核阶段；或放弃投票、终止该标准项目。

投票小组在投票中可提交的修改建议分为必须响应和不必须响应两类，即便投票通过，工作组成员仍应对必须响应类型的意见在投票答复文件中明确表示是否采纳、如何采纳，并阐明理由。在形成答复意见并完成标准修改稿后，需要启动为期 10 个自然日的再评议周期。评议周期中如再次收到必须响应的意见，则需要重复评议周期，直到没有新的意见提出，方可进入标准理事会审批阶段。

5. 标准理事会审批

IEEE SA 的标准理事会审批阶段具体由 RevCom 负责，其投票组织形式、要求、问询及答复流程与 NesCom 一致。通过 RevCom 投票的草案可进入出版发布阶段。

6. 出版发布

IEEE 标准的出版发布由 IEEE 编辑团队负责，工作组主席需配合编辑澄清歧义、修正语言文字方面的错误。

第二节　企业参与国际标准化活动

一、企业参与国际标准化活动的内容

1. ISO/IEC 国际标准化活动

根据 2015 年原国家质量监督检验检疫总局、国家标准化管理委员会发布的《参加国际标准化组织（ISO）和国际电工委员会（IEC）国际标准化活动管理办法》，企业参加 ISO/IEC 国际标准化活动主要包括以下内容：

（1）担任 ISO 和 IEC 中央管理机构的官员或委员；

（2）担任 ISO 和 IEC 技术机构负责人；

（3）承担 ISO 和 IEC 技术机构秘书处工作；

（4）担任工作组召集人或注册专家；

（5）承担 ISO 和 IEC 技术机构的国内技术对口单位工作，以积极成员（P 成员）或观察员（O 成员）的身份参加技术机构的活动；

（6）提出国际标准新工作项目和新技术工作领域提案，主持国际标准制修订工作；

（7）参加国际标准制修订工作，跟踪研究国际标准文件，并进行投票和评议；

（8）参加或承办 ISO 和 IEC 的国际会议；

（9）参加其他的国际标准化活动（例如 IEC 青年专家计划）。

2. ITU 国际标准化活动

根据工业和信息化部发布的《我国参加国际电信联盟电信标准化部门活动的管理办法》《国际电信联盟无线电通信部门国内对口研究组管理办法（暂行）》，企业参加 ITU-T 和 ITU-R 国际标准化活动主要包括以下几个方面：

（1）承担或参与世界电信标准化大会或世界无线电通信大会议题相关研究工作；

（2）积极参与 ITU-T 或 ITU-R 各组别日常议题研究工作，推动我国电信标准化或无线电领域先进技术标准形成 ITU 建议书（国际标准）；

（3）派遣符合条件的专家参加 ITU-T 或 ITU-R 各组别会议，以及参加国内对口组研究活动。

3. IEEE 及其他国际性专业组织国际标准化活动

除 IEC、ISO、ITU 三大国际标准组织之外，一些在全球具有较大影响力的注册实体组织、企业协议联盟、非营利性组织，如 IEEE、CIGRE 等，通过广泛吸收各国企业和专家，制定发布相关领域共同使用的标准或技术报告。这些国际性专业组织的标准或技术报告被遍布各国的企业会员广泛使用。企业可通过制定发布国际性专业组织的标准、技术报告、白皮书等，为后续转化为三大国际标准组织的标准奠定基础。企业参加这些国际性专业组织国际标准化活动主要有以下内容：

（1）提出国际标准或技术报告、白皮书新工作项目和新技术工作领域提案，主持国际标准或技术报告、白皮书制定工作；

（2）参加国际标准或技术报告、白皮书制定工作，跟踪研究国际标准或技术报告相关文件，并进行投票和评议；

（3）参加或承办国际标准或技术研讨会议。

二、企业参与国际标准化活动形式

企业作为推动市场经济和促进标准化工作发展的主体，不仅要积极参与国内标准化活动，更应注重深度参与国际标准化活动。众所周知，"谁制定了标准，谁就拥有话语权"，国际标准尤其如此。对于企业而言，积极参与国际标准化活动需要具备"用势造势"的能力，抓住国际机遇，用好国家、企业创新技术的优势；接受国际挑战，打造企业自身国际优势，更好地帮助企业提高国际声誉和国际竞争力，更好地维护企业和国家利益。

参与国际标准化活动的企业要明确本企业对应的国际标准化专业技术领域信息，也就是要了解掌握国际标准组织的技术委员会或研究组的相关信息。企业可以通过登录国际标准组织的官方网站查询相关国际标准化活动，也可以向国家标准化行政主管部门和地方标准化行政主管部门咨询有关国际标准化活动信息。

企业参与国际标准化活动，主要有以下几种形式。

（一）承担国际标准组织技术机构

1. 承担国际标准组织技术机构秘书处

各行业行政主管部门，各省、自治区、直辖市标准化行政主管部门，以及全国专业标准化技术委员会秘书处承担单位、企业、科研院所、检验检测认证机构、行业协会及高等院校等，均可向国家标准化行政主管部门提出承担秘书处的申请。国家标准化行政主管部门对提出申请的单位进行资质审查，统一向 ISO 和 IEC 提出申请。值得注意的是 ISO 的 TC/SC 秘书处由国家成员体承担，IEC 的 TC/SC 秘书处由国家委员会承担。在国家成员体、国家委员会的授权下，可由具体单位承担秘书处工作。

在以下两种情况下，企业可以承担 ISO/IEC TC/SC 秘书处工作：

（1）当承担 ISO/IEC TC/SC 原秘书处的国家成员体或国家委员会放弃承担秘书处工作；

（2）成功申请成立新 ISO/IEC TC/SC，其 P 成员则可以申请承担该 TC/SC 的秘书处工作。

截至 2023 年 12 月，我国承担 IEC 技术机构秘书处情况如表 9-2 所示。

表 9-2　　　　　　　　　　我国承担 IEC 技术机构秘书处情况

序号	IEC/TC/SC 编号	IEC/TC/SC 中文名	国内承担单位
1	IEC/TC7	架空电导体	上海电缆研究所有限公司
2	IEC/TC5	汽轮机	西安热工研究院有限公司
3	IEC/SC32C	小型熔断器	中国电器科学研究院股份有限公司
4	IEC/SC59A	电动洗碗机	中国家用电器研究院
5	IEC/TC85	电工和电磁量测量设备	哈尔滨电工仪表研究所有限公司
6	IEC/TC115	100kV 及以上 高压直流输电	中国电力科学研究院有限公司
7	IEC/SC8A	可再生能源接入电网	中国电力科学研究院有限公司
8	IEC/SC8B	分布式电力能源系统	中国电力科学研究院有限公司

序号	IEC/TC/SC 编号	IEC/TC/SC 中文名	国内承担单位
9	IEC/PC127	电力厂站低压辅助系统	国网四川省电力公司
10	IEC/SC8C	电力网络管理	南瑞集团有限公司
11	IEC/TC129	电力机器人	国网山东省电力公司
12	ISO/IEC JTC 1/SC 43	脑机接口	中国电子技术标准化研究院
13	IEC/SyC SET	可持续电气化交通	南瑞集团有限公司
14	IEC/PC130	医用低温存储设备	国机集团威凯检测技术有限公司

案例 9-1　发起成立我国首个 IEC 技术委员会并承担秘书处

特高压直流输电技术在世界范围内发展迅速。我国及时洞察了"国内外广阔的直流输电发展前景、迫切的市场和运行维护需求、高压直流标准相对缺乏"这一时机，超前谋划、整体布局，由国家电网有限公司率先自主提出在 IEC 成立一个专门的高压直流输电技术委员会建议。

通过对国内、国际两个层面坚持不懈地努力，2008 年 8 月由 IEC 标准管理局（SMB）投票通过成立了 IEC/TC 115 100kV 及以上高压直流输电技术委员会，并由中国承担秘书处（具体由中国电力科学研究院承担）。这是我国自主提出且秘书处设在中国的第一个 IEC 技术委员会。它的成功获批标志着我国国际标准化工作实现了"从无到有""零的突破"，具有重要里程碑意义。

目前 IEC/TC 115 工作范围覆盖 100kV 及以上高压直流输电技术领域，主要针对高压直流输电的系统级标准制定，包括直流输电系统设计、技术要求、施工调试、可靠性和可用率、运行和维护等。涉及高压直流设备的标准将与其他相关 TC/SC 合作制定。

案例 9-2　推动成立我国首个 IEC 系统委员会并承担秘书处

2019 年，IEC 设立"未来可持续交通标准化评估组"（SEG 11），由中国南瑞集团和德国奥迪公司的专家担任召集人。经几年努力，在完成研究评估报告基础上，SEG 11 提出成立"可持续电气化交通系统委员会"建议。2023 年，IEC 可持续电气化交通系统委员会（SyC SET）经 IEC 充分论证后正式成立，秘书处落户中国，由南瑞集团具体承担。这是我国标准化发展史上第一个由我国主导推动成立并承担秘书处工作的 IEC 系统委员会，是我国国际标准化工作中的又一里程碑。

IEC 系统委员会是 IEC 高级别技术机构，主要负责重大技术领域标准化顶层设计，以及联络某领域其他相关技术委员会、组织该领域技术交流、制定跨专业国际标准等工作。目前 IEC 成立了 8 个系统委员会，涉及智慧能源、智慧城市、智能制造等重大技术方向。SyC SET 是 IEC 成立的第 7 个系统委员会，也是第 2 个秘书处设在 IEC 中央办公室以外的系统委员会（智能制造系统委员会秘书处工作由美国承担）。SyC SET 将致力于促进可持续电气化交通领域国际标准化工作，负责协调 IEC 内部相关技术委员会，建立与 IEC 外部机构的合作渠道，将在推动全球交通电气化转型和促进可持续发展国际合作中扮演关键角色。

2. 承担国际标准组织技术机构国内技术对口单位

对于符合我国承担 ISO、IEC 的国内技术对口单位工作要求的企业，可以向国家标准化管理委员会（即 ISO、IEC 中国国家成员体）提出承担 ISO、IEC 国内技术对口单位的申请。经审核批准后，企业可用 ISO、IEC 国内技术对口单位的身份，按照国家有关规定直接参与或跟踪国际标准化活动。为了更好更全面地管理国内 ITU 标准制定的各项工作，工信部国际电联秘书处为每一个 SG 专门指定了国内对口组单位，负责管理国内参加该 SG 的全部事宜。目前，ITU 国内对口组单位主要由中国信息通信研究院、中国电信集团有限公司、中国移动通信集团有限公司等单位承担。

承担 ISO、IEC 国内技术对口单位应具备下列条件：

（1）我国境内依法设立的法人组织；

（2）有较强的技术实力和影响力，有较强的参加国际标准化活动的组织协调能力；

（3）有熟悉国际标准化工作程序和较好英语水平的工作人员；

（4）有专门机构及开展工作所需的资金和办公条件；

（5）国务院标准化主管部门规定的其他条件。

国内技术对口单位具体承担 ISO 和 IEC 技术机构的国内技术对口工作，并履行下列职责：

（1）严格遵照 ISO 和 IEC 的相关政策、规定开展工作，负责对口领域参加国际标准化活动的组织、规划、协调和管理，跟踪、研究、分析对口领域国际标准化的发展趋势和工作动态；

（2）根据本对口领域国际标准化活动的需要，负责组建国内技术对口工作组，由该对口工作组承担本领域参加国际标准化活动的各项工作，国内技术对口工作组的成员应包括相关的生产企业、检验检测认证机构、高等院校、消费者团体和行业协会等各有关方面，所代表的专业领域应覆盖对口的 ISO 和 IEC 技术范围内涉及的所有领域；

（3）严格遵守国际标准组织知识产权政策的有关规定，及时分发 ISO 和 IEC 的国际标准、国际标准草案和文件资料，并定期印发有关文件目录，建立和管理国际标准、国际标准草案文件、注册专家信息、国际标准会议文件等国际标准化活动相关工作档案；

（4）结合国内工作需要，对国际标准的有关技术内容进行必要的试验验证，协调并提出国际标准文件投票和评议意见；

（5）组织提出国际标准新技术工作领域和国际标准新工作项目提案建议；

（6）组织中国代表团参加对口的 ISO 和 IEC 技术机构的国际会议；

（7）提出我国承办 ISO 和 IEC 技术机构会议的申请建议，负责会议的筹备和组织工作；

（8）提出参加 ISO 和 IEC 技术机构的成员身份（积极成员或观察员）的建议；

（9）提出参加 ISO 和 IEC 国际标准制定工作组注册专家的建议；

（10）及时向国务院标准化行政主管部门、行业行政主管部门和地方标准化行政主管部门报告工作，每年 1 月 15 日前报送上年度工作报告和《参加 ISO 和 IEC 国际标准化活动国内技术对口工作情况报告表》；

（11）与相关的全国专业标准化技术委员会和其他国内技术对口单位保持联络；

（12）其他本技术对口领域参加国际标准化活动的相关工作。

我国电力行业承担的 IEC 技术机构国内技术对口工作情况如表 9-3 所示。

表 9-3　　　　　我国电力行业承担 IEC 技术机构国内技术对口工作情况

编号	IEC/TC/SC 编号	IEC/TC/SC 名称	国内技术对口单位
1	IEC/TC8	电能供应的系统方面	中国电力企业联合会
2	IEC/SC8A	可再生能源接入电网	中国电力科学研究院有限公司
3	IEC/SC8B	分布式电力能源系统	中国电力科学研究院有限公司
4	IEC/SC8C	电力网络管理	南瑞集团有限公司
5	IEC/TC11	架空线路	中国电力科学研究院有限公司
6	IEC/TC42	高电压大电流测试	中国电力科学研究院有限公司
7	IEC/TC57	电力系统管理及其信息交换	南瑞集团有限公司
8	IEC/TC73	短路电流	中国电力科学研究院有限公司
9	IEC/TC77	电磁兼容	中国电力科学研究院有限公司
10	IEC/SC77A	电磁兼容——低频现象	中国电力科学研究院有限公司
11	IEC/SC77C	电磁兼容——大功率暂态现象	中国电力科学研究院有限公司
12	IEC/TC78	带电作业	中国电力科学研究院有限公司
13	IEC/TC99	交流电压 1kV 及直流电压 1.5kV 以上高压电力设施的绝缘配合和系统工程	中国电力科学研究院有限公司

编号	IEC/TC/SC 编号	IEC/TC/SC 名称	国内技术对口单位
14	IEC/TC115	100kV 以上高压直流输电	中国电力科学研究院有限公司
15	IEC/TC117	太阳能光热发电	中国大唐集团新能源研究院
16	IEC/TC120	电力储能系统	中国电力科学研究院有限公司
17	IEC/TC122	特高压交流输电系统	中国电力科学研究院有限公司
18	IEC/TC123	电力系统资产管理	国网经济技术研究院
19	IEC/PC127	电力厂站低压辅助系统	国网四川省电力公司
20	IEC/TC129	发电输电及配电系统机器人	国网山东省电力公司
21	IEC/SyC	智慧能源	中国电力企业联合会

案例 9-3　承担 IEC/SC8C 秘书处及国内技术对口单位

2020 年 2 月，IEC 标准管理局（SMB）第 167 次会议正式批准 "Network Management （电力）网络管理" 分技术委员会成立，编号 IEC/SC8C，由中国承担秘书处。2020 年 3 月，国家市场监督管理总局标准创新司批复由南瑞集团承担 IEC/SC8C 秘书处具体工作。2021 年 2 月，国家市场监督管理总局标准创新司批复由南瑞集团承担 IEC/SC8C 国内技术对口单位。

IEC/SC8C 的筹备和成立经历了漫长、艰辛的过程。2015 年，南瑞集团积极推动在 CIGRE 成立 C2/C4.37 "电力系统稳定控制系统性框架设计" 新工作组，由院士领衔的专家团队牵头，联合巴西、英国、比利时、墨西哥、丹麦、加拿大、美国、日本、荷兰等国家的专家就涉及电网稳定的机理、共性问题进行深入研讨，并于 2018 年 9 月正式发布技术报告 "电力系统稳定协调控制框架"（编号 TB742），为在 IEC 推动成立新技术机构奠定了坚实的理论和实践基础。

2019 年 6 月，基于 CIGRE 技术报告发布成果，南瑞集团在 IEC 正式启动新技术委员会的申请工作，并向 IEC 提交成立新技术委员会并开展电网安全稳定控制系统和装备相关标准制定的初步想法，多次与 IEC 相关技术委员会进行接触，通过 IEC 中国国家委员会正式向 IEC 提交了成立新技术委员会的提案。然而新技术委员会的申请并非一帆风顺。在南瑞集团正式发起提案后，日本也计划以其主导发布的 IEC 白皮书为基础，提出相似的 SC 提案 "电力市场与网络管理" 并希望承担秘书处工作。南瑞集团积极应对，主动联系 IEC 标准管理局，在技术层面缜密论证，对外积极开展宣传，加强提案的支持基础。经过多次沟通，最终 IEC 决定采用合作共赢的方式，将两个提案合并，成立一个新的分技术委员会 SC8C，中国作为秘书处，分技术委员会成立后由秘书处提名日本代表做主席。SC8C 的成立进一步缩小了我国在电力系统稳定控制国际标准方面与发达国家之间的差距。

（二）担任国际标准组织管理层职务

1. 担任国际标准组织中央管理机构官员或委员（ISO、IEC、ITU 主席）

我国从 1990 年起就陆续担任国际标准组织中央管理机构官员或委员。

我国担任国际标准组织中央管理机构官员或委员情况如表 9-4 所示。

表 9-4　　　　　　我国担任国际标准组织中央管理机构官员或委员情况

时间	承担国际职务人员	担任国际职位
1990 年 10 月	鲁绍曾 IEC 中国国家委员会主席、原国家技术监督局副局长	当选 IEC 副主席
1994 年	王以铭 原国家技术监督局副局长	作为唯一的发展中国家成员入选"未来技术主席顾问委员会［PACT，现为市场战略局（MSB）］"成员组成名单
2013 年 1 月	舒印彪 时任国家电网公司副总经理	担任 IEC 副主席，同时担任 IEC 市场战略局（MSB）召集人
2013 年 9 月	张晓刚 时任鞍钢集团总经理	当选 ISO 主席，任期为 2015—2017 年，这是我国专家首次担任 ISO 主席
2014 年 10 月	赵厚麟 在韩国釜山召开的 ITU 全权代表大会上我国推荐人选	当选 ITU 秘书长，任期为 2015—2018 年（2018 年连任，任期为 2019—2022 年）
2018 年 10 月	舒印彪 时任国家电网有限公司董事长	当选为 IEC 第 36 届主席，任期为 2020—2022 年。这是该组织成立百余年来，首次由我国专家担任最高领导职务

2. 担任国际标准组织技术机构负责人（TC/SC 主席、副主席）

行业行政主管部门，各省、自治区、直辖市标准化行政主管部门，以及全国专业标准技术委员会秘书处承担单位、企业、科研院所、检验检测认证机构、行业协会及高校等，均可向国务院标准化行政主管部门提出承担 ISO 和 IEC 技术机构负责人的申请。国务院标准化行政主管部门对提出申请的人员进行资质审查，统一向 ISO 和 IEC 提出申请。

在以下两种情况下，企业可以承担 ISO/IEC TC/SC 主席工作：

（1）ISO/IEC TC/SC 主席任期到期前一年，ISO/IEC TC/SC 秘书处将征集下任 ISO/IEC TC/SC 主席候选人；

（2）成功申请成立新 ISO/IEC TC/SC，由其秘书处征集 ISO/IEC TC/SC 主席候选人。

TC/SC 可根据需要，例如考虑地区平衡等，通过成员投票决定设立副主席。申请承担副主席流程与申请主席基本一致。

担任 ISO 和 IEC 技术机构负责人应符合下列要求：

（1）保证履行 ISO 和 IEC 规定的主席、副主席的工作职责；

（2）熟悉相对应的 ISO 和 IEC 技术领域的专业知识和国际标准化工作程序，熟练使用 ISO 和 IEC 信息技术工具；

（3）担任主席、副主席职务应具备使用英语、法语或俄语主持召开国际会议、协调国际观点的能力。

3. 担任工作组召集人

对于我国以积极成员（P 成员）参加的 ISO 和 IEC 技术机构，国内技术对口单位应积极选派各相关方面专家参加工作组，争取担任工作组召集人。在 IEC 技术机构，国内技术对口单位应选派专家参加至少一个工作组的工作。

企业担任 ISO/IEC TC/SC 下设工作组召集人的专家应符合如下要求：

（1）拥有国际视野，保持中立；

（2）具有一定的技术能力；

（3）具有较强的沟通能力；

（4）具有较强的英文听说读写能力，能够用英语主持国际会议（可以邀请工作组内英语母语国家的专家给予英文文字方面的协助）；

（5）具有较强的组织协调能力；

（6）企业可为专家参与 ISO/IEC TC/SC 国际会议提供支持。

4. 担任技术机构秘书处秘书

企业担任 ISO/IEC TC/SC 秘书的专家应符合如下要求：

（1）拥有国际视野，保持中立；

（2）具有一定的技术能力，对 ISO/IEC TC/SC 专业领域国际标准有较为深入的认知；

（3）具有较强的沟通能力；

（4）具有较强的英文听说读写能力，能够日常处理工作文件，能够做出会议记录、会议决议的编写；

（5）具有较强的组织协调能力；

（6）企业可为专家参与 ISO/IEC TC/SC 国际会议提供支持。

（三）担任国际标准组织技术职务（注册专家）

拟参加工作组的专家，应首先向国内技术对口单位提出申请。国内技术对口单位负责对专家进行资质审查，向国家标准化管理委员会报送《ISO/IEC 工作组专家申请表》，并抄报相关行业行政主管部门。经国家标准化管理委员会审核后，统一对外报名注册；在新工作项目投票阶段同时提名专家的，国内技术对口单位应在项目正式立项后，将专家信息报国家标准化管理委员会统一注册。

拟参加 ITU-T 工作组的专家，可通过 ITU 官方网站申请 TIES 会员，经所属单位（ITU-T 部门成员）通过后，方可成为注册会员参与工作。

（四）牵头提出国际标准提案

国家鼓励各有关方面积极向国际标准组织提出国际标准新工作项目和新技术工作领域提案。企业、科研院所、检验检测认证机构、行业协会及高等院校等均可提出提案。

企业提出国际标准新工作项目和新技术工作领域提案应提前做好如下准备：

（1）明确提出国际标准新工作项目和新技术工作领域提案的渠道（如所属 TC 或 SC 对应技术领域、技术对口单位）。

（2）明确国际标准新工作项目和新技术工作领域提案的全球/市场相关性。

（3）明确国际标准新工作项目和新技术工作领域提案与相关国际标准的关系。

（4）编写国际标准新工作项目提案大纲或草案。

ISO/IEC 提交提案一般应遵照以下工作程序：

（1）按照 ISO 和 IEC 的要求，准备相应的项目或领域提案申请表等材料，并填写提案审核表。

（2）上述材料经相关国内技术对口单位协调、审核，并经行业行政主管部门审查后，由国内技术对口单位报送国家标准化管理委员会。如无行业行政主管部门的，国内技术对口单位可直接向国家标准化管理委员会报送申请。

（3）国家标准化管理委员会审查后统一向 ISO 和 IEC 相关技术机构提交申请。

（4）提案单位和相关国内技术对口单位应密切跟踪提案立项情况，积极推进国际标准制修订工作进程并将相关情况及证明文件及时报国家标准化管理委员会备案。

（5）对于新技术工作领域提案，应按照 ISO 和 IEC 的要求，准备国际标准新工作领域提案申请表，填写《国际标准化组织新技术工作领域申请表》；原则上提案材料报相关行业或地方主管部门审核，经行业或地方主管部门同意后，由提案方报国家标准化管理委员会；国家标准化管理委员会审查后统一向 ISO 和 IEC 相关机构提交申请。

（6）关注提交国际标准新工作项目和新技术工作领域提案的后续工作。

ITU 提交提案一般应遵照以下工作程序：

（1）对口组文稿审查需经国内对口组、中国通信标准化协会（CCSA）、标准化事务部和工信部科技司依次审查；非融合对口组由国内对口组直接报标准化事务部和工信部科技司进行审查。

（2）撰稿单位应同时提交纸质版和电子版文稿全文、《向国际电信联盟电信标准化部门提交文稿提案国内审查/备案表》和《向国际电信联盟电信标准化部门提交文稿清单》。

（3）对第一、二类文稿，撰稿单位应在 ITU 文稿接收截止日期前 20 个工作日提交国内对口组；对第三、四类文稿，撰稿单位应在 ITU 文稿接收截止日期前 10 个工作日提交国内对口组。逾期未交将视为放弃提交。

（4）国内对口组组长单位收到文稿后组织成员单位对文稿进行审查后向 ITU 相关

机构提交申请。

案例 9-4 我国首个 IEC 能源互联网框架性国际标准提案获批立项

2020 年 9 月 4 日，由中国电力科学研究院有限公司发起的《配电系统中的工业物联网应用：架构及功能规范》在 IEC 正式获批立项，项目编号为 TS 57-2235。该提案是能源互联网配电领域首个框架性国际标准项目，从顶层设计角度对物联网技术在配电领域的应用做出整体规划指导。

该提案以我国能源互联网建设实践为基础，针对配电网布点多、分布广、差异大、变化快等特征，从全新的信息化视角出发，提出了物联网技术在配电领域应用的系统架构、技术要求和应用模式，开创了配电网建设发展的新模式。该提案在现有配电网高度集中化管理的发展趋势上，首次引入了基于边缘计算的区域自治管理模式，通过云平台与边缘计算高效协同等技术手段，实现配电网集中管理与区域自治的有机结合，为配电系统功能向能源互联网演进提供了基础性技术架构。

此次发起《配电系统中的工业物联网应用：架构及功能规范》国际标准提案在 IEC 引起了广泛关注，ISO/IEC 信息技术联合技术委员会物联网及相关技术分技术委员会（ISO/IEC JTC1/SC41）和 IEC 核心技术委员会之一——电力系统管理及其信息交换技术委员会（IEC TC57）均希望在其管理下立项。最终，经过两个委员会管理层及相关国家专家近一年半的研讨后，决定由 TC57 主导、双方成立联合工作组开展工作。TC57 不仅将该项目纳入 IEC 核心标准《电力系统管理及其信息交换》技术体系，并以此为契机，成立专门工作组，全面启动物联网在电力系统中的应用相关标准的研究工作。

案例 9-5 我国首个 IEC 中低压直流配电标准提案获批立项

2020 年 10 月，由中国电力科学研究院有限公司发起的《分散式直流配电系统规划与设计导则》在 IEC 正式获批立项。该提案是中低压直流配电规划设计领域的首个 IEC 标准项目。该标准提案基于我国直流配电技术研发和工程实践，提出了分散式直流配电系统规划设计的基本原则，以及网架结构、设备选择、接地保护、监测与自动化、测量通信、交直流混联等方面的技术要求，可为直流配电系统的多样化发展和大规模应用提供规划设计指导。直流配电技术具有供电能力强、兼容性和可控性好等优势，近年来得到了迅速的发展，全球范围内的示范工程已超过 70 个，该标准将为相关技术的进一步发展和应用发挥重要的支撑作用。

自 2016 年起，中国电力科学研究院有限公司依托国家重点研发计划和一系列中低压直流配电试点工程建设，超前开展了中低压直流配电技术的研究开发工作，在直流配电的规划运行、控制保护、关键设备等领域取得了技术突破。随后，以在国际大电网会议发起并牵头开展"中压直流配电可行性研究"（CIGRE SC C6.31）工作为契机，着手培育中低压直流配电技术国际标准提案，为此次 IEC 标准的成功申请奠定了良好的基础。

（五）参与国际标准制修订工作

多年来，我国电力企业持续深入参与电力国际标准制修订工作，积极贡献中国方案，推动我国电力技术更好地融入世界体系。

案例 9-6　我国牵头制定的 IEC 首项特高压交流国际标准发布

2018 年 12 月，由中国电力科学研究院有限公司牵头的 IEC 首项特高压交流领域国际标准 IEC TS 63042-301《特高压交流输电系统　第 3 部分：现场交接试验》获批发布。该标准于 2015 年在 IEC/TC 122（特高压交流输电系统技术委员会）发起立项，由第三工作组（WG3）负责该标准的编制工作。来自中国、德国、瑞士、日本、印度等国家的专家参与了标准编制。

该标准结合中国特高压交流输电技术的成果及经验，立足特高压设备特点，综合考虑特高压设备经长途运输到现场后所需进行的交接试验，全面系统地规定了特高压交流设备现场交接试验关键技术。该标准内容涉及特高压变压器、断路器、气体绝缘全封闭组合电器（GIS）、电压和电流互感器、电抗器、串补装置、绝缘子、隔离开关和接地开关、高速接地开关等特高压交流设备现场交接试验的项目、方法、判据、设备及实施等。

该标准的发布对规范特高压交流输变电工程主设备现场试验要求等起到积极作用，为特高压交流工程建设及试验提供了标准依据和技术保障；有效支撑了特高压交流电网的建设，填补了特高压交流相关国际标准的空白，助力提升了我国交流输电技术和装备的国际竞争力。

案例 9-7　我国牵头制定的 IEC 首项虚拟电厂国际标准发布

2023 年 9 月，中国电力科学研究院有限公司牵头的 IEC TS 63189-1: 2023《虚拟电厂　第 1 部分：架构与功能要求》国际标准正式发布。该标准是 IEC 发布的首项虚拟电厂国际标准，填补了该领域国际标准空白，标志着我国在能源转型和绿色发展领域国际标准化方面取得突破。

虚拟电厂，是聚合优化"网源荷"清洁发展的新一代智能控制技术和互动商业模式，能够在传统电网物理架构上，依托互联网和现代信息通信技术，把分散在电网中的各类资源相聚合，进行协同优化运行控制和市场交易，实现电源侧的多能互补、负荷侧的灵活互动，对系统运行提供调峰、调频、备用等辅助服务。这是适应能源生产和消费革命的国际主流趋势，构建新型电力系统的有力手段，为破解清洁能源消纳的世界性难题和低碳能源转型提供前瞻性的解决方案。

该标准首次提出了虚拟电厂的统一术语定义、技术要求和控制架构,明确了虚拟电厂在发电功率预测、负荷预测、发用电计划、可调节负荷管理、储能装置控制管理、分布式电源协调优化、状态监控、通信、数据采集等方面的功能要求,将为世界各国开展虚拟电厂规划、设计、建设和验收提供重要技术参考,对虚拟电厂的推广应用和持续发展发挥基础性作用。

案例 9-8 我国牵头制定的多项 IEEE 统一潮流控制器(UPFC)标准发布

2015 年,南京西环网 220kV UPFC 工程投运,是世界首个采用模块化多电平换流器的 UPFC 工程。2017 年,苏州南部电网 500kV UPFC 工程投运,是迄今为止世界上电压等级最高、容量最大的 UPFC 工程。国网江苏省电力有限公司电力科学研究院作为核心技术力量,全程支撑建设江苏境内 2 项统一潮流控制器工程,积累了大量先进技术成果和工程经验,并立志推动中国 UPFC 技术向国际标准转化。

2017—2018 年,国网江苏省电力有限公司电力科学研究院 UPFC 团队成员多次往返中美两地,以线上线下多种形式组织或参加 IEEE 会议,向全世界专家学者展示国内 UPFC 技术突破和工程实践,逐步得到了技术委员会的认可。最终,IEEE 同意由国网江苏省电力有限公司电力科学研究院牵头成立 UPFC 工作组,开展技术标准制定工作,自此踏上了标准立项与发布的快车道。目前,首批 IEEE UPFC 标准已正式发布。这是我国科研、工程和国际标准"一体化"布局的又一典型案例。

(六)承办或参加技术机构会议

1. 承办 ISO、IEC 技术机构会议

国内技术对口单位应与 ISO 或 IEC 相关技术机构秘书处初步协商后,向国家标准化管理委员会提交申请,国家标准化管理委员会按照在华举办国际会议的有关要求审查后,统一向 ISO 或 IEC 提出主办会议的正式申请。

2. 参加 ISO、IEC 技术机构会议

国内技术对口单位负责参加 ISO 或 IEC 技术机构会议中国代表团的组织及参会预案准备工作。国内技术对口单位在收到 ISO 或 IEC 会议通知后,应在 5 个工作日内将会议通知转发给国内技术对口工作组及相关单位。国内各有关单位参加国际会议,应向国内技术对口单位提出申请,国内技术对口单位负责对参加国际会议的代表进行资质审查,并提出中国代表团组成和团长建议。参会团组成方案应报国家标准化管理委员会并抄报相关行业行政主管部门,由国家标准化管理委员会统一向 ISO 或 IEC 提出参会申请并对参会代表进行注册。

3. 参加 ITU 技术机构会议

参加 ITU 各组别活动的代表团由工业和信息化部（含主管部门成员）和国内各企事业单位组成，团长由工业和信息化部指定。各代表团团长应切实落实主体责任，部门成员、部门准成员和学术成员要服从团长安排，认真执行参会预案，并协助团长做好会议总结。

（七）中国标准海外应用

随着我国电力行业技术创新和工程实践成果国际认可度的不断提升，标准与技术、装备、工程、服务联动输出也成为标准"走出去"的重要方向。例如，由中国建设的埃塞俄比亚复兴大坝水电站 500kV 送出工程，该工程按照中国标准施工建设，在建设过程中编制了试验标准作业卡 80 份，标准化验收作业指导卡 5722 份，不仅有力保障了工程的高质量建设，对埃塞俄比亚电力行业的标准化发展也做出了积极贡献。由中国建设的巴基斯坦默拉直流输电工程在设计、建设、运维各个环节成体系地采用了中国标准，直接带动我国电工装备、服务出口 67 亿元人民币。由中国建设的巴西美丽山特高压直流输电工程，采用中国标准 100 余项，带动电力装备出口超过 25 亿元雷亚尔，推动提升了巴西电力行业安全运营水平，成为中国标准海外应用的"金色名片"。

截至目前，仅国家电网有限公司就推动 600 余项中国标准在菲律宾、巴西、巴基斯坦、埃及、塔吉克斯坦等国家得到应用。

第三节 国际标准化人才培养

一、国际、国外标准化人才培养情况

国际标准化人才培养工作是推进国际标准化人才队伍建设的重要举措，也是深度参与国际标准化活动、提升标准国际化水平的有效途径。纵观国际标准组织的标准化人才培养措施、其他国家的标准化人才培养经验，各有侧重，各具特色。

（一）国际标准组织的标准化人才培养

1. ISO

ISO 标准化人才培养举措主要包括搭建标准化教育信息平台，开设在线专题教学课程，内容涵盖 ISO 委员会经理培训、IT 工具使用培训、ISO DLS 工具包培训等；推动国家标准化机构与教育机构合作开展标准化教育培训，如 ISO/TC 或 ISO/SC 主席和召集人培训；设立 ISO 奖项（如 ISO Next Gen），推动标准化人才培养等。具体内容详见 ISO 官网：https://www.iso.org/。

2. IEC

IEC 标准化人才培养以"学习模块"为主开展标准教育培训，主要包括搭建在线学习平台，独立开展标准化培训；与其他机构合作开展标准化教育培训等。具体内容详见 IEC 官网：https://www.iec.ch/。

3. ITU

ITU 标准化人才培养模式主要分为两种，一种是 ITU 提供的具有系统性、针对性的中短期标准化专项培训课程；另一种是国际电信联盟电信标准化部门（ITU-T）举办的标准化相关讲座、座谈会、研讨会等。具体内容详见 ITU 官网：https:// www.itu.int/。

（二）其他国家的标准化人才培养

在三大国际标准组织之外，世界各国也都高度关注本国标准化人才培养工作。以美国、英国、德国、日本、韩国等国为例，各国都结合经济优势和产业结构，根据所需标准化人才要求，各有侧重地设立培养目标，以便满足本国需求，接轨国际舞台。随着各国标准化教育实践工作的不断推进，目前在国际层面已逐步形成一定发展趋势，很大程度上推动了全球标准化人才培养工作。部分国家的标准化人才培养情况见表9-5。

表 9-5　　　　　　　　　　　部分国家的标准化人才培养情况

国家名称	主要代表组织	标准化人才培养特点	标准化人才培养体系	标准化人才培养方式
美国	（1）美国国家标准与技术研究院（NIST）；（2）美国国家标准协会（ANSI）	呈现"产学研相结合"的特点	构建"产学研相结合"的标准化人才培养体系	在校培养：对于各层级学生，ANSI 与其成员、合作伙伴制定教育计划，开展标准化相关活动，如在美国科学工程节上，ANSI 展示了适用于基础教育阶段学生的标准知识海报，让学生们了解标准化的重要性。对于高校，ANSI 与其合作开展教育项目，如通过在高校设置技术管理即 MOT（Management of Technology）硕士教育项目，MOT 集工程、科学和管理等多学科知识为一体、以实践为导向的技术管理人才培养，需要具备产学研合作做支持；此外，ANSI 和 NIST 还提供在线课程、研讨会、各类竞赛（如标准模拟竞赛、标准化论文竞赛等）、研究项目、工作实践机会等教学资源与支持，帮助高校完善标准化教育体系，提高学生的标准化素养和实践能力。在职培训：NIST 和 ANSI 通过提供在线课程、研讨会、定制化职业技能培训，发布标准化研究报告等多种方式，为在职人员标准化培养提供全方位的支持。这些有助于提升在职人员提升标准化知识和技能，帮助在职人员更好地参与和推动标准化工作
英国	英国标准学会（BSI）	呈现"科学分级"特点	构建学校正规教育与在职教育相结合、初级教育与高校教育并存的多层次标准化人才培养体系	在校培养：主要针对 7～19 岁及高校在校学生开展正规的标准化教育。英国细化了各个学龄段的学习目标和学习内容，采用自由讨论、自主思考、实践演练、专题讲座和研讨会等多种方式，使在校学生认识标准化，提高标准化意识，培养合理运用标准化知识的能力。在职培训：主要针对从业人员开展在职培训，结合市场和个人需求，制定系统性培训课程，主要包括短期研讨会、培训专题会，长期定制课程以及自主、灵活的网络培训课程

续表

国家名称	主要代表组织	标准化人才培养特点	标准化人才培养体系	标准化人才培养方式
德国	德国标准化协会（DIN）	呈现"职业化"特点	构建"实践应用＋系统理论"的标准化人才培养体系	在校培养：德国标准化教育基本涵盖了标准化学校教育、在职培训和社会意识等方面。DIN针对中小学生标准化意识培养设计了一系列的教育活动和项目，如工作坊、讲座、互动游戏、趣味竞赛等。对于高校学生，DIN开展了全面、深入、实践性的标准化培养。与高校合作，在工程、经济、技术、管理等学科设置标准化学术课程；支持学生参与标准化研究项目、参加标准化学术研讨交流等；与企业、机构合作，为学生提供职业规划和就业指导，提供实习和工作的机会。DIN注重理论与行业实践相结合，通过与高校、企业、机构等各方的合作，共同推动高校学生标准化培养的发展。 在职培训：遵循"实践＋理论"的原则，以实际应用为主导，结合实践需求，有针对性地开展系统理论、实操应用等课程培训，重点以工作实例引入概念，再通过实践加深对概念的理解，使得从业人员从应用角度掌握各项标准内容，更好地推广应用标准化
日本	日本经济产业省（MET） 日本工业标准协会（JISC） 日本规格协会（JSA）	呈现"终身制"特点	构建"以需求为导向，以实践为核心"的标准化人才培养体系	在校培养：中小学标准化教育主要普及标准化基础知识，让学生从小就意识到标准化在日常生活中的重要性。高校标准化主要为开设标准化专业课程、MOT硕士标准化课程等，培养一批标准化专业人才，弥补领域人才不足，推进本国标准化发展。 在职培训：由JSA牵头主导开展在职培训，每年规划安排相关培训活动，如技术标准化研讨会、质量管理研讨会、技术援助、标准化和质量管理领域高层论坛、质量月等
韩国	韩国标准协会（KSA）	呈现"终身制"特点	构建"特色鲜明的分类式"标准化人才培养体系	在校培养：韩国标准化教育已覆盖学校教学的小学、初中、高中、大学各个阶段，结合各阶段教学特点，制定了详细的教学目标与教学重点，有针对性、分门别类地开展相应标准化教育活动，如趣味活动、标准化竞赛、标准化项目推广以及专业培训、专题讲座、论坛等，使学生对标准化学习始终保持循序渐进状态，不断深化，提升标准化应用能力。 在职培训：KSA作为韩国在职培训主要实施机构，根据市场变化及企业对标准化人才的需求，制定并开展有针对性的短期、长期培训课程，以及诸如就业支援、标准技术青年领袖、标准化人才、标准化专业认证等教育培训课程，以确保参训人员所学技能可以应用到实际工作中

二、我国标准化人才培养情况

随着经济与科技飞速发展，我国正处于加速推进标准化建设的关键时期，标准化人才培养成为了推动标准化事业发展的重要环节。在全球化、知识化、信息化的时代背景下，标准化教育在培养高素质人才方面具有重要作用。目前，我国标准化人才培养主要集中在高校教育和在职培训两个方面。

1. 高校教育

随着我国国际标准化进程提速，高校标准化教育也得到了越来越多的重视和发展，呈现出普及化、产业化、国际化等方面的趋势和动态。高校标准化教育有助于提高标准化教育的质量和水平，培养更多具备标准化知识和技能的高素质人才，加快中国各行业的标准化进程。高校教育的具体情况如下：

（1）标准化课程逐渐普及。越来越多的高校在标准化基本理论和方法、标准化应用和实践、标准化专业领域等方向开设相关课程，包括但不限于"标准化工程""标准化管理""标准化原理与方法"等。这些课程旨在培养学生的标准化思维和技能，提高他们在各领域中应用标准化的能力。

（2）与产业结合紧密。我国部分高校将标准化教育与产业发展紧密结合，通过与企业合作、邀请业界专家授课等方式，使学生更好地了解和掌握行业标准和应用，有助于培养更加符合市场需求的高素质人才。

（3）国际化程度不断提高。随着中国标准化事业的不断发展，中国高校标准化教育的国际化程度也在不断提高。一些高校开始与国外高校和机构合作，引进国外先进的标准化教育理念和资源，同时积极开展国际交流和合作项目，提升学生的国际视野和跨文化交流能力。

（4）教材建设不断加强。为了提高标准化教育教学质量，我国部分高校通过选用优秀教材、编写新教材等方式，不断完善标准化教育课程体系，以满足学生的学习需求。

（5）师资力量不断壮大。我国高校通过引进具备丰富经验和专业知识的人才、培养青年教师等方式，逐渐加强标准化教育师资力量建设，不断提高标准化教育的整体水平。

2. 在职培训

近年来，我国在标准化人才在职培训方面投入了大量资源，呈现出培训内容系统化、培训形式多样化的特点，培训规模不断扩大，培训质量不断提高，国际合作与交流不断加强，为我国标准化事业发展提供了有力的人才支持。在职培训的具体情况如下：

（1）培训内容。标准化人才培训的内容逐渐系统化，包括标准化基础知识、标准编制、标准实施、国际标准化等方面内容，如"标准化技能高端人才培训项目""标准编制人员系统培训""国际标准化人才系统培训项目"等。同时，针对不同领域和行业的标准化需求，也开发了更加专业的培训课程，以满足不同领域的需求。

（2）培训形式。在"互联网＋"的背景下，我国标准化人才培训形式也呈现多样化趋势。其中，在线学习平台、网络直播授课、在线交流研讨、在线互动问答等网络教学新方式备受关注，慕课、微课、翻转课堂等也被引入标准化科普教育中，更好地契合标准化科普教育的开放性、即时性和个性化特征，是现场教学的有力补充。与此同时，针对不同的受众群体，也实行了针对性的培训形式，如针对领导干部的专题培训、针对企业技术人员的专业技能培训等。

（3）培训规模。随着我国标准强国战略的推进，对标准化人才的需求不断增加。近年来，中国标准化人才培训机构数量不断增加，培训规模也不断扩大。以中国标准化协会开展培训为例，每年参加其标准化培训人数以万计。

（4）培训质量。随着标准化人才培训工作不断发展，对培训质量的要求也越来越高。相关培训机构纷纷采取更加科学、规范的教学方式方法，以提高培训质量。同时，也加强了对培训机构的管理和评估，确保培训质量符合要求。

（5）国际合作与交流。我国在标准化人才培训方面积极开展国际合作与交流，与ISO、IEC 和其他国家标准化机构等进行合作，引进国外先进的培训理念和资源，提高我国标准化人才的国际竞争力。

三、我国国际标准化人才培养情况

标准是世界的"通用语言"，更是国际经济贸易和产业合作的技术基础。加大国际标准化复合型人才培养力度，不断提升我国国际标准化水平，能够更好地助力全球经济实现可持续增长。我国自改革开放以来，实现了从"跟跑"到"参与"到"领跑"三大阶段的转变，这也说明我国在国际标准组织治理中的影响力越来越大。在人工智能、新能源、新材料等领域中，我国主导制定了一系列标准，并承担 IEC SC8B（分布式电力能源系统）、IEC SC8C（电力网络管理）、IEC TC129（电力机器人）等秘书处工作。在公共治理和服务业领域，我国也积极主导或参与制定国际标准，以填补领域空白。

国家层面：作为推进国际标准化事业发展的核心力量，我国对国际标准化工作的重视和政策引导为国际标准化人才培训提供了良好的社会氛围，国际标准化人才的培养培训也逐步上升到国家战略层面。《国家标准化发展纲要》中明确要求构建多层次从业人员培养培训体系，开展标准化专业人才培养培训，造就一支熟练掌握国际规则、精通专业技术的职业化人才队伍。但我国参与国际标准组织人员与发达国家相比还存有一定差距，懂标准、通语言、精技术的复合型国际标准化人才更为匮乏，这也是我国深度参与国际标准化活动的主要瓶颈。

国际标准化人才培养是一项重要的基础性工作，各方的高度重视和参与为国际标准化人才培养提供了充分保障。国家市场监督管理总局（国家标准化管理委员会）已在中国标准化协会，以及杭州、青岛、深圳、广州、南宁、成都等地建立了国际标准化人才培训基地，推进国际标准化人才专业建设与人才培养，致力于培养一批国际标准化青年骨干专家，打造一支国际标准化领军人才队伍，加强与东盟国家、南亚国家在重点领域的标准化合作和交流，促进贸易和投资自由化、便利化，为培养地方国际标准化人才和服务国家战略发挥重要作用。沪苏浙皖聚焦人工智能领域，成立国际标准化长三角协作平台人工智能专业平台，进一步集聚长三角区域人工智能技术、产业、应用、人才等优势，共同提升人工智能国际标准化能力水平，通过协作平台的共建共享带动更多企业以区域整体优势共同参与国际标准化工作，共同培养国际标准化人才。

多年来，我国通过多种有效途径大力培养国际标准化人才，开展国际标准化综合知识培训、国际标准制定系列培训、国际标准化英语培训，并与 ISO、IEC 合作培训我国注册秘书和主席，目前共培训我国国际标准化人员近万名，有效提升了我国专家国际标准化能力水平。为满足国际标准化培训需求，修订《国际标准化教程》和《国际标准化英语教程》等基础核心教材，提高国际标准化培训质量。实施标准化能力建设对外援助项目，先后举办"一带一路"国家援外培训班 35 期，惠及 91 个国家，共培训千余名标准化官员和专家，为助力国家"一带一路"倡议实施，搭建贸易自由化、便利化桥梁、提升我国与相关国家互认互信提供了坚实保障。在青年专家培养方面，我国青年标准化专家参选首届"ISO 青年专家奖"，进入全球五强；一名专家赴 ISO 总部任职并首次担任区域协调官职务；在 2017 年至 2019 年 IEC 青年专家选培活动中，我国青年专家连续获评 IEC 全球青年专家领袖，2021 年我国 IEC 青年专家荣获第二名和第三名。

行业层面：中国电力企业联合会坚持服务电力国际标准化人才可持续成长，完善国际标准化人才梯次培育体系，培养和造就一批适应形势发展需要的电力国际标准化专家队伍，具体举措包括组织开展专业培训、调研、交流项目，内容包含电力标准化工作现状与国际化要求、国际标准化管理与程序要求、国际标准编制经验分享等多个主题，涉及领域广、层次多、影响大，有力促进了电力国际标准人才培养体系建设与发展；在电力标准化相关领域选拔优秀专家，参与中电联归口管理的国家、行业、中电联标委会工作，从中培育一批参与国际标准化活动的青年人才队伍，择优向国家标准化管理委员会 IEC"青年专家"计划推荐中国代表人选。

各电力企业也高度重视国际标准化人才培养工作，切实发挥人才引领驱动作用，在抢占国际标准化战略制高点、重点领域国际标准制定、中国标准"走出去"等方面实现突破。以国家电网有限公司为例，为了推动国际标准人才系统化培养，开展了以下工作：一是开展顶层设计工作，制定国际标准化人才培养规划，提升国际标准化人员队伍的专业精神和业务能力，制定国际标准化人才培养方案和时间表；二是建立国际标准化人才管理机制，建立标准化专项人才选拔和激励机制，设立技术标准创新奖，奖励年度优秀标准；三是选派专业人才直接加入国际标准技术组织，积极参与国际标准化活动；四是构建国际标准化人才库，重点培育重点技术领域的国际标准化人才，不断发现、吸收国际标准化人才入库，逐步建立起了一支稳定的国际标准化专业团队；五是开展岗位培训和在职教育，制定国际标准化人才培训计划，定期举办多种岗位国际标准化人才培训班，邀请国际标准化工作经验丰富的专家为国际标准化工作负责人、专家和技术骨干提供培训。

四、我国电力行业国际标准化人才培养途径

借鉴国外标准化人才培养实践经验，结合我国电力行业实际情况，逐步形成具备系统性、持续性、实践性等特点的国际标准化人才培养模式，构建完善的国际标准化人才培养机制，构建多层次国际标准化人才培养体系，搭建国际标准化人才综合能力评价体系，建立国际标准化人才奖励激励机制，以政策文件要求为指导思想，人才培养机制为支撑，推动我国电力行业打造一支熟练掌握国际规则、精通专业技术的职业化人才队伍。

1. 建立完善的国际标准化人才培养机制

电力行业国际标准化人才培养与国际人才队伍建设是推动我国电力行业技术创新发展、提升国际竞争力的重要任务。电力人才培养需要建立系统的、可持续的培养机制，注重培养人才的国际视野、国际实践能力、跨文化沟通能力、创新能力和专业素养，提高国际人才专业技术与国际规则的融合度，提升人才的综合素质和竞争力，促进企业和国家的国际化拓展，不断提升国际影响力。

2. 构建多层次国际标准化人才培养体系

构建可持续多层次国际标准化人才培养体系是我国重要战略目标之一，也是我国电力行业国际标准化人才培养不可或缺的一部分。电力行业应强化职业教育和专业培训，加强专业与标准化教育试点融合，加强"产学研"联动，积极鼓励企业、高等院校、研究院所联合参与国际、国内各类标准化交流活动，提高国际标准化工作参与度，同步提高专业能力水平。持续开展系统化与需求化双导向的国际标准化培训，一方面突出系统理论知识与实践业务技能高效融合，另一方面提高国际标准化人才专业知识储备与职业素养水平，给予知识赋能、技术赋能，深度提升我国国际标准化复合型专业技术人才能力水平。此外，还应运用"数智化"手段，研究开发贴合实际需求的国际标准化教育教学理论与实践课程、打造电力行业国际标准化资深专家团队、搭建"产学研"相结合的国际标准化实践平台等。电力行业国际标准化人才的培养需要全方

位、多层次地推进，既要加强教育培养，又要结合实践应用，还要加强政策引导，创建有利于国际标准化人才培养的环境，为更好更有效地培养电力国际标准化人才奠定良好基础。

3. 搭建国际标准化人才综合能力评价体系

作为国际标准化人才培养的重要环节，人才能力评价体系的建立应依据电力国际标准化领域的实际需求和发展趋势，结合电力行业实际情况，遵循科学性、客观性、可操作性、可量化原则，制定相应评价标准和方法。在评价指标的选取上，更应关注国际标准化人才专业知识、技能水平、团队协作、沟通能力、创新能力，确保全面评价人才的综合能力。通过对人才的国际标准化能力进行全面、客观、公正的评价，可以更好地了解和评估人才的国际标准化能力，为电力行业国际标准化人才选拔、培训、晋升等提供依据，同时也可以帮助电力人才准确找到自身优势与不足，为后续个人职业生涯发展规划提供指导。

4. 建立国际标准化人才奖励激励机制

通过建立国际标准化人才奖励激励机制，一方面可以激发人才创新活力和创造力，为电力行业开展国际标准化工作带来更多核心技术创新与突破，提高国际声誉，增强国际竞争力。优秀的国际标准化人才及其成果可以树立榜样和引领作用，作为行业标杆和典范，提供参考和借鉴，推动整个行业的发展和进步。另一方面，通过奖励激励机制的正确引导，可以激励电力行业人才更加注重国际标准化的学习与实践，不断提升自身专业素养和技能水平，有效促进了电力行业国际标准化人才的培养。

参 考 文 献

［1］田世宏，等．标准化理论与实践［M］．北京：中国标准出版社，2023.

［2］白殿一，刘慎斋，等．标准化文件的起草［M］．北京：中国标准出版社，2020.

［3］国家标准化管理委员会，国家市场监督管理总局标准创新司．国家标准化教程［M］．3版．北京：中国标准出版社，2021.

［4］李春田．现代标准化方法：综合标准化［M］．北京：中国标准出版社，2011.

［5］陈梅．技术标准体系化实施效益评价方法研究［M］．北京：中国标准出版社，2021.

［6］陈梅．技术标准体系化实施评价方法与实践［M］．北京：中国电力出版社，2021.

［7］吕运强．科技成果转化与技术标准创新［M］．北京：中国电力出版社，2022.

［8］林劲标．难题这样破解——广东高院首次解读华为与美国IDC标准必要专利之争［N］．3版．人民法院报，2014.

［9］中国电力企业联合会标准化管理中心．电力企业标准化工作指南［M］．北京：中国电力出版社，2023.

［10］中国电力企业联合会标准化管理中心．电力标准化工作手册［M］．北京：中国电力出版社，2021.

［11］洪生伟．标准化管理［M］．7版．北京：中国标准出版社，2018.

［12］舒辉．技术创新、专利、标准的协同转化研究［M］．浙江：企业管理出版社，2021.

［13］刘永东．以标准化助力电力科技创新［J］．中国电力企业管理，2023（13）：26-29.

［14］陈梅．以高标准助力雄安新区高质量建设［J］．中国标准化，2024（1）：5-15.